Visual C#
2022 基礎必修課

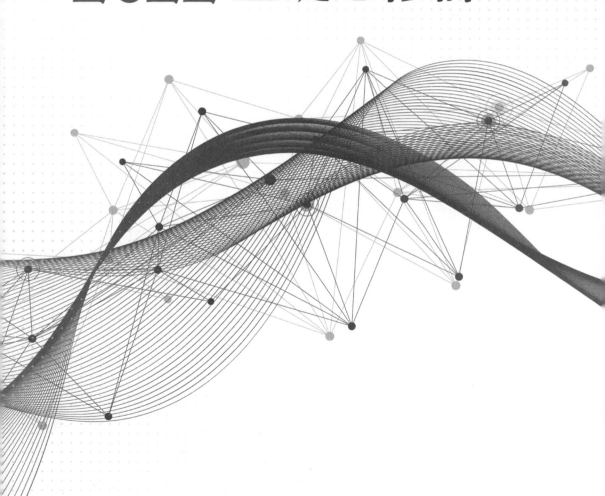

序

微軟的 Visual Studio 提供一個具編輯工具、偵錯和分析工具，以及具編譯和執行能力的整合開發環境(IDE)，也提供 C#、C++、JavaScript、Python、Type Script、Visual Basic、F# 等多種程式語言，讓使用者能在同一個 IDE 下，設計出可以在視窗、Android 及 iOS 等多種平台上執行的應用程式，以及各種現代化 Web 應用程式和雲端服務。其中目前 C# 程式語言已成為主流。

微軟為了讓 Visual Studio 2022 更加普及，免費提供 Visual Studio 2022 Community 社群版，給學生、開放原始碼參與者及小型團隊使用，以供建置非企業應用程式。相關版本可到台灣微軟官方網站進行下載。本書主要以 Visual Studio 2022 Community 社群版來介紹 C#的語法，學習如何設計出全新.NET 平台的 .NET Core 視窗應用程式、資料庫應用程式設計以及遊戲與資料庫專題應用程式。

初學者學習程式設計，若能從修改程式開始，從中吸取別人設計程式的要領，是初學者學習程式設計最佳且最快速的方式。有別於市面上的書籍，本書每章介紹的範例程式，以訓練學生如何思考問題、解題技巧，使初學者具有獨立設計程式的能力。每章的範例非簡例，都精挑細選具代表性。範例介紹先針對輸出入要求來分析問題，提供演算法或思考解決的步驟來訓練學生的邏輯思考能力，同時一步步帶領學生進行範例實作，加深學生對該範例的印象，以發揮學以致用之效。

本書是一本針對目前大專及技術院校初學者學習程式設計的教科書，書中理論與實務兼具，以引發學習動機為最主要考量，內容淺顯易懂。本書主要特色如下：

1. 培養程式設計基本素養。

2. 範例多元具代表性與實用性。

3. 詳述教授解題技巧、培養邏輯思考能力。

4. 紮實自我解題能力，能學以致用於職場。

5. 培養具有設計資料庫應用程式實作能力。

6. 培養具有設計專題實作能力。

7. 培養參與整合型程式規劃技能。

8. AI 電腦視覺開發，讓應用程式擁有解讀影像資訊的能力。

　　採用本書教學時，第 14 章由於難度較高，若無專題製作的需求可略過不上，僅當參考章節；而第 15 章 Azure AI 電腦視覺讓 C#也能開發具人工智慧的應用程式，有興趣教師也可進行教授。**為方便教學，本書另提供教學投影片、課後習題，採用本書授課教師可向碁峰業務索取或來信 E-Mail 至 itPCBook@gmail.com 信箱。**

　　由於本書主要是針對學習視窗應用程式設計初學者而編寫的，較偏重程式設計能力，限於篇幅難免有遺珠之憾。衷心期望能獲得老師及讀者的迴響。本書雖經多次精心校對，難免百密一疏，尚祈讀者先進不吝指正，以期再版時能更趨紮實。感謝周家旬與廖美昭細心排版與校稿，以及碁峰同仁的鼓勵與協助，使得本書得以順利出書。

　　在此聲明，本書中所提及相關產品名稱皆各所屬公司之註冊商標。

吳明哲　策劃

僑光科大多媒體與遊戲設計系助理教授　蔡文龍

歐志信、張志成、何嘉益、張力元　編著

2022.06.15 於台中

目錄

第 1 章　Visual Studio 整合開發環境介紹

第 2 章　資料型別與變數

第 3 章　基本輸出入介面設計

第 4 章　流程控制（一）- 選擇結構

第 5 章　流程控制（二）- 重複結構

第 6 章　陣列的運用

第 7 章　常用控制項

第 8 章　方法（Method）

第 12 章　物件導向程式設計與多表單

第 13 章　LINQ 與 Entity Framework

第 14 章　遊戲與資料庫專題實作

第 15 章　Azure AI 電腦視覺初體驗

> ▶ **線上下載**
>
> 本書範例、PDF 電子書請至碁峰網站
> http://books.gotop.com.tw/download/AEL025300 下載。
> 其內容僅供合法持有本書的讀者使用，未經授權不得抄襲、轉載或
> 任意散佈。

CHAPTER 1

Visual Studio
整合開發環境介紹

- ✧ Visual Studio 2022 介紹
- ✧ 認識 Visual C#
- ✧ 熟悉整合開發環境
- ✧ 練習如何編寫 Visual C# 程式
- ✧ 熟悉 Visual C# 程式的執行與存取
- ✧ 學習輸出入介面設計
- ✧ 學習控制項的屬性和事件設定

1.1 Visual Studio 與 C#

1.1.1 Visual Studio 簡介

新一代的 Visual Studio 2022 提供一個具有設計工具、編輯器、偵錯工具，以及分析工具的整合式開發環境(Integrated Development Environment, IDE)。在同一個整合開發環境下，就能設計出可以在 Windows、Android 及 iOS 等多種平台上執行的酷炫應用程式，以及各種現代化 Web 應用程式及雲端服務。Visual Studio 所提供的程式碼能支援 C#、C++、JavaScript、Python、Type Script、Visual Basic、F# 等多種程式語言，並提供進階偵錯、程式碼剖析、自動和手動測試，並利用 DevOps 進行自動化部署和連續監視。所以 Visual Studio 2022 具有部署、偵錯及管理 Microsoft Azure(雲端)服務的能力。Visual Studio 2022 提供以下三個版本：

一、Community(社群)版

微軟提供的免費版本，適用於學生、開放原始碼及個人開發人員，可用來建置非企業應用程式。社群版提供了統一的用戶端和伺服器開發的平台，支援移動跨平台開發，具擴充、先進和高效率的編輯和執行程式功能。社群版的功能完整並提供具擴充能力的整合開發環境(IDE)，讓您設計出能在 Windows、Android 及 iOS 等作業系統執行的現代化應用程式(Application 簡稱 APP)，以及 Web 應用程式及雲端服務。。本書採用社群版來介紹如何使用 Visual C# 設計程式，其中第 1~12 章介紹如何在 Visual Studio 的整合開發環境下，學習 Visual C# 的語法、開發視窗應用程式。第 13 介紹與資料庫有關的應用程式；第 14 章介紹介紹遊戲與資料庫專題；第 15 章介紹電腦視覺分析；第 16 章介紹(電子書)滑鼠與鍵盤的操作事件。

二、Professional(專業)版

適用於想開發出非指向性重要應用的小型團隊專業開發者。專業版提供更強大且更高效率的開發工具和服務，是一個全面整合了軟體、工具、服務的平台。專業版讓您可以快速了解您的程式碼，提供 CodeLens(dev 和 test 功能的核心應用)團隊協作，可以直接在您的程式碼中，藉由顯示程式碼參考、顯示方法，或探索測試是否通過，來協助您持續專注於工作，提升了團隊協作開發專業應用的工作效率。Visual Studio 2022 專業版加入了更多行動開發體驗的功能。不受限制的專業行動開發、程式碼共用及偵錯，使可以提供 Android、iOS 及 Windows 皆適用的原生應用程式。

三、Enterprise(企業)版

是最高階及全功能版本，深受企業信任和開發人員愛用，適合於軟體研發團隊。提供完整開發、測試、敏捷開發、自動化過版、DevOps、ALM 全功能平台、Azure 及 Visual Studio Online 雲端權益，為用戶提供更強大的應用開發規模。該版本充分利用全面性的工具與服務，來設計、建置和管理複雜的企業應用程式。此版本具有進階功能的企業級解決方案，可讓團隊處理任何規模或複雜度的專案，包括進階測試和 DevOps，滿足各規模團隊對嚴格品質與規模需求的端對端解決方案。

1.1.2 如何下載社群版的 Visual Studio Community 2022

本書採微軟免費提供的 Visual Studio Community 2022 社群版做介紹，請至下列微軟官方網址免費下載：

https://www.visualstudio.com/zh-hant/vs/whatsnew/

依上圖相繼選點 下載 Visual Studio ∨ 與 Community 2022 按鈕來下載 Visual Studio Community 2022 社群版。下載過程如下：

按 開啟檔案 鈕後，電腦會先詢問是否繼續，接著進行幾分鐘的安裝前檢查與準備工作。

若電腦具備可以安裝的條件時，會出現要勾選安裝的選項，為配合本書內容需勾選下列選項。

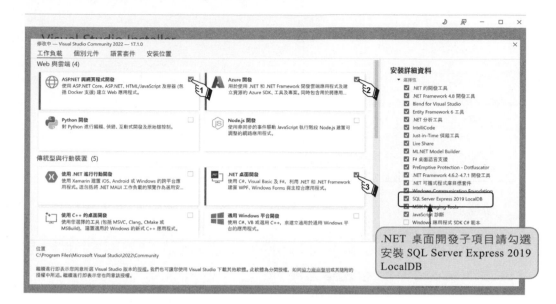

點按安裝畫面所在的視窗右下方的 安裝 鈕進行安裝。安裝時間頗久，請耐心等候。

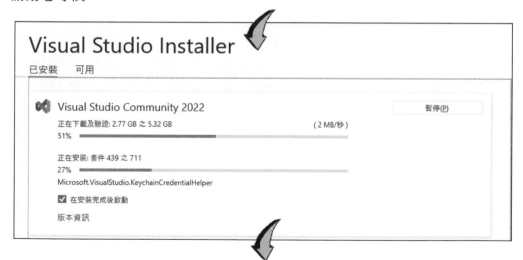

點按上圖的 〔啟動(L)〕 鈕開啟 Visual Studio 2022 開始使用 的視窗畫面。請直接點按視窗右上角的關閉鈕 ×，先關閉 Visual Studio 2022 程式。

1.1.3 Visual C# 程式語言簡介

微軟的 .NET Core 預設支援 Visual C# (讀做 C Sharp)、Visual Basic 兩個程式語言。這兩個語言都是使用相同的整合式開發環境(簡稱 IDE)來編寫程式，它們彼此可共用工具，可簡化混合語言方案的建立程序。

本書所教授的 Visual C# 是專門針對 .NET Core 架構上開發應用程式來設計的程式語言。單就程式語言來說，Visual C# 語法和 C 語言類似，採用類似 Java 語言虛擬機器(Virtual Machine)的架構，擁有完整的物件導向支援，以及易學易用彈性大的優點，在程式語法的執行效率比 Visual Basic 快，使得 Visual C# 成為 .NET Core 的欽定語言也不為過。Visual C# 是一種簡潔且型別安全 (Type-Safety)的物件導向語言，讓開發人員能夠建置各種可在 .NET Core 下執行的安全且強固的應用程式。我們可使用 Visual C# 來建立傳統 Windows 用戶端應用程式、行動裝置應用程式、分散式元件、主從式應用程式、資料庫應用程式、網頁程式、雲端服務以及更多的應用程式。

Visual C# 的語法具有高度表達能力，同時也是相當簡單和易學的語法。熟悉 C 、C++ 或 Java 程式語言的人都能立即辨識 Visual C# 的大括號內的語法，都能在極短的時間內開始使用 Visual C# 進行程式設計。Visual C# 語法將 C++ 語法的複雜度簡化許多，同時也提供強大的功能，例如：可為 Null 的實值型別(Value Type)、列舉型別(Enumeration)、委派(Delegate)、Lambda 運算式及直接記憶體存取，而這些都是 Java 沒有的功能。Visual C# 支援泛型方法和型別(會提供增強的型別安全和效能)以及 Iterator(可讓集合類別的實作器來定義自訂反覆運算行為，讓用戶端程式碼輕鬆運用)。Visual C# 中提供 Language-Integrated Query(LINQ)運算式，會將強型別(Strongly Typed)查詢當成第一級語言建構。

Visual C# 是屬於物件導向程式語言，支援物件的封裝(Encapsulation)、繼承(Inheritance)和多型(Polymorphism)的特性。所有的變數和方法，包括應用程式的進入點(Entry Point) Main()方法都封裝在類別定義內。類別可直接從一個父類別繼承，不過可以實作任何數目的介面。覆寫父類別中之虛擬方法的方法，都需用 override 關鍵字做為避免意外重新定義的方式。在 Visual C# 中結構(Struct)就像輕量的類別，是一種能夠實作介面，卻不支援繼承的堆疊配置型別。

Visual C# 除了具有上述基本物件導向特性外，還能透過許多創新的語言建構，簡化了軟體元件的開發，如：委派(Delegate)的封裝方法簽章(Signature)可啟用型別安全事件告知；多種屬性(Property)做為私用成員變數的存取子；內嵌(Inline) XML 文件註解；LINQ (Language-Integrated Query)提供跨各種資料來源的內建查詢功能。C# 建置程序(即方法)比 C 和 C++ 更簡單，且比 Java 更具彈性。由於沒有分隔的標頭檔(Header File)，因此不需要以特定的順序來宣告方法和型別，所以 Visual C# 的原始程式檔可定義任何數目的類別、結構、介面及事件。

1.1.4 .NET Core 介紹

.NET 是 .NET Framework 的新一代版本，是微軟開發的第一個支援 Visual Basic、C#、C++、F#、Python …多種語言，Windows 平台應用程式的開發框架(Application Framework)。之前 C# 應用程式都會大量使用 .NET Framework 類別庫來處理 Windows Form 控制項常見的工作。在 2019 年 9 月微軟發表了 .NET Core 3.0，使 .NET 版的發展大勢底定，而最後一個 .NET Framework 版本是 .NET 4.8。之後，.NET Core 更名為 .NET 5，繼承 .NET 持續發展，目前在 2021 年 11 月已發展到 .NET 6。未來仍計劃會繼續發展 .NET 7、.NET 8 …。

　　.NET Core 的開發目標是跨(Windows、MacOS 和 Linux)平台的 .NET 平台，因此 .NET Core 會包含 .NET Framework 的類別庫，但不同的是 .NET Core 採用套件式(Packages)的管理方式。應用程式只取得需要的組件即可，而各套件有獨立的版本來源(Version line)，安裝時不需要大包裹式載入。即 .Net Core 是一個完全開源的東西，並且是通過開源協議發布的，因此任何個人或企業發布有關 .Net Core 的產品時，無需向微軟付費，只需要按照開源協議的規則即可。

　　.NET Framework 和 .NET Core 都包含了 ASP.NET，但是 .NET Core 中的 ASP.NET 被重新設計了，目前沒有看到 Web Form 這個功能，只看到了 MVC 這個功能。但是 .NET Core 版本的 ASP.NET 可以在多個平台上部署和開發，但是 .NET Framework 只能在 Windows 上部署和開發。

▶ 1.2　Visual Studio Community 2022 初體驗

　　初次接觸 Visual Studio Community 2022(簡稱 VS 2022) 的初學者，進入 VS 2022 的「整合開發環境」(Integrated Development Environment :簡稱 IDE) 時，面對複雜的操作介面可能會不知如何入手。本章先以一個簡單的程式，概括介紹如何在整合式開發環境下進行 Visual C# 程式碼的編輯、編譯和執行。初學者只要跟著操作，暫時不探究細部功能，先熟悉程式設計的基本流程和環境的常用操作，後面章節再逐一介紹 IDE 的操作功能，就會逐漸學會程式設計的基本要領。本書採 Windows 10 視窗作業系統的操作環境下，介紹如何由 Visaul C# 設計出應用程式。

1.2.1 開啟 Visual Studio 2022 整合式開發環境

　　所謂「整合開發環境」(IDE)是一種輔助程式開發人員開發軟體的應用軟體，通常將程式語言的編輯器、自動建立工具、程式除錯與執行、除錯器…整合在同一個操作環境，可提供進行程式設計工作時的一切支援。現在請讀者依下列步驟練習：

Step 1　啟動 Visual Studio Community 2022

1. 請到螢幕左下方點按 🪟 圖示，使出現 Windows 系統功能表。從功能表的選單中點選 Visual Studio 2022 項目。

2. 在開啟的「Visual Studio 2022」視窗中，點按右下方的 不使用程式碼繼續(W) → ，如下圖所示：

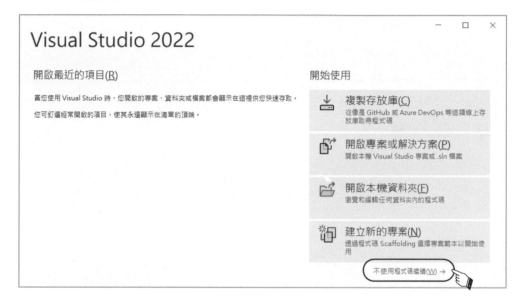

Step 2　開啟「新增專案」對話方塊

1. 進入 Visual Studio Community 2022 整合式開發環境時，選擇功能表【檔案(F)/新增(N)/專案(P)…】指令，開啟「新增專案」對話方塊。

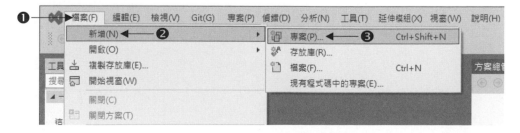

1.2.2 建立新專案

Step ① 篩選出「Windows Form 應用程式」範本模式,用來設計 Windows 視窗
應用程式。

1. 從「所有語言(L)」清單中,篩選出「C#」項目。

2. 從「所有平台(P)」清單中,篩選出「Windows」項目。

3. 從「所有專案類型(T)」清單中,篩選出「桌面」項目。

4. 選擇使用「Windows Forms 應用程式」範本模式。

5. 按 下一步(N) 鈕。

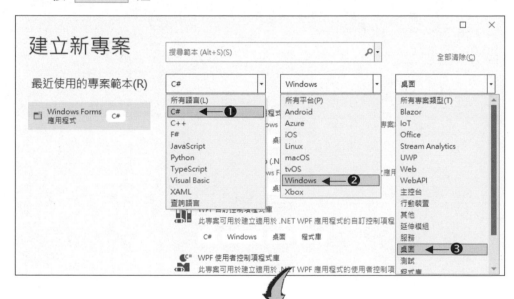

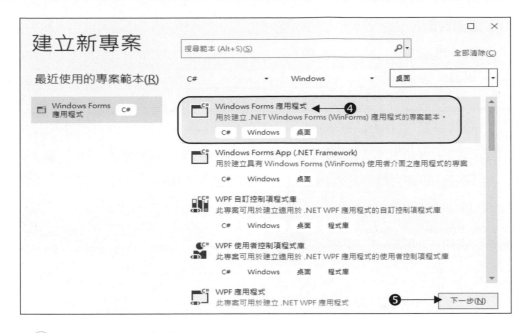

Step 2 建立專案名稱為「first」的新專案

按照下圖數字順序操作，會在「c:\cs2022\ch01\first」資料夾下，建立 first 專案。

▶ **畫面說明**

① 在「專案名稱」文字方塊中，將預設專案名稱「WinFormsApp1」更改名稱為「first」。

② 在「位置」文字方塊中，輸入「c:\cs2022\ch01」。設定存放本書第 01 章範例檔案的目錄路徑(資料夾)。

③ 勾選，表示不在「c:\cs2022\ch01」目錄下再建立同名稱的方案目錄。即只建立專案目錄，而本例專案目錄名稱設為「first」。

④ 按 下一步(N) 鈕。

Step 3 選用「.NET 6.0」架構，按 建立(C) 鈕。

Step 4 進入下圖「Visual Studio Community 2022」整合開發環境(簡稱 IDE)。

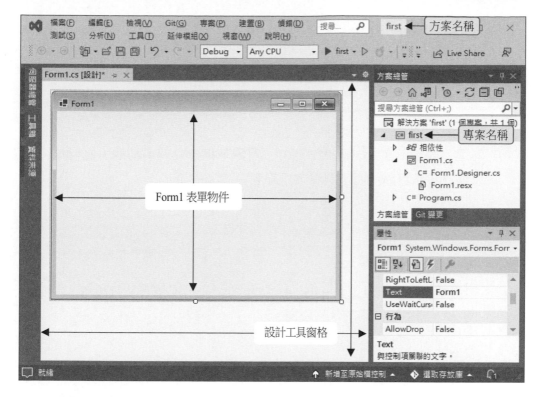

▶ 畫面說明

① 在整合開發環境(簡稱 IDE)功能表右側的「first」為方案名稱，在「方案總管」視窗內，第二列的 <kbd>C# first</kbd> 為專案名稱。初建立新專案時會將方案和專案設成相同名稱，而且方案內目前只含有一個專案，未來你可以在這個「first」方案內再建立不同名稱的專案。

② 當編寫一個 Visual C# 程式會產生一個「方案」(Solution)，一個方案內可以建置多個「專案」(Project)。一個專案由建立到設計完成需數個檔案一起運作，所以「方案總管」視窗是用來管理這些專案及相關的檔案。

③ 若找不到「方案總管」視窗，可執行功能表【檢視(V) /方案總管(P)】指令，來開啟「方案總管」視窗。

Step ⑤　執行程式

在上圖按工具列的 ▶ first ▾ 偵錯圖示鈕(first 為專案名稱)，或執行功能表的【偵錯(D) /開始偵錯(G)】指令，或按鍵盤快捷鍵 <kbd>F5</kbd> 鍵，若程式沒發生錯誤即表示程式編譯成功，會自動產生執行檔並開始執行程式。此時在整合開發環境上面會如下圖出現一個標題欄名稱為『Form1』的執行視窗(即表單)。

Step ⑥　關閉程式執行視窗

　　　　點選整合開發環境工具列的 ■ 停止偵錯鈕，或按「執行視窗」右上方的 ☒ 關閉鈕來關閉執行視窗。

1.2.3 儲存專案

　　執行功能表的【檔案(F)/全部儲存(L)】指令，或按工具列的 🖫 全部儲存鈕，將方案所產生的相關檔案存放在所設定的「c:\cs2022\ch01\first」資料夾下。

1.2.4 關閉整合開發環境

　　執行功能表的【檔案(F) /結束(X)】指令，即可離開整合開發環境。若方案內的專案內容有異動或新增專案尚未儲存時，會出現下圖詢問是否要存檔？

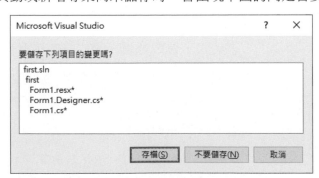

▶ **説明**

1. 按 存檔(S) 鈕：以修改過的程式碼存檔後再離開整合開發環境。

2. 按 不要儲存(N) 鈕：不存檔，保留未修改前原來的程式碼，馬上離開整合開發環境。

3. 按 取消 鈕：回到整合開發環境，繼續修改。

1.2.5 瀏覽專案資料夾

延續上節「first」方案經執行後，所產生的相關檔案已經儲存在「c:\cs2022\ch01\first」資料夾內。本節來瀏覽此方案所產生一些重要檔案的存放位置。

Step ① 開啟「c:\cs2022\ch01」資料夾。

Step ② 在「first」方案資料夾內，可看到所建立的 first.sln 方案檔和 first.csproj 專案檔。

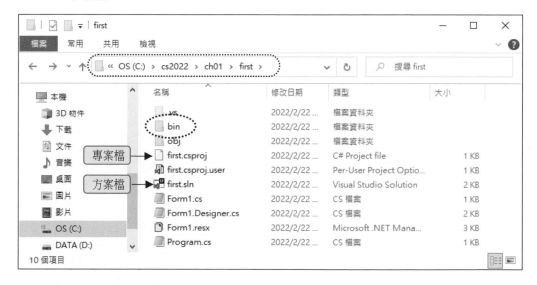

Step ③ 在上圖開啟「bin」資料夾內的「Debug \ net6.0-windows」資料夾，出現「net6.0-windows」資料夾下所屬相關檔案。

其中 first 為編譯完成的可執行 Windows Forms 應用程式。此執行檔不必進入 Visual Studio 整合開發環境，直接在 first 圖示上快按兩下即可執行。

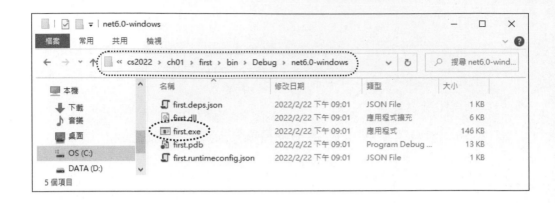

1.2.6 開啟已建立的舊專案

方式一　適合用來開啟最近使用過的專案

Step 1　啟動 Visual Studio Community 2022 進入「起始頁」畫面，剛建立的「first.sln」方案名稱會列在「開啟最近的項目」清單內。

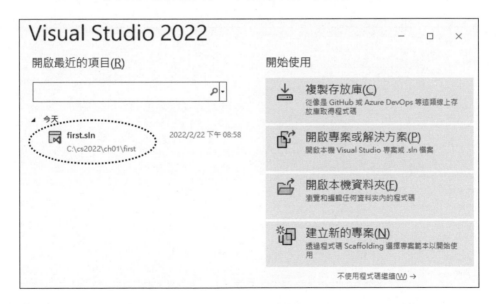

Step 2　在上圖「開啟最近的項目」清單中，點選「first.sln」方案名稱即可開啟方案。

方式二　適合用來開啟較早已經建好的專案

Step 1　啟動 Visual Studio 2022，點按右下方的　不使用程式碼繼續(W) →　，進入「起始頁」畫面。

Step 2　執行功能表的【檔案(F) /開啟(O) /專案|方案(P)...】指令，開啟下圖「開啟專案」對話方塊。切換至存放 first 方案的「c:\cs2022\ch01\first」資料夾，開啟下圖「first」資料夾下的所有檔案。

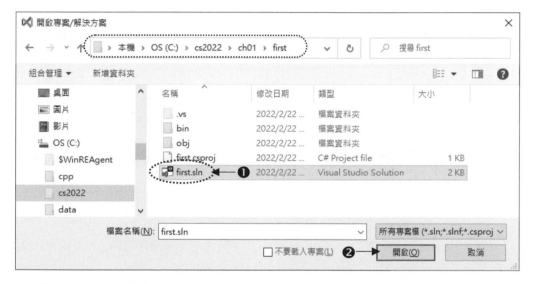

Step 3　在上圖的　first.sln　方案檔上按滑鼠左鍵一下選取，接著按　開啟(O)　鈕開啟「first」方案。也可以直接在　first.sln　方案檔上快按滑鼠左鍵兩下，直接開啟「first」方案。方案開啟後如下圖所示：

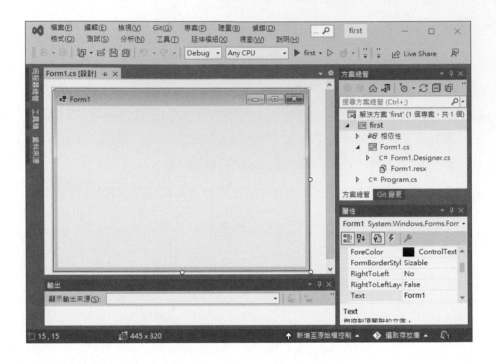

1.2.7 開啟設計工具窗格

進入 Visual Studio 整合開發環境後，當你開啟方案編輯程式時，可能會出現下面兩種設計模式之一：

① 表單設計模式(即選取 `Form1.cs [設計]* ⊕ ×` 標籤頁時)
顯示表單物件的「設計工具」窗格畫面，用來設計表單的輸出入介面。

② 程式碼設計模式(即選取 `Form1.cs* ⊕ ×` 標籤頁時)
顯示「程式碼」窗格畫面，用來編寫程式碼。

表單設計模式(設計工具窗格)和程式碼設計模式(程式碼窗格)兩者間的切換方式如下：

1. 在「表單設計」模式(即「設計工具」窗格畫面)時

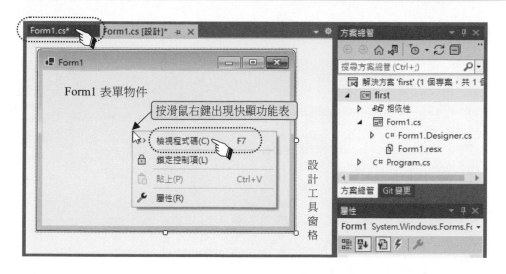

下列方式可以將上圖「表單設計」模式切換到下圖的「程式碼設計」模式：

① 在表單設計窗格內任意處(含 Form1 表單物件)，按滑鼠右鍵出現快顯功能表，再由快顯功能表選取【檢視程式碼(C)】指令。

② 按鍵盤快捷鍵 F7 鍵。

③ 執行功能表的【檢視(V) /程式碼(C)】指令。

④ 在藍底白字的 Form1.cs 標籤頁上按一下，使變成黃底黑字的 Form1.cs* ⊡ × 標籤頁。

2. 在「程式碼設計」模式(即「程式碼」窗格畫面)時

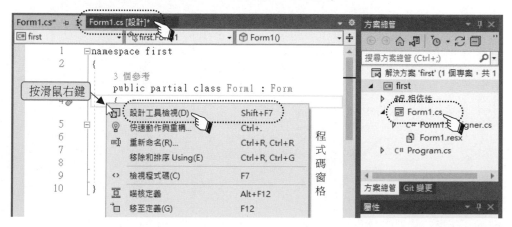

有下列方式可以將上圖「程式碼設計」模式切換到的「表單設計」模式：

① 在程式碼窗格內任意處按滑鼠右鍵，由快顯功能表中選取【設計工具檢視(D)】指令。

② 按鍵盤快捷鍵 ⇧ Shift + F7 鍵。

③ 在藍底白字的 Form1.cs [設計] 標籤頁上按一下，使變成黃底黑字的 Form1.cs [設計]* ⊓ ✕ 標籤頁。

④ 在「方案總管」視窗內的「Form1.cs」快按兩下。

⑤ 執行功能表的【檢視(V) / 設計工具(D)】指令。

▶ 1.3 工具與控制項

Visual Studio 2022 整合式開發環境(簡稱 IDE)，是將程式的編輯、編譯、執行、偵錯四階段整合在同一個環境下操作，以方便程式設計者來開發程式。

1.3.1 工具箱的設定

工具箱位於 IDE 的最左邊，它提供了許多的工具，用來在「表單」上面建立輸出入介面。當您由工具箱拖曳一個工具到表單上面時，就成為一個控制項(Control)或稱物件(Object)。工具箱可設定為彈跳式與固定式兩種方式來顯現，如下圖所示：

↑ 按 工具箱 彈出工具箱　　↑ 按 ⊓ 切換成固定式　　↑ 按 ⊓ 切換成彈跳式

1. 彈跳式 / 固定式工具箱的切換。當您初次進入 IDE 時，工具箱會出現在整合開發環境的左側，如左上圖為直立的 工具箱 圖示，稱為「彈跳式工具箱」。按一下直立 工具箱 圖示，會向右彈出工具箱的工具清單。移動滑鼠到某個工具圖示上快按兩下選取，會將選取的工具建立在表單的左上角。若在工具圖示上只按一下，必須在工具箱外再按一下，工具箱才彈回。

2. 若在工具箱上方的 ┵ 平放式圖釘按鈕按一下，將工具箱切換成 ┳ 直立式，就變成固定式工具箱不彈回。

3. 欲將固定式工具箱變回彈跳式，只要在 ┳ 直式圖釘鈕上按一下變成 ┵ 橫式圖釘鈕即可。對初學者而言，把工具箱設定成固定式會比較好操作。

4. 若在整合環境中找不到工具箱，可執行功能表【檢視(V) /工具箱(S)】指令開啟工具箱。

1.3.2 控制項的建立

當由工具箱拖曳一個工具到表單上，就會建立出一個「控制項」。在表單內建立控制項有下列兩種方式，現以實例操作來做說明：

方式一 在表單內建立一個標籤控制項

① 移動滑鼠指標到工具箱的 **A** Label 標籤工具上按一下選取。

② 接著移動滑鼠指標到表單內適當位置，此時指標變成 ⁺A。

③ 按住滑鼠左鍵向右下方拖曳拉出控制項的大小然後放開滑鼠鍵或是直接按一下滑鼠左鍵，產生一個預設物件名稱為『label1』的標籤控制項。label1 控制項在預設情況下無法調整控制項的大小。

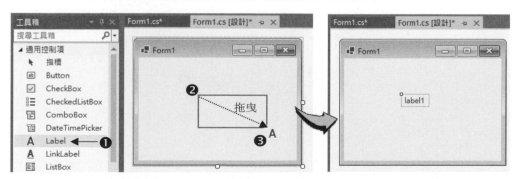

`方式二` 在表單內建立一個按鈕控制項

① 先在表單內沒有放置控制項的地方按一下選取表單,此時表單變成作用表單,此時表單四周的右側、下方及右下角皆會出現小方框。

② 再到工具箱的 `ab Button` 按鈕工具上快按兩下,會如下圖在表單的左上角建立一個名稱為『button1』的按鈕控制項。

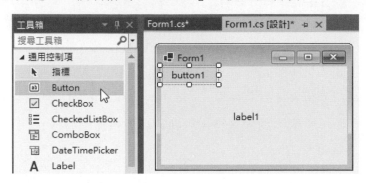

1.3.3 控制項的調整和刪除

　　表單上面的控制項,其位置或尺寸可以再做適當的調整,甚至可以刪除。在做這些動作之前,要記得先選取該控制項,使該控制項變成作用控制項。

Step ① 選取控制項

1. 移動滑鼠到工具箱的 `指標` 指標工具上,按一下選取。

2. 再到表單上的 button1 按鈕控制項上按一下選取,滑鼠指標變成 ✥,button1 控制項四周出現八個小方塊。此時的「button1」,變成「作用控制項」或「作用物件」。

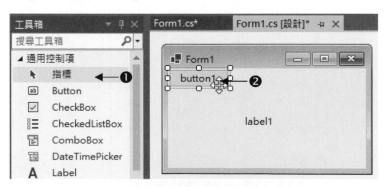

注意

① 當表單被選取成為作用物件時，表單的右側、下方、右下方皆有一個小方框。當滑鼠移到小方框上會出現箭頭符號，此時可以壓滑鼠左鍵按箭頭方向拖曳調整表單的大小。

② 若表單上的控制項被選取成為作用控制項，所出現的小方塊，會因選取的控制項不同而有所不同，如：按鈕(Button)控制項在四周會有 8 個小方框，而標籤(Label)控制項預設只有右上角有 1 個小方框。

Step **2** 移動控制項

當選取 button1 按鈕控制項後，按住滑鼠左鍵不放拖曳滑鼠，便能移動被選取的控制項，待移到適當位置時，再放開滑鼠按鍵。

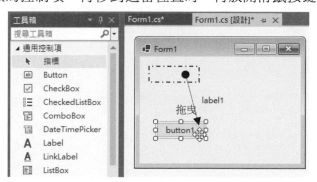

Step **3** 調整控制項的大小

1. 選取 button1 按鈕控制項，移動滑鼠到按鈕控制項四周的小方塊處時，指標會變成 ⇔ 、 ↕ 、 ⤢ 、 ⬊ …等雙箭頭指標。

2. 按住滑鼠左鍵朝箭頭指示方向向右拖曳滑鼠，便可調整控制項的大小。

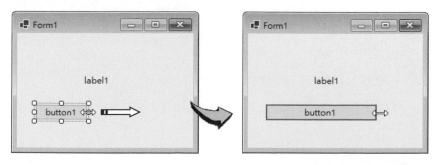

Step 4 刪除控制項

1. 在表單上再建立一個新的按鈕控制項。該按鈕控制項的預設名稱為 button2。

2. 選取 button2 按鈕控制項，成為作用控制項。

3. 按鍵盤 <kbd>Del</kbd> (或「delete」)鍵，或在控制項上按滑鼠右鍵由快顯功能表中選取【刪除(D)】指令，則 button2 控制項便從表單上移除。

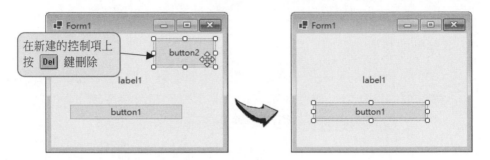

😺 注意

　　在表單上建立控制項都有預設名稱，如連續建立兩個按鈕控制項，預設名稱分別為 button1、button2…以此類推。

Step 5 復原

　　執行功能表的【編輯(E) /復原(U)】指令或按鍵盤 <kbd>Ctrl</kbd> + <kbd>Z</kbd> 鍵，將已刪除的 button2 按鈕控制項還原顯示在表單上。

Step 6 取消復原

　　執行功能表的【編輯(E) /取消復原(R)】指令或按 <kbd>Ctrl</kbd> + <kbd>Y</kbd> 鍵來取消還原，將已還原顯示的 button2 按鈕控制項再度移除。

Step 7 選取多個控制項

1. 先選取工具箱的 <kbd>▶ 指標</kbd> 工具。

2. 再移動滑鼠到表單內，按住滑鼠左鍵拖曳滑鼠，將欲選取的控制項全部框住。

3. 放開滑鼠鍵，這些被框住的多個控制項都變成作用控制項。此時便可同時一起移動或同時刪除多個控制項。

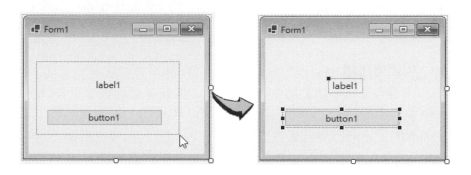

▶ 1.4 控制項與屬性

「類別」在物件導向程式設計中是非常重要的觀念。工具箱的工具都是屬於類別，將工具拖曳到表單就變成「控制項」或稱「物件」。控制項在建立時，系統會用預設的樣式來顯現，建立好的控制項可以再加以設定，來改變其屬性而呈現不同的面貌。

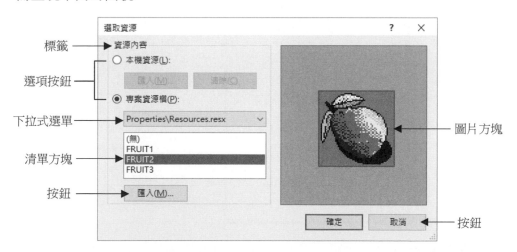

上圖表單中含有按鈕、標籤、清單、選項按鈕、圖片方塊等控制項，這些控制項都是由不同的工具類別所製作出來的。每個控制項(即物件)都有其屬性和方法。譬如上圖中幾個按鈕雖然都屬於按鈕工具類別，由於按鈕上面的關聯文字(Text 屬性)，按鈕大小(Size 屬性)的差異造就出三個不同功能的按鈕物件。有如真實世界中的人類亦是一個類別，每個人都具有臉型、身材、膚色等屬性上的差異，以及行為(方法)舉止的不同，造就出像張三和李四不同的人(物件實體)。

1.4.1 認識屬性視窗

控制項在剛建立時，系統會用預設的樣式來顯現。但已建立的控制項還可透過使用者的設定來改變其屬性而呈現不同的面貌，而屬性視窗就是在表單設計階段用來改變或設定物件屬性的地方。

Step 1　選取表單上的 button1 按鈕控制項。若表單內無按鈕控制項，請自行建立一個。

Step 2　點選 button1 按鈕控制項成為作用控制項，在方案總管正下方的屬性視窗出現 button1 控制項的屬性清單。若「屬性」視窗未出現，執行功能表【檢視(V) /屬性視窗(W)】指令或在該控制項按滑鼠右鍵由快顯功能表中選取　屬性(R)　來開啟下圖的屬性視窗。

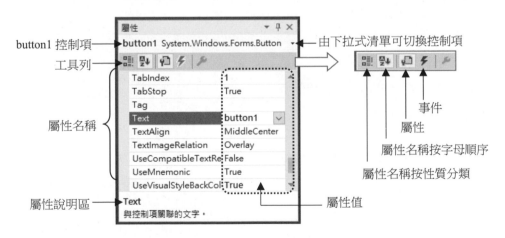

Step 3　選取屬性名稱

移動滑鼠到屬性視窗右邊界的捲動鈕上，往上拖曳至頂端，點選 Name 屬性，Name 屬性是在程式中用來和其他物件辨識的物件名稱。由下圖可知，Name 的預設屬性值和 Text 屬性的預設屬性值都是 button1。Text

的屬性值則是用來設定在表單的 button1 按鈕上面要顯示的文字。Name 屬性值則在程式中做為物件辨識用。

Step ④ 點按屬性視窗的 分類鈕，如左下圖會將屬性名稱按照「性質分類」排列。性質分類包含：外觀、行為、其他、協助工具、配置、設計、焦點、視窗樣式、資料...等。

　　① 田：展開鈕，按下顯示子屬性

　　② 曰：縮小鈕，按下顯示主屬性

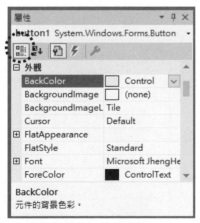

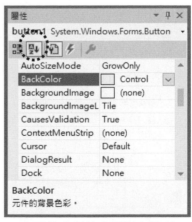

　　↑ 屬性名稱按分類排列　　　　　　↑ 屬性名稱按字母順序排列

Step ⑤ 點按屬性視窗的 字母順序鈕，如右上圖會將屬性名稱按照「英文字母順序」排列。

1.4.2 設定控制項的屬性值

　　表單或控制項都有不少的屬性，如要改變屬性的設定值有「選取型」、「輸入型」和「交談型」三種方式。現以製作一個廣告 DM 分別介紹其操作方式：

　方式一　使用選取型操作

將表單的背景色改成『黃色』：

① 表單上留下一個 label1 標籤控制項，其餘控制項皆刪除，並將 label1 控制項移到表單的左上方。如下圖所示：

② 在表單沒有放置控制項的地方按一下，選取表單成為作用物件，此時屬性視窗亦會呈現表單所擁有的屬性名稱及屬性值。

③ 移動滑鼠到屬性視窗的工具列，點按 🔽 字母順序圖示鈕，使得屬性名稱按英文字母 A~Z 排序。

④ 上下拖曳垂直捲軸，直到屬性名稱清單中出現「BackColor」背景色屬性名稱，並點選該屬性名稱。

⑤ 在 BackColor 屬性設定區右側的 🔽 下拉鈕按一下滑鼠左鍵，出現「系統」標籤頁的顏色清單。

⑥ 切換到「自訂」標籤頁，出現色盤。

⑦ 點選色盤上面的「黃色」色塊。

⑧ 表單的底色被設成「黃色」。

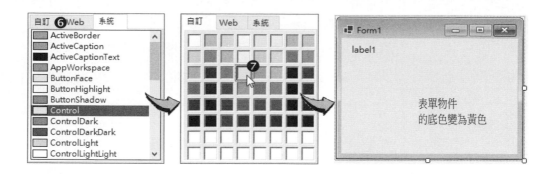

方式二 │ 使用輸入型操作

將 label1 標籤控制項上面顯示的『label1』文字改成『認識全新的 Visual C#』

① 在表單上按一下 label1 標籤控制項,使標籤控制項變成作用控制項。

② 移動滑鼠到屬性視窗中點選「Text」關聯文字屬性名稱。

③ 將輸入欄的預設文字『label1』反白,或按屬性值右邊的 ☑ 下拉鈕,由
出現的輸入框內輸入『認識全新的 Visaul C#』。

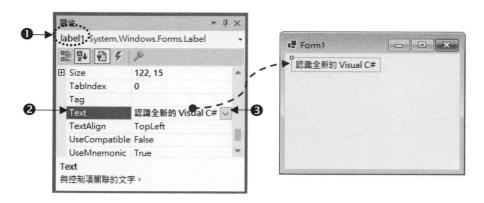

方式三 │ 使用交談型操作

設定標籤控制項的文字為標楷體、斜體字、加底線、大小為『18』

① 點選表單內顯示「認識全新的 Visual C#」的標籤控制項。

② 移動屬性視窗的垂直捲軸,選取 Font 字型屬性名稱。

③ 按 Font 屬性值設定區右側的 ... 鈕,出現右下圖「字型」對話方塊。

④ 將「字型」設為『標楷體』、「字型樣式」設為『斜體』，「大小」設為『18』，「效果」設為『底線』，最後按 ▢確定▢ 鈕。

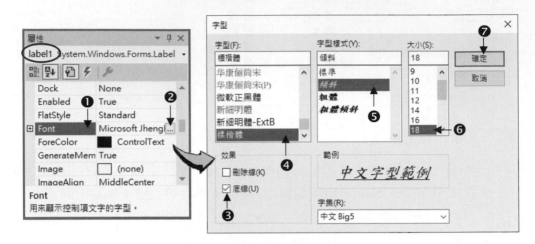

⑤ 再將「認識全新的 Visual C#」的標籤控制項移到適當位置。

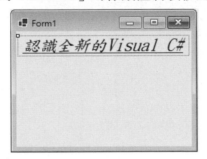

1.5 控制項的智慧標籤

表單上有些控制項會在右上角出現 ▶ 智慧標籤(Smart Tag)，在該圖示上按一下會出現該控制項的常用屬性清單供你選取，如此可省掉由屬性視窗找尋屬性的時間。

Step ① 延續上例在表單內建立一個「圖片」控制項

1. 在工具箱的 🖼 PictureBox 圖片工具上按一下選取。

2. 移動滑鼠到在表單內出現 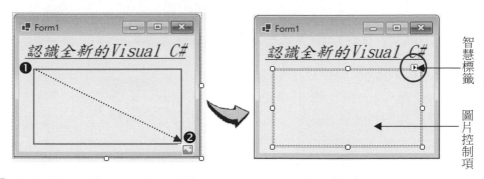 指標，在標籤控制項的正下方，壓滑
   鼠左鍵往下方拖曳拉出適當大小。

Step **2** 點按圖片控制項右上方的圖示鈕 ▣，拉出智慧標籤。

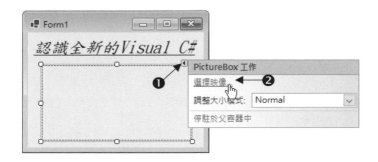

Step **3** 在上圖點選【選擇映像...】選項，開啟下圖「選取資源」對話方塊。

1. ⊙ 本機資源(L):

   選取此選項，圖片方塊的圖檔路徑會以本機的真實路徑表示，當將專案複製到別台電腦時，該圖檔的路徑必須在該台電腦有相同路徑，否則會發生找不到檔案的錯誤。

2. ⊙ 專案資源檔(P):

   選取此選項，會將指定的圖檔放入目前專案內，接著圖片方塊的圖檔路徑即會指向目前專案資料夾中圖檔的路徑。日後複製專案時會自動將圖片一併拷貝至別台電腦，建議採用此選項載入圖片。

Step 4 在上圖按 匯入(M)... 鈕，出現下圖「開啟」對話方塊，再從書附範例中 ch01 資料夾內選取「落羽松.jpg」圖片檔。

Step 5 圖像選取完畢後，在上圖按 開啟(O) 鈕，結果如右圖：

Step ⑥ 在上圖按 確定 鈕返回智慧標籤後，圖片部分顯示在表單的圖片方塊控制項上。繼續在智慧標籤上選取【調整大小模式】選項，選取「StretchImage」選項，使圖片隨著圖片方塊控制項大小縮放。

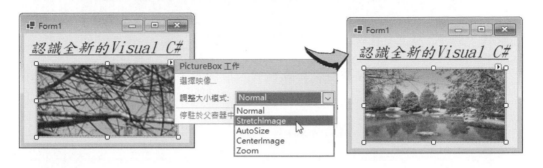

1.6 第一個 Windows Form 應用程式

　　本節將以一個簡單的視窗應用程式為例，學習如何使用 Visual C# 來編輯、編譯、執行和除錯程式。一般開發一個程式必須經過下列四個階段：

1. 設計表單輸出入介面

由問題中得知欲輸入哪些資料、欲產生哪些結果以及執行中應出現哪些提示訊息，來確定應使用工具箱中的哪些工具？再將需要的工具放入表單中，建立使用者輸出入介面(User Interface)。

2. 設定各控制項(物件)的屬性

針對表單上各控制項的屬性值加以設定。

3. 撰寫相關程式碼

編輯表單上哪些控制項需要的事件處理函式。

4. 程式除錯

視窗應用程式在程式編輯階段，會自動檢查所寫的敘述語法是否有錯誤？若有錯誤會在錯誤處正下方出現紅色曲線，等待更正。若不處理在程式進行編譯時，亦會再做語法檢查，會列出發生錯誤的行號和錯誤的原因。待錯誤消除後，程式編譯成功後自動進入程式執行階段。此階段發生的錯誤屬於邏輯錯誤，表示程式流程有錯誤，因此需要逐一檢查每個流程，觀看每個流程的結果是否符合預期？若不符合，必須進入程式編輯階段，繼續修改發生錯誤的流程，一直到執行結果符合要求為止。

實作 FileName：showTime.sln

試製作一個能顯示今天日期和問候語的程式，程式要求如下：

① 當按 現在日期 鈕時，在標籤控制項上顯示今天的日期。

② 當按 問候 鈕時，顯示『Hello, 歡迎光臨』文字訊息。

▶ **輸出要求**

↑ 按 現在日期 鈕　　　　　　↑ 按 問候 鈕

1.6.1 新增專案

Step 1 執行功能表【檔案(F)/新增(N)/專案(P)...】指令，開啟「新增專案」對話方塊。要注意整合開發環境中，若有開啟其他的專案尚未關閉時，請先執行功能表的【檔案(F) /關閉方案(T)】指令，關閉目前開啟的專案。

Step 2 在「建立新專案」對話方塊中，使用「Windows Forms 應用程式」範本模式。

Step 3 在「設定新的專案」對話方塊中，使在 c:\cs2022\ch01 資料夾下建立名稱為「showTime」的專案。

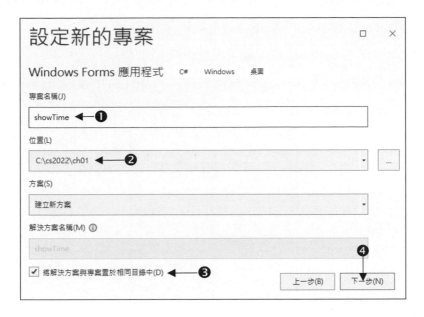

Step ④ 在「其他資訊」對話方塊中,選用「.NET 6.0(長期支援)」架構,按 建立(C) 鈕。進入「Visual Studio 2022」整合開發環境(簡稱 IDE)。

1.6.2 表單設計階段

表單設計階段是用來設計程式的輸出入介面,只要調整各控制項的相關位置以及屬性的相關初值設定,不用編寫程式碼,便可完成輸出入介面設計。本例在表單建立一個標籤控制項和兩個按鈕控制項,其步驟如下:

Step ① 在表單依序建立 label1 標籤控制項、button1 和 button2 按鈕控制項。

Step ② 如下圖分別調整表單及三個控制項的大小,並調整適當位置:

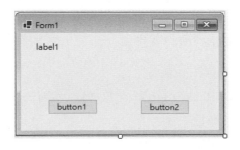

Step ③ 改變 label1 控制項的 AutoSize(自動縮放)屬性值

1. 點選表單上 label1 標籤控制項成為作用控制項。

2. 在屬性視窗選取 AutoSize 屬性名稱，將屬性值由預設值『true』改為
『false』，即將標籤控制項大小由自動調整改為手動調整。

注意

　　屬性視窗的 True 和 False 布林值的字首會以大寫表示，
　　但實際撰寫程式碼時是使用小寫的 true 和 false。

3. 此時 label1 標籤控制項四周由一個小
方塊變成六或八個小方框(視寬度而
定)。

4. 移動滑鼠到四周小方框上，按照箭頭
方向拖曳滑鼠調整標籤控制項的大
小。

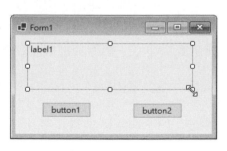

Step ④ 設定 label1 標籤控制項的背景色

1. 點選表單上 label1 控制項。

2. 在屬性視窗選取 BackColor(背景色)屬性名稱，將 label1 標籤控制項的
背景色設成『青綠色』。

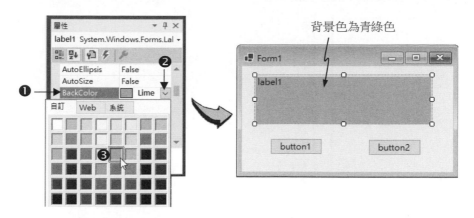

背景色為青綠色

Step ⑤ 設定 label1 標籤控制項的 Font 屬性，將字體設為『標楷體』、『粗體字』、大小『18』。

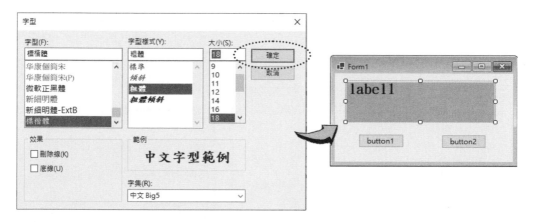

Step ⑥ 清除 label1 控制項上面的文字

1. 點選表單上 label1 控制項。

2. 到屬性視窗選取 Text 屬性名稱。

3. 到屬性值設定區快按兩下，會將屬性內容反白，再按鍵盤 Del 鍵將預設值 label1 清除掉。

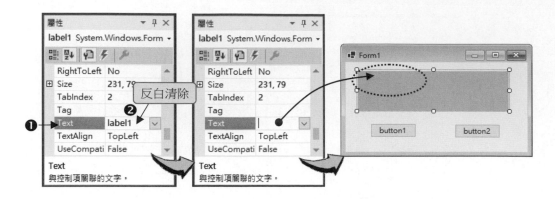

Step ⑦ 將 Form1 表單的標題欄文字更改為『C#程式初體驗』：

　1. 在表單上空白處按一下，選取表單。

　2. 在屬性視窗點選 Text(標題)屬性名稱。

　3. 將其預設值 Form1 壓左鍵拖曳反白或直接在屬性值欄上快按兩下反白。
　　 再鍵入『C#程式初體驗』文字。

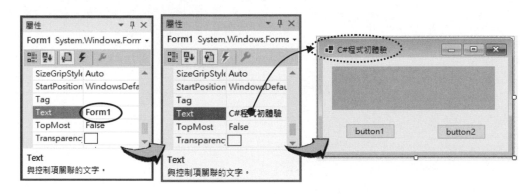

Step ⑧ 更改 button1 和 button2 控制項的 Text 屬性值

　1. 『button1』更改為『現在日期』。

　2. 『button2』更改為『問候』。

　3. 調整按鈕控制項的大小與位置，使得
　　 控制項上面的文字能完全顯現。

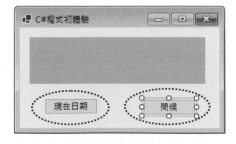

1.6.3 程式碼設計階段

　　本節將介紹上節已建好表單的輸出入介面中，如何在指定的控制項上依需求編寫相關程式碼。譬如：當您要在物件名稱為 button1 的 現在日期 鈕上按一下時，希望在 label1 控制項上面顯示今天的日期。由於 Visual C# 程式執行時，若在 button1 按鈕上按一下會觸動該控制項的 Click 事件，此時會執行該控制項 Click 事件處理函式內的程式碼。所以必須將顯示日期的敘述寫在此 button1_Click() 事件處理函式內。至於編寫相關事件程式碼，必須先由表單設計模式切換至程式設計模式，操作方式請參考 1.2.7 小節介紹。現在介紹進入事件處理函式兩種最簡單的操作方式：

方式一　直接進入預設的事件處理函式內

　　表單或表單上面建立的控制項都有自己預設的事件處理函式，只要在表單或控制項上面，快按滑鼠左鍵兩下，會自動進入該表單或控制項的預設事件處理函式內，便可編寫相關程式碼。現以操作編寫 button1 按鈕的 Click 事件處理函式為例：

① 由於按鈕控制項的預設事件為 Click 事件，所以在 現在日期 鈕上快按兩下，會直接進入下右圖「程式碼設計」模式，插入點游標自動停在 button1_Click()事件處理函式內的最開頭，等待撰寫顯示今天日期的程式碼。

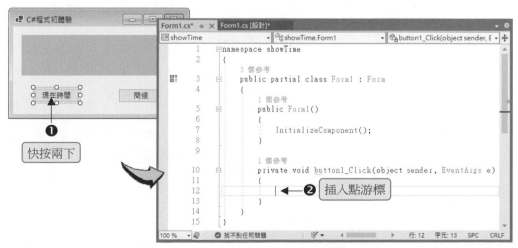

② 在上圖插入點游標處鍵入下列程式碼。當程式執行時，可以在表單的標籤控制項上面顯示目前時間。

```
label1.Text = DateTime.Now.ToLongDateString();
```

上面一行程式碼稱為「敘述」(Statement)。而多行相關程式碼的集合就稱為「敘述區段」(Statement Block)。此行敘述使用「DateTime.Now.ToLongDateString()」方法，會將目前時間轉成字串後，指定給等號左邊 label1 控制項的 Text 屬性內，此時表單上面 label1 標籤控制項上的資料亦跟著改變。要注意控制項名稱 label1 和屬性名稱 Text 之間使用「.」加以區隔，當你鍵入「label1.T」時會如下圖出現智慧清單，將該控制項 T 開頭的所有屬性或方法以清單方式自動列出供你選取，此時上下移動滑鼠，當「Text」選項反白時，快按滑鼠兩下或按 Tab 鍵選取 Text 屬性，Text 自動顯示在插入點游標處，變成「label1.Text」。

③ 在上圖的「label1.Text」後面繼續鍵入『= DateTime.』，智慧清單清單再度出現，由清單中上下移動滑鼠選取「Now」選項，接著再鍵入『.』又再度出現智慧清單，在清單中上下移動滑鼠選取「ToLongDateString」選項，由於 ToLongDateString 是方法，必須在後面再鍵入『( );』，才完成上面指定的敘述。

```
Form1.cs ⁺ ×  Form1.cs [設計]*
☐ showTime              ▾ ♦ showTime.Form1              ▾ ♦ button1_Click(object sender, E ▾ ┿
       1   ⊟namespace showTime
       2    {
            3 個參考
☐↑     3    ⊟  public partial class Form1 : Form
       4       {
                1 個參考
       5    ⊟     public Form1()
       6          {
       7              InitializeComponent();
       8          }
       9
                1 個參考
      10    ⊟     private void button1_Click(object sender, EventArgs e)
      11          {
      12              label1.Text = DateTime.Now.ToLongDateString();
      13          }
100 %  ▾ ⚙  ✓ 找不到任何問題        ✓ ▾  ◀    ▶  行: 12  字元: 59  SPC  CRLF
```

方式二　由屬性視窗來設定事件處理函式

① 切換至「表單設計」模式。

② 先在　　現在時間　　按鈕按一下選取成為作用控制項。接著到屬性視窗的工作列選取 ⚡ 事件圖示鈕按一下選取，由出現事件清單中，移動滑鼠到「Click」上面快按兩下，進入 button2_Click 事件處理函式內。

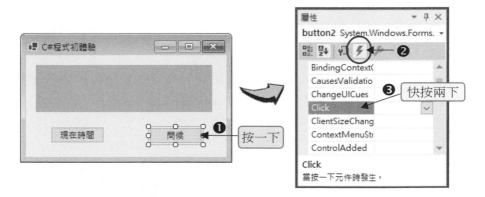

③ 在 button2_Click 事件處理函式內撰寫下面敘述：

```
label1.Text = "Hello, 歡迎光臨";
```

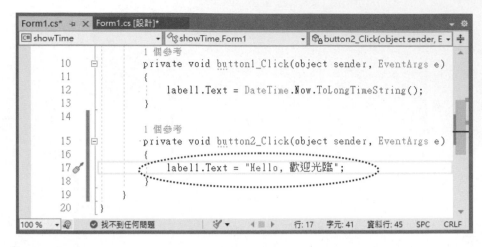

注意

大部分控制項的屬性可在表單設計階段，即程式未執行階段，
透過屬性視窗直接修改；有些屬性亦允許在程式執行時透過程
式碼動態更改屬性值。

1.6.4 專案執行與偵錯

當表單設計與程式碼設計的工作初步完成，就可進行程式執行和偵錯測
試，觀看執行的結果是否符合輸出要求？如果發生錯誤，則先停止程式執行，
返回整合開發環境，再切換到程式碼設計模式或表單設計模式繼續修改。在進
行程式執行和偵錯之前，最好將修改過的程式先透過功能表【檔案(F) /全部儲
存(L)】指令或按 ⊞ 全部儲存鈕，將相關檔案全部儲存至指定的專案資料夾
內，但不必關閉專案，接著再進行下面的程式除錯(Debug)。

Step ① 進行程式偵錯

在程式碼設計模式或表單設計模式下都可以對目前編寫的程式進行程
式的偵錯、編譯和執行的工作。有下列三種操作方式：

方式一 按工具列的 ▶ showTime ▾ 偵錯圖示鈕(showTime 為專案名稱)執行程
式。

方式二 執行功能表【偵錯(D) /開始偵錯(G)】指令執行程式。

方式三 按鍵盤的 **F5** 功能鍵執行程式。

Step **2** 驗證執行結果是否符合預期

1. 按 現在日期 鈕,在 label1 控制項上面顯示目前的日期與時間。

2. 按 問候 鈕,在 label1 控制項上面顯示「Hello, 歡迎光臨」訊息。

由輸出結果發現,由於標籤控制項的寬度不夠,顯示的訊息分成兩行顯示,而且文字由左上角開始,必須調整表單和標籤控制項的寬度和將顯示的訊息設成能上下左右置中對齊。先按工具列的 ■ 停止偵錯鈕結束程式執行,切換至「表單設計模式」來做表單輸出入介面相關屬性設定。

Step **3** 調整表單和 label1 標籤控制項的寬度、label1 標籤控制項內文字對齊位置及兩按鈕控制的位置。

1. 調整表單寬度
   先選取表單成為作用物件,移動滑鼠到表單右邊界中間的白色小方框上,待出現雙箭頭指標時壓滑鼠左鍵向右拖曳將表單向右拉寬。

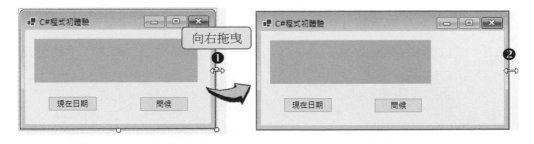

2. 調整標籤控制項的寬度
   選取 label1 標籤控制項成為作用控制項,移動滑鼠到 label1 右邊界中間

的白色小方框上,待出現雙箭頭指標時壓滑鼠左鍵向右拖曳將標籤控制項向右拉寬。

3. 設定顯示在標籤控制項的訊息能上下左右置中對齊
   選取 label1 標籤控制項成為作用控制項,移動滑鼠到屬性視窗選取 TextAlign 屬性,按照圖中數字順序操作:

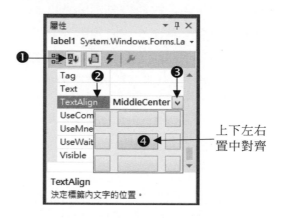

4. 適當調整 現在日期 、 問候 兩按鈕控制項的位置。

5. 按 F5 鍵,觀看執行結果是否正確?

Step 4　程式如何除錯

一般使用高階語言編寫的程式，必須先經過編譯(Compiler)，檢查所編寫的程式碼的語法是否有錯誤？若發生錯誤，會告知發生語法錯誤的敘述，必須修改到全部程式內所有敘述的語法都正確為止，此種過程稱為除錯(Debugging)。當程式的語法正確無誤時，表示程式編譯成功，自動產生一個副檔名為 .exe 的可執行檔，執行此執行檔，觀察輸出結果是否符合預期。若不符合預期，表示程式發生邏輯上的錯誤而不是語法的錯誤，也就是使用不適當的敘述或是程式流程有錯誤，必須重回程式設計階段重新檢查程式碼。

至於 Visual C# 的程式不用等到程式進行編譯階段，在程式編輯階段若發生語法錯誤時，程式馬上如下圖告知語法錯誤，並在語法錯誤處的正下方出現紅色曲線。同時在「錯誤清單」窗格，會列出發生語法錯誤的行號和描述發生錯誤的原因，只要在清單中該敘述上快按兩下，指標會跳至錯誤敘述上。

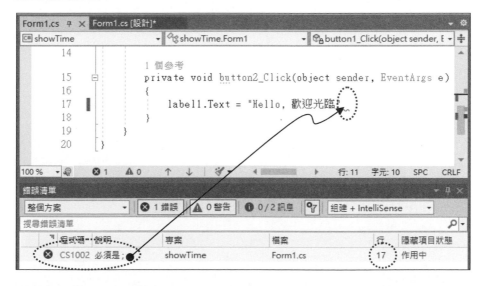

按照上面錯誤清單提示第 27 行語法有錯誤，告知必須在紅色曲線處加上分號『;』，如下圖在第 27 行加上方號後，紅色曲線自動消失，表示該行敘述的語法已正確無誤。

1.6.5 關閉專案

若要結束程式偵錯，返回 VS 2022 整合開發環境。有下列三種方式：

方式一 按一下程式執行視窗右上角的 ⊠ 關閉鈕。

方式二 按整合開發環境標準工具列的 ■ 停止偵錯鈕。

方式三 執行整合開發環境功能表【偵錯(D) /停止偵錯(E)】指令。

CHAPTER 2

資料型別與變數

- ✧ 認識識別字、保留字、特殊符號
- ✧ 認識常值、資料型別
- ✧ 學習變數與常數的宣告方式及設定初值
- ✧ 認識逸出序列控制字元
- ✧ 認識算術運算式、字串運算式、複合指定運算式
- ✧ 學習資料型別的轉換
- ✧ 如何辨識資料型別

2.1 識別字

在真實的世界中，我們對每個人、事和物都會賦予一個名字以方便彼此識別。同樣地，使用程式語言來設計程式時，對程式中所用到的每個變數、常數、結構、模組、函式、程序、類別、物件及屬性等，在使用之前必須先命名，這些在程式語言中被賦予的名稱稱為「識別字」(Identifier)。所以「識別字」就是指可以自行定義或宣告的文數字，有關 C# 識別字的命名規則與建議如下：

1. 識別字由一個字元或多個字元組成，第一個字元必須以 A~Z、a~z、_(底線)等字元開頭，不允許以數字 0~9 開頭。識別字的第二個字元後面可接大小寫英文字母、數字、_。識別字允許多個單字連用，為增加可讀性單字間可用底線連接，如：tel_no、id_no 分別代表電話號碼、身份證號碼；或第二個以後單字的第一個字母大寫其他字母小寫，如 telNo、idNo。

2. Visual C# 的識別字將大小寫字母視為不同字元處理，譬如：SCORE、Score、score 視為三個不同的識別字。

3. 識別字的命名最好具有意義、名稱最好和資料有關連，如此在程式中不但可讀性高而且易記。例如：以 salary 代表薪資、total 代表總數，儘量不要使用 a 和 b 之類無意義的名稱當作識別字。

4. Visual C# 允許使用中文當識別字，但易在程式中造成混淆，建議不使用。

   例 下列是不正確的識別字命名方式：
   ① good　day　　　(中間不能使用空格)
   ② 7_eleven　　　　(第一個字元不可以是數字)
   ③ B&Q　　　　　　(&不是可使用的字元)
   ④ new　　　　　　(new 是關鍵字)

   例 下列變數是正確的識別字命名方式：
   ① goodDay　　　　(第二個單字的第一個字母使用大寫)
   ② seven_eleven　　(兩個單字中間使用_區隔)
   ③ _score　　　　　(第一個字也可以使用底線)
   ④ 成績　　　　　　(識別字可用中文，但建議不要使用)

2.2 關鍵字

所謂關鍵字(Keywords)是指具有語法功能的保留字,下表即為 Visual C# 程式語言所提供的 78 個關鍵字,透過這些關鍵字、運算子(Operator)和分隔符號(Seperator)的結合,就定義出 Visual C# 語言的敘述出來。Visual C# 語言也將這些關鍵字提供給屬性(Property)、事件(Event)、方法(Method)中使用。關鍵字是系統所專用識別字,不允許當做一般識別字使用,譬如當作程式中的變數、類別和方法等名稱,若非使用關鍵字當識別字不可時,可在該關鍵字前面加上 @ 便可當作識別字使用。

abstract	as	base	bool	break
byte	case	catch	char	checked
class	const	continue	decimal	default
delegate	do	double	else	enum
event	explicit	extern	false	finally
fixed	float	for	foreach	goto
if	implicit	in	int	interface
internal	is	lock	long	namespace
new	null	object	operator	out
override	params	private	protected	public
readonly	ref	return	sbyte	sealed
short	sizeof	stackalloc	static	string
struct	switch	this	throw	true
try	typeof	uint	ulong	unchecked
unsafe	ushort	using	using static	virtual
void	volatile	while		

2.3　資料型別

下表是 Visual C# 程式語言所提供常用的資料型別，以及各資料型別所占用記憶體數目和資料大小的有效範圍：

資料型別	說明	範例
bool 布林	長度：占 1 Byte 布林值 範圍：true 或 false 註：控制項屬性視窗有關布林值是使用 True 與 False 來表示；但實際撰寫程式時布林值是以 true 與 false 來表示。	bool var1=true; bool var2=false;
byte 無號整數	長度：占 1 Byte，無正負符號整數 範圍：0 ~ 255	byte var1=15; byte var2=15U;
sbyte 有號整數	長度：占 1 Byte，有正負符號整數 範圍：-128 ~ 127	sbyte var1=36;
short 短整數	長度：占 2 Bytes，有正負符號整數 範圍：-32,768 ~ +32,767	short var1=36;
int 整數	長度：占 4 Bytes，有正負號整數 範圍：-2,147,483,648 ~ +2,147,483,647	int var1=24;
long 長整數	長度：占 8 Bytes，有正負號整數 範圍：-9,223,372,036,854,775,808 至 +9,223,372,036,854,775,807	long var1=234; long var2=234L;
ushort 無號短整數	長度：占 2 Bytes，無正負號整數 範圍：0 ~ 65,535	ushort var1=36; ushort var2=36U;
uint 無號整數	長度：占 4 Bytes，無正負號整數 範圍：0 ~ 4,294,967,295	uint var1=36; uint var2=36U;

ulong
無號長整數
	長度：占 8 Bytes，無正負號整數
	範圍：0 ~ 18,446,744,073,709,551,615
		ulong var1=36;:
		ulong var2=36U;
		ulong var3=36L;
		ulong var4=36UL;

float 單精確度 浮點數	長度：占 4 Bytes，單精確度浮點數字 範圍：$\pm1.4\times10^{-38} \sim \pm3.4\times10^{38}$ 精確度：7 個數字	float var1=23.56F;
double 倍精確度 浮點數	長度：占 8 Bytes，倍精確度浮點數字 範圍：$\pm5.0\times10^{-324} \sim \pm1.7\times10^{308}$ 精確度：15-16 個數字	double var1=23.56; double var2=23.56D;

資料型別	說明	範例
decimal 貨幣	長度：占 16 Bytes 為十進位數字， 範圍：$\pm 1.0 \times 10^{-28} \sim \pm 7.9 \times 10^{28}$ 有效位數：有效位數 28	decimal var1=1.68M; decimal var2=10.0m
char 字元	長度：占 2 Byte，其值是一個 Unicode 的 字元，該字元以單引號括住。 範圍：0 ~ 65,535	char var1= 'A'; char var2= 'a'; char var3= 't';
string 字串	字串型別，資料頭尾使用雙引號括住。 字串中每個字元占 2 Bytes	string var1= "Good";

object
物件
	物件型別，可存放任意資料型別的資料。	object objA;
		objA=20;
		objA= "Good";
		objA=23.56;
		objA=new int[10];
		objA=false;

使用者定義 變數	成員大小長度的總和。	視各個成員宣告的 資料型別而定

由上表可知，Visual C# 的數值資料可分為：有號(Signed)數值資料以及無號(Unsigned)數值資料兩種。其中有號數值資料表示該數值允許帶正負號；至於無號數值資料代表該數值沒有正負號，因此只能存放正數和 0。上表中 byte、short、int 與 long 都是用來存放整數資料，由於彼此間所占用的記憶體長度不一樣，因此所能存放資料的大小是有差別的。至於 float 與 double 是屬於浮點數資料，用來存放帶有小數點的數字。表中的 char 型別是用來存放字元(character)資料的。當程式中使用到單一字元時，必須使用單引號將字元頭尾括起來，譬如：'y' 和 'Y'。string 型別是用來存放頭尾使用雙引號括住字串資料，譬如："Hello"、"Visual C#"、"基礎必修課"。

▶ 2.4 常值

常值(Literal)表示資料本身的值，例如號碼 5 或字串 "Hello"。一般將程式中使用的常值，依程式執行時是否允許改變其值分成常數(Constant)和變數(Variable)兩種。所謂「常數」是指在整個程式執行中其值都維持不變，所謂「變數」是指在整個程式執行中可變更其值。程式執行時敘述中使用到的常值都會配置記憶體來存放。因此本節的重點是要熟悉各種常值的資料型別所占用的電腦記憶體空間大小，以及該常值可以表示的最大值與最小值範圍。Visual C# 提供的常值包括：數值常值、字串常值、日期常值、布林常值、物件常值。

2.4.1 數值常值

數值常值依資料是否帶有小數部分，又可分成整數常值和浮點數常值。

一、整數常值

整數常值由數字、+ (正)、- (負)所組成。整數常值的表示方式有：二進制、八進制、十進制、十六進制，人們比較習慣十進制，而本書所用的數值常值大都採用十進制表示。整數常值依表示的範圍又可細分：byte、sbyte、short、int、long...等資料型別，如下表所示：

資料型別	.NET FrameWork 型別	範圍
byte (位元組)	System.Byte	不帶正負號的 8 位元整數，占 1 Byte。 範圍：0 ~ 255 的整數 範例：byte var1 =15 ;
sbyte (位元組)	System.SByte	帶正負號的 8 位元整數，占 1 Byte。 範圍：-128 ~ 127 的整數 範例：sbyte var1 =15 ;
short (短整數)	System.Int16	帶正負號的 16 位元整數。占 2 Bytes。 範圍：-32,768 ~ 32,767 的整數。 範例：short var1 =15 ;
int (整數)	System.Int32	帶正負號的 32 位元整數，占 4 Bytes。 範圍：-2,147,483,648 ~ 2,147,483,647 　　　約有 10 位正負整數。 範例：int var1 =15 ;
long (長整數)	System.Int64	帶正負號的 64 位元整數，占 8 Bytes。 範圍：-9,223,372,036,854,775,808 ~ 　　　+9,223,372,036,854,775,807 　　　約有 19 位數的正負整數。 範例：long var1 ;

二、浮點數常值

　　浮點數常值是整數常值後面跟著小數點，浮點數常值依表示的有效範圍可分為 float、double、decimal...等資料型別。如下表所示：

資料型別	.NET FrameWork 型別	範圍
float (單精確度)	System.Single	可儲存 32 位元浮點數值，占 4 Bytes。 範圍：$\pm1.4\times10^{-45} \sim \pm3.4\times10^{38}$ 　　　　(精確度 7 位含小數) 範例：float var1 ;
double (倍精確度)	System.Double	可儲存 64 位元浮點數值，占 8 Bytes。 範圍：$\pm5.0\times10^{-324} \sim \pm1.7\times10^{308}$ 　　　　(精確度為 15~16 位，可以表達小數) 範例：double var1 ;
decimal (貨幣型別)	System.Decimal	較高精確度和較小範圍，適合財務金融計算，占 16 bytes。 範圍：$\pm1.0\times10^{-28} \sim \pm7.9\times10^{28}$ 最小非零值範圍：$\pm1.0\times10^{-28}$ (精確度為 28~29 有效位數，可表小數) [注意] 欲將數字實數常值當成 decimal 處理，請用後置字元 m 或 M。如沒加後置字元，如下 500.5 數字會被視為 double 處理。 範例：decimal dollars = 500.5M ; 　　　　decimal dollars = 500.5m ;

　　根據預設，指派運算子(=)右邊的實數常值會被視為 double。 因此若是使用 float，當變數初始化時的後置字元請使用 f 或 F，如下列範例所示：

```
float x = 3.5F;
```

　　如果上述宣告中沒有使用後置字元，系統將 3.5(double 常值)存到 float 變數內，所以造成編譯時發生錯誤。而 3.5F 為 float 常值，編譯才會正常。

三、科學記號表示法

　　float 單精確度與 double 倍精確度的資料型別皆為浮點數，可以表示含有小數點的數字，當 float 單精確度資料型別的整數位數超過 7 位數，而 double

倍精確度資料型別超過 15 位數時，會以科學記號方式表示。在 Visual C# 程式碼敘述中的科學記號表示語法如下：

語法：
aE±c

▶ **說明**

a：表示含小數數值，其範圍為 $1 \leq a < 10$

E：代表底數 10

c：代表 10 的指數值。

若指數為正值，前面加上「+」號；若指數為負值，前面加上「-」號。

例 將一般數值改用科學記號表示法的表示方式：

① 516000000 ⇨ 5.16×10^{8} ⇨ 5.16E+8

② 0.0000000516 ⇨ 5.16×10^{-8} ⇨ 5.16E-8

③ -516000000 ⇨ -5.16×10^{8} ⇨ -5.16E+8

④ -0.0000000516 ⇨ -5.16×10^{-8} ⇨ -5.16E-8

例 下面舉例說明一般數值常值的表示方式：

① 23445 ⇨ 為 int 型別的整數常值

② 2340000000000 ⇨ 共 13 位數，為 long 型別的長整數常值

③ 12.56f ⇨ 有小數，為 float 型別的單精確度常值

④ 6.02E+23F ⇨ 為 float 型別常值，即為 6.02×10^{23}

⑤ -5.34E+230 ⇨ 為 double 型別常值，即為 -5.34×10^{230}

例 運算式以 int、short、float 和 double 混合資料型別相加，結果為 double 型別。(參考 test.sln 專案)

```
int x = 3;
float y = 4.5f;
short z = 5;
double w = 1.7E+3;
label1.Text = (x + y + z + w).ToString();
```

[輸出] 1712.5

2.4.2 字元與字串常值

　　字串常值是由一連串的字元組合而成，包括中文字、英文字母、空格、數字、特殊符號。程式中字串常值必須將資料使用雙引號(")頭尾括起來。字串常值可細分成：char 字元資料型別和 string 字串資料型別，其所占的記憶體空間和允許的範圍大小如下表所示：

資料型別	記憶體	範圍
char (字元)	2 bytes	0 ~ 65,535 的整數，為 Unicode 碼 (每一個碼代表一個字元，單引號括住字元)
string (字串)	變動長度	0 ~ 20 億個 Unicode 字元

例 合法的字串常值

① "q"、"hello"、"200 km"、"Hi, my friend."、"Visaul C# 中文版"

② "12.56"　　　　　//雙引號括起來屬字串常值，非數值

③ "12 + num"　　　//雙引號括起來屬字串常值，非運算式

2.4.3 布林常值

　　布林(bool)常值只有兩個值：一為「true」、另一為「false」，分別表示真與假、開與關、男與女、Yes 與 No...兩種狀態。bool 資料型別常值被使用在關係運算式及邏輯運算式的條件式中，用來判斷條件式成立與否。布林常值所占的記憶體空間與可表示的範圍如下：

資料型別	記憶體	範圍
bool (布林)	2 bytes	true、false

2.4.4 物件常值

　　包含了任何型別的資料，屬於不定型資料型別。在變數的使用上，物件資料型別的變數相當好用，它可以存放任何型別的資料，因任何型別的資料都屬於物件型別。物件常值所占的記憶體空間與可表示的範圍如下：

資料型別	記憶體	範圍
Object（物件）	4 bytes + 物件所占記憶容量	可存放任何型別資料

2.4.5 將常值強制為特定的資料型別

想將常值強制轉型為特定的資料型別，可使用下列兩種方式將常值強制為特定的資料型別：

① 採附加型別字元。

② 將常值放在封入字元中。

Visual C# 資料型別中允許使用的封入字元，和附加型別字元直接放在常值之後，中間不能有空格或任何字元。封入字元和附加型別字元如下表所示：

資料型別	封入字元	允許附加型別字元
bool	（無）	（無）
byte	（無）	（無）
char	'	（無）
decimal	（無）	M 或 m
double	（無）	D 或 d
float	（無）	F 或 f
int	（無）	（無）
long	（無）	L
short	（無）	（無）
string	"	（無）

例 下面敘述宣告 myDecimal 為貨幣資料型別變數並設定初值，程式進行編譯時會發生溢位，產生錯誤。

```
decimal myDecimal;
myDecimal = 1000000000000000000000;    // 編譯時會產生溢位的錯誤
```

是因為常值的表示方式錯誤。decimal 貨幣資料型別雖允許有上述這麼大的數值，但是這個常值 Visaul C# 已隱含地表示為 long 長整數資料型別,因此就無法如此寫法。若要讓前面的範例可以正常運作,可如下面寫法採附加型別字元 M,附加到常值的後面,讓長整數常值強制變為貨幣資料常值:

```
decimal myDecimal = 1000000000000000000000M;
```

2.5 變數(Variable)

變數(Variable)是以有意義的名稱取代常值,並且允許在程式執行中變更其值。常值可用來指定給變數當作「變數值」,或指定給物件屬性當作「屬性值」。程式執行時,敘述中的每個常值都會配置記憶體來存放。由於 Visual C# 是屬強制型別(Stronged Type)的程式語言,必須對程式中所使用的資料強制做資料型別檢查。所以,程式中所使用的變數和常數都必須賦予名稱和資料型別,資料型別是規定該資料允許使用的有效範圍(即有最大值和最小值),以及在記憶體中存放的長度。不同的資料型別,編譯器依據資料所使用的資料型別配置對應的記憶體來存放該資料。不同的資料型別,電腦的處理方式亦不相同,譬如:數值資料允許做四則運算,文字資料則無法計算只能字串的比較或合併字串資料型別,布林資料只能表示 true(真)或 false(假)的結果。

由上一節知道,變數和常數賦予資料的常值若在程式執行不允許改變其值稱為常數(Constant);反之,賦予資料的常值在程式執行允許改變稱為變數(Variable)。一般程式執行時,必須先將程式和資料載入到電腦的主記憶體中才能執行,但是程式中所要的資料是如何放入主記憶體呢?大多數的高階程式語言都是在程式的開頭事先宣告(Declaration)一個變數,宣告的目的是賦予該變數一個資料型別以及變數名稱,此時會提供一個預留的記憶體空間給這個名稱,我們利用它來存放由宣告變數時所指定的資料型別的資料。每個變數只能有一個值,但這個值可以重設或經由運算更改。至於變數名稱的命名必須遵循識別字的命名規則。譬如:執行下面敘述時,電腦會自動在記憶體中配置該資料型別大小的空間來存放該變數值:

```
int myVar;   //宣告 myVar 是一個整數變數,並在記憶體配置空間存放該值
```

　　由於 Visual C# 執行時，是不允許使用未初始化(Initialize)過的變數，因此可如下面敘述在宣告變數的同時，使用等號來初始化變數的初值：

```
int myVar = 30;    //宣告 myVar 為整數變數，在記憶體配置空間來存放
                   //此變數的內容，同時將 30 存入此變數所指定的記憶體中。
```

　　由於變數在程式中使用的機率很高，而且其內容是隨著程式的執行變化。因此，初學者學習 Visual C# 語言必須熟悉下列三項變數的使用要領，才能在程式中順利使用變數來存取資料：

1. 遵守變數命名規則。例如：Price 表示單價、bccScore 表示計算機概論成績。
2. 以該變數最大值和最小值來決定宣告為何種資料型別。
3. 指定初值給變數。

2.5.1 變數的宣告與初始化

　　在 Visual C# 的程式中是不允許使用未初始化過的變數來運算。所以，程式中若需要使用到某個變數，必須先宣告該變數是屬於何種資料型別，一直到賦予該變數初值後，才可以使用該變數。否則，程式在編譯時會出現 "使用未指定的區域變數..." 錯誤訊息。我們可以使用 "=" (指定運算子)等號來指定變數的初值。變數宣告及初值設定的方式如下：

```
int i ;            //宣告 i 為整數變數
i = 200 ;          //設定 i 的初值為 200
```

注意

Visual C# 的程式中每行敘述結束後面必須加上分號，代表該行敘述到此為止。當你在編輯程式時，為避免日後忘記該行敘述的意義，可以在分號後面加上 "//" 雙斜線當作註解符號，在雙斜線後面加文字說明即可。一般此種註解說明是寫給程式設計者做備忘用，為不可執行的敘述，因此程式執行時，碰到接在 "//" 雙斜線後面的文字說明是會跳過去不執行的。當然也可以在一行開頭加上 "//"，使得整行敘述變成註解。

一般而言，在宣告變數時也可以同時指定變數的初值，寫法如下：

```
int i = 50;              //宣告 i 為整數變數，並設定初值為 50
float myF = 36.5f;       //宣告 myF 為單精確度變數，並設定初值為 36.5
                         //因浮點常值預設為 double 倍精度型別，所以在常值
                         //後面加上 f，告知編譯器此常值為 float 單精確度變數
double myD = 36.5;       //宣告 myD 為倍精確度型別變數，並設定初值為 36.5
char myChar = 'a';       //宣告 myChar 為字元變數，並設定初值為 a
char myChar='\x0061';    //和上一敘述同義，以 a 字元的 ASCII 碼表示 6116
char myChar=(char)97;    //和上一敘述同義，以 a 字元的 ASCII 碼表示 9710
char myChar='\u0061';    //和上一敘述同義，以 a 字元的 Unicode 表示
```

要注意，程式中在指定運算子(=)等號的左邊必須是一個變數名稱，不可為常值。如：100 = i；會發生錯誤。程式中若需要宣告相同資料型別的多個變數，變數間可使用 "," 逗號將變數名稱分開，便可將多行宣告相同型別的變數合併成一行宣告，例如：

```
int i;
int j;        ⟹    int i, j, k = 1;
int k = 1;
```

注意

Visual C# 所提供的屬性、事件、方法、運算子...等關鍵字的設定，必須依照關鍵字大小寫格式的設定，否則程式無法進行編譯。譬如：int score = 80；寫法正確；若改以 INt score = 80；會發生語法錯誤，必須將 INt 關鍵字改為小寫 int，因為 Visual C# 程式碼的字母大小寫是有區別的。

2.5.2 字串變數

在 Visual C# 中字元資料在程式中是以單引號將字元頭尾括起來，如：'A'、'B'、'1'、'2' 等…。零個、一個或多個字元合併就可以形成字串(String)資料，為和字元資料有所區別，字串資料必須使用「""」雙引號將字串頭尾括起來。若雙引號內沒有字元(零個)，則稱為空字串。

一、字串型別變數宣告及初值設定

宣告字串變數後，使用「=」運算子指定字串給字串變數，如下：

```
string str ;                        //宣告一個字串變數 str
str = "Visual C#  基礎必修課";        //給予字串變數 str 初值
string name = "阿達一族" ; //宣告字串變數 name，設定初值為"阿達一族"
```

二、多個字串如何串連合併

1. 使用「+」運算子即可簡單將兩字串合併。

```
string str1, str2;                      //宣告二個字串變數
str1 = "秘境探險！" ;
str2 = str1 + "真好看～" ;              //str2 = "秘境探險！真好看～"
```

2. 字串格式化 String.Format()：一個格式字串裡面可以有多對大括弧，用來帶入不同的變數值，而沒有被大括弧包住的部分則維持不變。

```
string name = "張三";               //宣告字串變數，設定初值為 "張三"
int salary = 26000;                 //宣告整數變數，並設定初值為 26000
string msg = String.Format("{0}的月薪是{1}", name, salary);
                                    //msg = "張三的月薪是 26000"
```

3. 字串格式字元：

在字串中要加入格式字元(format char)，格式字元語法如下：

```
語法：

{索引[,對齊寬度][:格式字元]}
```

▶ 說明

① 索引：標記資料置放的位置與順序 0, 1, 2, …。

② 對齊寬度：設定置放資料的寬度及對齊方式。若為正數，表示向右對齊；若為負數，表示向左對齊。省略或設為 0，表示寬度不拘。

③ 格式字元：說明如下表。其中浮點數的格式字元後面若有接續數字，數字為小數位數；若未有接續數字，小數位數預設占兩位。可省略。

例 格式化字串

```
int ball = 8;
double weight = 5.2;
string msg = String.Format("鉛球{0:d2}顆，每顆{1:F3}公斤", ball, weight);
// 結果 msg = "鉛球 08 顆，每顆 5.200 公斤"
```

將字串中原來的{0}改為{0:d2}，就是將第 1 個參數的輸出設為十進位(D 表十進位)，且為 2 位數(2 表 2 位數)。若數值帶有小數，格式化符號後所接的數字代表小數位數，如果未接數字則預設為小數兩位。常用的數值格式化符號字元如下表所示：

符號	說明
G、g	G、g 表示以一般格式顯示。 [例] String.Format("{0:G}",12345.67);　　結果："12345.67"
Dn、dn	Dn、dn 表示以指定 n 位數顯示十進位數值資料，空白處補 0。 [例] String.Format("{0:D7}",1234);　　結果："0001234"
Cn、cn	Cn、cn 表示以貨幣千分位方式顯示資料，小數部分四捨五入取 n 位。 [例] String.Format("{0:c1}",1234.567);　　結果："NT$1,234.6"
Fn、fn	Fn、fn 表示以小數有 n 位來顯示。 [例] String.Format("{0:F2}",1234.5);　　結果："1234.50"
N、n	N、n 表示以小數點以下兩位，再加千位號。 [例] String.Format ("{0:n}",3211234.567);　　結果："3,211,234.57"
E、e	E、e 表示以科學記號顯示方式。 [例] String.Format("{0:E}",1234.567);　　結果："1.234567E+003"
X、x	X、x 表示以十六進位顯示方式。 [例] String.Format("{0:x}", 65535);　　結果："ffff''

4. 字串插值：以雙引號包住的字串前面加上一個 $ 字元，而在字串內容的部分使用大括弧{ }來包住一個變數或運算式。

```
string name = "張三";              //宣告字串變數，設定初值為 "張三"
int salary = 26000;                //宣告整數變數，並設定初值為 26000
```

```
string msg = $"{name}的月薪是{salary:N}";
                                    //msg = "張三的月薪是 26,000.00"
```

 注意

在字串格式化的敘述裡，使用字串插值會比使用 String.Format() 簡潔。

2.6 常數(Constant)

程式執行時，有些值在程式執行過程中，其值到程式結束前都一直保持不變且重複出現，為方便在程式中辨識，可使用一個有意義的「常數」(Constant) 名稱來取代這些不變的數字或字串。譬如：稅率、圓周率、及格分數… 等，或是常用的字串(例如姓名)、日期(例如截止時間)。

常數是用 const 關鍵字宣告，在宣告的同時即要指定一個常值做為該「常數」的常數值。如：程式中有多處敘述需要使用到圓周率 3.14，就必須在這些敘述中鍵入 3.14。當您必須將圓周率 3.14 改成 3.14159 時，那您就得逐行找 3.14，再將它都改成 3.14159。若您事先在程式開頭使用 const 宣告一個常數(名稱為 PI)，並指定常數值為『3.14』，而在程式中需要使用到圓周率的地方直接鍵入 PI。當您必須將圓周率 3.14 改成 3.14159 時，只要更改 const 宣告 PI 常數的常數值即可。將 PI 宣告成常數代表圓周率，常數值為 3.14，其寫法如下：

```
const double PI = 3.14;                    // PI 常數是圓周率，為浮點數資料
int r =10;                                 // r 是半徑
string msg = $"圓周長為 {2 * PI * r}";      // msg = "圓周長為 62.8"
```

例 將常值加入適當型別字元或封入字元成為常數的正確用法：

1. 常值預設為整數常數值

   const int DefaultInteger = 100;

2. 常值預設為倍精確常數值

   const double DefaultDouble = 54.3345612;

3. 常值強制為長整數常數值(採附加型別字元 L)

   const long MyLong = 45L;

4. 常值強制為單精確度常數值(採附加型別字元 F 或 f)

   const float MyFloat = 45.55f;

實作　FileName：var_test.sln

　　練習變數的宣告及設定內容，在 label1~label4 標籤控制項顯示結果。

▶ 輸出要求

當程式執行時按 ⬚確定 鈕，將各變數的內容，分別顯示在 label1~ label4
標籤控制項上面。

▶ 解題技巧

Step 1 建立輸出入介面

1. 新增「Windows Forms 應用程式」專案並以「var_test」為新專案名稱。

2. 在表單內依輸出要求建立 label1~label4 標籤和 button1 按鈕控制項：

Step 2 分析問題

1. 按 ▢確定▢ 鈕將各變數的內容運作顯示在 label1~label4 標籤控制項上面，因此請將所有程式寫在 button1_Click 事件處理函式內。

2. 由輸出結果可知：num1 設為單精確變數；str1 設為字串變數且與"Mr. Wang"字串合併。

3. 分別宣告各變數的資料型別，再陸續設定各變數指定的初值，因為 Text 屬性只能顯示字串資料(string 型別)，若非字串型別資料必須使用 ToString()方法轉成字串型別資料。使用 String.Format()字串格式化及使用 $ 字元進行字串插值，結果即為字串資料。

Step 3 依上述要求在 button1_Click 事件處理函式內撰寫程式碼：

FileName : var_test.sln
01 namespace var_test
02 {
03   public partial class Form1 : Form
04   {
05   public Form1()
06   {
07   InitializeComponent();
08   }
09
10   **private void button1_Click(object sender, EventArgs e)**
11   {   // 按下 <確定> 鈕執行此事件處理函式
12   float num1 = 12345678.9f;
13   label1.Text = num1.ToString();   //顯示 "1.2345678E+07" 字串
14   string str1 = "哈囉！";
15   label2.Text = str1 + "Mr. Wang";   //顯示 "哈囉! Mr. Wang" 字串
16   int num2 = 27;
17   int num3 = 9;
18   //顯示 "27 是 9 的倍數" 字串
19   label3.Text = String.Format("{0} 是 {1} 的倍數", num2, num3);
20   int n1 = 3;
21   int n2 = 12;
22   label4.Text = $"汽水 {n1} 打是 {n1*n2} 瓶"; //顯示"汽水 3 打是 36 瓶"
23   }
24   }
25 }

2.7 逸出序列控制字元

在 Visual C# 中若欲顯示「'」單引號、「"」雙引號或是「\」倒斜線等符號，就必須使用「逸出序列」(Escape Sequence)來達成。當編譯器遇到這些逸出字元時，將接在倒斜線字元「\」後的字元當成某種特殊意義的符號來處理。下表為逸出序列的功能說明：

逸出序列	說明
\'	插入一個單引號
\"	插入一個雙引號
\\	插入一個倒斜線，當程式定義檔案路徑時使用
\a	觸發一個系統的警告聲
\b (Backspace)	游標向左回退一格
\f (Form Feed)	跳頁
\n (New line)	換新行
\r (Return)	游標移到目前該行的最前面。
\t　(Tab)	插入水平跳格到字串中
\udddd	插入一個 Unicode 字元
\v	插入垂直跳格到字串中
\0 (Null space)	代表一個空字元

例 在 label1.Text 控制項中使用逸出序列控制字元來顯示字串：

Label1.Text = "\"玩命追緝\"";　　　　//顯示「"玩命追緝"」

Label1.Text = "tomod\'s shop";　　　　//顯示「tomod's shop」

Label1.Text = "2022\\03\\10";　　　　//顯示「2022\03\10」

2.8 Visual C# 運算子

運算子(Operator)是用來指定資料做何種運算，運算子按照運算時所需要的運算元(Operand)數目分成：

1. 單元運算子(Unary Operator) 如：-5、k++。

2. 二元運算子(Binary Operator) 如：a + b。

3. 三元運算子(Tenary Operator) 如：max = a > b ? a : b;　　(第四章介紹)

2.8.1 算術運算子

算術運算子是用來執行一般的數學運算，如：加、減、乘、除和取餘數等運算。Visual C# 所提供的算術運算子與運算式如下表：

運算子符號	意義	運算式	若 j=20 k=3　下列 i 結果
+	相加運算子	i = j + k	23　→　i　　　(20+3)
-	相減運算子	i = j – k	17　→　i　　　(20-3)
*	相乘運算子	i = j * k	60　→　i　　　(20*3)
/	相除運算子	i = j / k	6　→　i (20/3,整數相除結果取整數) 若 j=20.0　k=3.0 (i=j/k　則 i=6.66666666666667)
%	取餘數運算子	i = j % k	2　→　i　　　(20 % 3)

例　求下列 i、j、k 整數變數最後執行的結果

```
int i, j, k;      //宣告 i、j、k 為整數變數
i = 16;           //將 16 指定給等號左邊的變數 i，即設定 i 的初值為 16
j = i / 3;        //將 i 除以 3 結果指定給等號左邊的變數 j，由於 j 為整數
                  //變數，所以其值為 5
k = i % 3;        //將變數 i 的內容 16 除以 3，將餘數指定給等號左邊的變數
                  //k，其值為 1
```

2.8.2 關係運算子

「關係運算式」可用來比較數值或字串的大小。「關係運算式」經過運算之後，其結果會傳回布林值：真(true)或假(false)，透過其結果可以來決定程式的執行流程。下表是 Visual C# 所提供的關係運算子與關係運算式：

關係運算子	意義	數學式	C#關係運算式
==	相等	A=B	A==B
!=	不相等	A≠B	A!=B
>	大於	A>B	A>B
<	小於	A<B	A<B
>=	大於或等於	A≧B	A>=B
<=	小於或等於	A≦B	A<=B

注意

① 表中 A 與 B 代表我們要比較的資料。

② 4 > 3 ⇨ true(真)

③ "a" > "b" ⇨ false (假)

2.8.3 邏輯運算式

「邏輯運算式」是用來測試較複雜的條件，一般都是用來連結多個關係運算式。如：(a>b) && (c>d)，其中(a>b)和(c>d)兩者為關係運算式，兩者間利用 && "且" 邏輯運算子來連結。同樣地，邏輯運算式的運算結果亦只有真(true)或假(false)。下表即為 Visual C# 所提供的邏輯運算子種類與邏輯運算式的用法：

邏輯運算子	意義	邏輯運算式	用法
&&	且(And)	A && B	當 A、B 皆為真時，結果才為真。
||	或(Or)	A || B	若 A、B 其中只要有一個為真，結果為真。
!	非 (Not 反相)	! A	若 A 為真，結果為假； 若 A 為假，結果為真。

下表中 A 和 B 兩個都是邏輯運算元，每個運算元的值只能為 true 和 false 兩種，因此有下列四種輸入組合。現列出經過 && (And)、|| (Or)、! (Not) 三種邏輯運算後所有可能的結果：

A	B	A && B	A || B	! A
true	true	true	true	false

A	B	A && B	A ‖ B	! A
true	false	false	true	false
false	true	false	true	true
false	false	false	false	true

例　① (4 > 3) && ('a' == 'b')　⇨ (真) 且 (假)　⇨ false(假)

② (4 > 3) ‖ ('a' =='b')　⇨ (真) 或 (假)　⇨ true(真)

③ ! (4 > 3)　　　　　　⇨ 非 (真)　　⇨ false (假)

④ 年齡(age)介於 18 和 36 之間

條件式：(age >= 18) && (age <= 36)

⑤ age 不為零的條件式：age != 0

2.8.4 複合指定運算子

程式中，當需要指定某個變數的值、將某個變數或某個運算式的結果指定給某個變數，就必須使用指定運算子(Assignmemt Operator)來完成。指定運算子是以等號「＝」來表示。若一個指定運算子的兩邊有相同的變數名稱可採複合指定運算子(Combination assignment operator)來表示。

譬如：i＝i＋5 可改為 i += 5。要記得等號左邊的運算元必須為變數、陣列元素、結構成員、或參考型別變數，不可為運算式或常數。下表即為常用的複合指定運算子的表示法：

運算子符號	意義	實例
=	指定	i = 5;
+=	相加後再指定	i += 5;
-=	相減後再指定	i -= 5;
*=	相乘後再指定	i *= 5;
/=	相除後再指定	i /= 5;
%=	餘數除法後再指定	i %= 5;
^=	作位元的 XOR 運算後再指定	i ^= 5;
&=	作位元的 AND 運算後再指定	i &= 5;
‖=	作位元的 OR 運算後再指定	i ‖= 5;

運算子符號	意義	實例
<<=	左移指定運算	i <<= 5;
>>=	右移指定運算	i >>= 5;

2.8.5 遞增及遞減運算子

++ 遞增和 -- 遞減運算子兩者都是屬於單元運算子。譬如：i = i + 1 可表示為 i++；i = i - 1 可表示為 i--。若將遞增運算子放在變數之前表示前遞增，放在之後則為後遞增；-- 遞減運算子亦是如此。譬如：

例 下列 k = i++; 敘述相當於兩行指令合併。

Case 1：	Case2：
int i =10 , k ;	int i = 10 , k ;
k = i++ ; //結果 k=10, i=11	k = ++i ; //結果 k=11, i=11

其中： 1.　k = i++;　//相當於先執行 k = i，再執行 i = i + 1。

2.　k = ++i;　//相當於先執行 i = i + 1，再執行 k = i。

例 求下列　i、j、k 整數變數的最後執行結果。

```
int i, j, k;
i = j = 10;      //先將 10 指定給 j，再將 j 值指定給 i，i 和 j 都為 10
k = ++i * 5;     //先將 i 加 1 變為 11，再將 i 乘以 5 指定給 k，k 值為 55
j = k++ * 2;     //先將 k(=55)值乘以 2 指定給 j，j 值為 110，再將 k 值加 1 為 56
```

2.8.6 運算子的優先順序

下表為各種運算子在運算式中優先執行順序：

優先次序	運算子(Operator)	運算次序
1	x.y、f(x)、a[x]、x++、x--、new、sizeof、typeof、checked、unchecked、(括號)	由內至外
2	!、~、(cast)、+(正號)、-(負號)、++x、--x	由內至外
3	*(乘)、 /(除)、 %(取餘數)	由左至右

優先次序	運算子(Operator)	運算次序
4	+(加)、 -(減)	由左至右
5	<< (左移)、>> (右移)	由左至右
6	< 、 <= 、 > 、 >= (關係運算子)、 is、as (型別測試)	由左至右
7	== (相等)、!= (不等於)	由左至右
8	& (邏輯 AND)	由左至右
9	^ (邏輯 XOR)	由左至右
10	| (邏輯 OR)	由左至右
11	&&(條件式 AND)	由左至右
12	|| (條件式 OR)	由左至右
13	?: (條件運算子)	由右至左
14	=、 +=、 -= 、 *= 、 /= 、 %=、<<=、>>=、 &=、^=、!=	由右而左
15	, (逗號)	由左至右

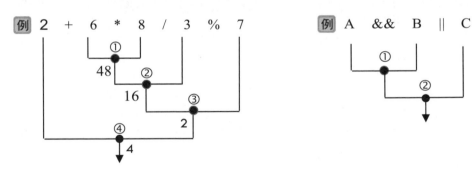

2.9　資料型別轉換

　　變數經宣告其資料型別後就無法以另一個資料型別重新宣告，也不能指派
與其宣告型別不相容的值給它。例如，已宣告為 int 型別的變數，不能將值為 true
的布林值指派給它。然而，值可以轉換為其他型別。這些值指派給新變數，或
將這些值當做方法的引數傳遞，若不會導致資料遺失的「型別轉換」(Type

Conversion)，編譯器會自動執行。可能會導致資料遺失的轉換，則資料需要使用「轉型」(Cast)的處理。

　　資料可分為數字和字串資料兩種，數值資料可做四則運算，字串資料可以合併運算。由於 Visual C# 語法嚴謹，不允許不同資料型別間的資料直接做運算，若碰到兩個不同資料型別的資料需做運算時，必須將資料做轉換成同一資料型別才能做運算。

2.9.1 自動轉型

　　當兩個資料要做運算時，若兩者資料型別相容，或運算結果的目的資料型別有效範圍大於來源資料型別。此情況下，運算前來源資料事先可以不必轉換資料型別，電腦系統會在運算前先進行「自動轉型」後再進行處理。

　　例如：int(來源資料型別)→long(目的資料型別)、float→double、int→float、long→float、long→double、…。反過來，若來源資料型別為 long，目的資料型別是 int，此時電腦不會自動轉型，程式設計者必須用程式碼，先將來源資料型別 long「明確轉型」為 int 才能進行運算，否則會出現錯誤訊息。

```
int a = 2400;      //a 為 int(整數)資料型別
double d = 3.56;   //d 為 double(倍精確度浮點數)
d = a + 34.6;      //a 會先被電腦自動轉型為 double 型別，再進行相加運算
a = d * 8;         //出現錯誤，double 型別不會自動轉型為 int 型別
```

2.9.2 明確轉型

　　Visual C# 提供一種型別轉換(Type Cast)方法，能強迫資料轉換成其他資料型別。型別轉換的語法如下：

語法

(cast)變數名稱或運算式;

　　　　　── 欲強迫轉成的資料型別

譬如：假設 y 變數的資料型別為 double，k 為 int 變數，需要將 y 變數指定給 k 變數，若直接使用左式 k = y，編輯時 y 下方會出現紅色小曲線表示語法有錯，告知 double 無法自動轉換成 int，必須使用右式 cast 做明確轉型。

```
int k;
double y = 0.44;
k = y;
```
⇒
```
int k;
double y = 0.44;
k = (int)y;
```

資料明確轉型後，要注意的是資料遺失的問題。若來源資料的顯現範圍大於目的來源資料的有效範圍，則轉換後的資料可能會與原來的資料有很大的出入。例如短整數 short 範圍-32,768~32,767，而整數 sbyte 範圍-128~127，所以 short 轉型為 sbyte 時較高位元的資料會遺失。另外，有小數的浮點數資料轉成整數時，小數部分也會遺失掉。

2.9.3 Parse 方法

"1234"、"3.14"字串資料的內容是文數字，若是取自 Label 或 TextBox 控制項上面的數字，也是屬於文數字。文數字是字串資料，非數值資料，不能直接拿來做數值四則運算。但可使用 Parse()方法將字串資料轉成數值，其語法如下：

語法

　　數值變數 ＝ 資料型別.Parse(字串);

語法中「資料型別」代表想要轉換的數值資料型別，若想轉成整數值就用「int」；若想轉成倍精確數值就用「double」。

例 將字串資料轉換成整值型別資料。

```
int n = int.Parse("2022");        //將字串"2022"轉型為整數資料 2022
double d = double.Parse("3.14");   //將字串"3.14"轉型為成浮點數資料 3.14
```

2.9.4 轉換成字串資料

一、自動轉換

　　字串型別資料只能與其他型別的資料用「+」運算子做合併的運算，而且合併後的資料會成為字串型別。故其他型別的資料要與字串資料合併前，電腦會將之自動轉型為字串型別資料後再進行合併。

> 例 整數型別資料與字串型別資料合併，合併後的資料為字串型別資料。

```
int year = 2022;              // year 為 int(整數)資料型別
string book = "Visual C# ";   // book 為 string(字串)資料型別
label1.Text = book + year;    // label1 顯示合併結果為 "Visual C# 2022" 字串
```

二、明確轉換

　　數值型別資料或日期時間型別資料，有時候必須明確轉換成字串資料時。例如：數值資料要放入 Label 或 TextBox 控制項時，一定要轉換成字串，否則會出現錯誤。任何型別的資料都可以用下列兩種方式轉換成字串型別。

1. 字串變數　= Convert.ToString(變數或資料);

   > 例 string str1 = Convert.ToString(2022);　　//數值 2022 轉換成字串"2022"

2. 字串變數　= 變數或資料.ToString();

   > 例 double pi = 3.14;
   >
   > 　　string str1 = pi.ToString();　　　　　　//數值 3.14 轉換成字串"3.14"

實作 FileName：loan.sln

　　試寫一個貸款試算程式。計算方式採年金法，將貸款期間內全部貸款本金與利息平均分配於每一期中償付。假設在利率不變的條件下，每月攤還本息金額相等。以貸款利率不變為條件，利用下面公式求出每月本息的平均攤還率。再將貸款總金額乘以每月本息的平均攤還率即得到每月應攤還的本金和利息，顯示每月攤還的本息採整數值顯示(小數第一位請四捨五入)：

每月應付本息金額之平均攤還率

$= \{[(1＋月利率)^{月數}]×月利率\}÷\{[(1＋月利率)^{月數}]－1\}$

其中：月利率＝年利率/12，月數＝貸款年期 x12

▶ 輸出要求

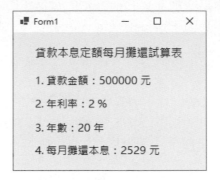

▶ 解題技巧

Step ① 建立輸出入介面

1. 新增「Windows Forms 應用程式」專案並以「loan」為新專案名稱。

2. 在表單內建立 label1 標籤控制項做為標題文字，將 Font 字型大小屬性設為 12，其 Text 文字內容屬性設為『貸款本息定額每月攤還試算表』。

3. 在表單內建立 label2~label5 標籤控制項，分別將 Name 屬性值更改為 LblLoan、LblRate、LblYear、LblPay，將 Font 字型大小皆設為 11，其 Text 屬性內容分別設為『1.貸款金額：』、『2.年利率：』、『3.年數：』、『4.每月攤還本息：』。

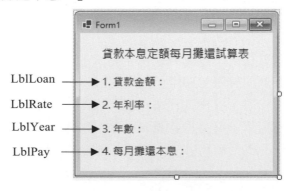

Step 2 分析問題

1. 本例一開始執行，馬上得到輸出結果。因此必須將整個程式碼寫在表單載入時所觸動的 Form1_Load 事件處理函式內。請在 Form1_Load 事件處理函式內完成下列事項。

2. 本例初值設定如下：
   ① 貸款金額 50 萬，使用 loan 整數變數表示。
   ② 年利率預設為 2%，使用 rate 倍精確變數表示。
   ③ 年數為 20 年，使用 year 整數變數表示。

3. 由於以上變數的初值均為數值，而顯示在表單的標籤控制項上面的資料必須是字串。因此在計算過程中，先以設定的數值變數做計算，將得到結果轉成字串後，再指定給標籤控制項的 Text 屬性。

4. 使用題目所提示公式計算每月應付本息金額之平均攤還率，其中 a 的 b 次方，數學上寫法 a^b，程式寫法為 Math.Pow(a, b)。

5. 將貸款金額乘上每月應付本息平均攤還率，將其結果加上 0.5 做四捨五入即為每月應付的本息。

6. 計算出來的結果使用 ToString()方法轉成字串，與相關字串做合併後，顯示在標籤控制項上面。

Step 3 依上述要求在 Form1_Load 事件處理函式內撰寫程式碼

FileName: loan.sln
01 namespace loan
02 {
03   public partial class Form1 : Form
04   {
05   public Form1()
06   {
07   InitializeComponent();
08   }
09
10   **private void Form1_Load(object sender, EventArgs e)**
11   {   // 表單載入時執行此事件處理函式
12   int loan, year;
13   double rate, payRate;
14   loan = 500000;

15	rate = 0.02;　　　//年利率
16	year = 20;
17	// 計算每月應付本息金額之平均攤還率
18	**payRate = ((Math.Pow((1 + rate / 12), year * 12) * rate / 12)) /** 　　　　　　　　**(Math.Pow((1 + rate / 12), year * 12) - 1);**
19	// 顯示本金
20	LblLoan.Text += String.Format("{0} 元", loan);
21	// 顯示年利率
22	LblRate.Text += $"{rate * 100} %";
23	// 顯示貸款年數
24	LblYear.Text += $"{year} 年";
25	// 顯示每月應付的本息
26	**LblPay.Text += ((int)(loan * payRate + 0.5)).ToString() + " 元";**
27	}
28	}
29	}

▶2.10　如何辨識資料型別

　　當在標籤控制項上面顯示出一個變數的資料，如果不知道該資料是屬於何種資料型別時，可用 GetType()方法來得知。下面的例子，是先用 GetType()方法取得該變數的資料型別，接著再使用 ToString()方法將該變數資料型別的名稱以字串方式顯示在 label1 標籤控制項上面。

敘述	輸出結果
string s1 = "Visual C#"; label1.Text = s1.GetType().ToString();	System.String
double d1 = 123.56; label1.Text = d1.GetType().ToString();	System.Double
int i1 = 123; label1.Text = i1.GetType().ToString();	System.Int32
bool b1 = false; label1.Text = b1.GetType().ToString();	System.Boolean
label1.Text = DateTime.Now.GetType().ToString();	System.DateTime

CHAPTER **3**

基本輸出入介面 設計

✧ 學習表單物件常見的屬性

✧ 學習表單物件常用的事件

✧ 學習 Label 標籤控制項的使用

✧ 學習 Button 按鈕控制項的使用

✧ 學習 TextBox 文字方塊控制項的使用

✧ 學習例外處理技巧

✧ 學習使用 Visual Basic 的 InputBox 函式來輸入資料

✧ 學習使用 MessageBox.Show()方法輸出提示訊息

▶ 3.1　表單物件常見的屬性

　　Windows 視窗作業系統之所以能夠迅速取代 DOS 系統，就是因為它具有高親和力的圖形化操作介面。Visual C# 亦藉由圖形化操作介面，讓程式設計者可以在表單設計階段，透過工具箱所提供的工具，不用寫程式便能快速地建立輸出入介面。程式設計者只要專注在處理流程的程式碼及演算法上，縮短了程式開發的時間。

　　撰寫「Windows Forms 應用程式」(Windows 視窗應用程式)最基本的輸出入介面就是表單(Form)，表單就是一個視窗，它像一個容器(Container)可以安置透過工具箱的工具所建立的元件，建立的元件用來組成使用者操作的輸出入介面。我們將工具箱的工具拖曳到表單所建立的元件稱為「控制項」或「物件」。

　　每個控制項都有其所屬的屬性和方法，每個屬性皆有其預設值，可依程式需求來加以修改，讓同類別的表單或控制項展現不同的外觀和功能。不同種類的控制項和表單可能擁有相同的屬性名稱，但也可能是該控制項所獨有。至於如何修改控制項的屬性值，最快的方式是在表單設計階段透過屬性視窗來設定；另一種方式則是在程式執行階段，依需求在適當時機使用程式碼來設定。

　　本節先以分類的方式來介紹表單物件常見的屬性，以及如何在表單設計階段透過屬性視窗來設定屬性的方法。若在後面的章節中，這些屬性在其他控制項中可能也被擁有，除非該屬性在該控制項中另有特別的用法，否則不再重複說明。

3.1.1　外觀類型的屬性

屬性名稱	說明
BackColor	設定表單工作區的背景顏色，預設值為 Control。 [例] 將表單的背景色設為黃色，程式碼： 　　　　BackColor = Color.Yellow ; 　　　　▲　　　　　　▲ 　　　屬性名稱　　　屬性值

屬性名稱	說明
BackgroundImage	設定表單工作區的背景圖片，預設值為無(none)。 [例] 以 c: \cs2022\ch03 資料夾的 Image1.jpg 圖片檔當作表單的背景圖，寫法： BackgroundImage = Image.FromFile("c:\\cs2022\\ch03\\Image1.jpg") ; 或 BackgroundImage = new Bitmap("c:\\cs2022\\ch03\\Image1.jpg") ;
Cursor	設定程式執行時視窗(表單)內的滑鼠游標形狀。預設值 Default。 [例] 將滑鼠游標形狀設為手指，程式寫法： Cursor = Cursors.Hand;
Font	顯示字型對話方塊，在此對話方塊中可設定字型、字型樣式、大小與效果，其預設值為新細明體，9pt。 [例] 將表單內顯示的文字字體為標楷體、大小設為 10、樣式為粗體字，寫法： Font = new Font ("標楷體",　10,　FontStyle.Bold); 　　　　　　　字型種類　大小　字型樣式
FormBorderStyle	設定表單邊界樣式，設定結果在執行時才看到，共有七種格式： ① None (沒有框線) ② FixedSingle (單線固定) ③ Fixed3D (立體固定) ④ FixedDialog (雙線固定對話方塊) ⑤ Sizable (大小可調整) -預設值 ⑥ FixedToolWindow (單線固定工具視窗) ⑦ SizableToolWindow (可調整工具視窗) [例] 將表單邊界樣式設為立體固定，程式碼： FormBorderStyle = FormBorderStyle.Fixed3D;
Text	表單標題欄上的標題文字(或稱關聯文字)，預設值為 Form1。 [例] 將表單標題文字由預設的 Form1，改設為 "第一個程式"。寫法： Text = "第一個程式" ;

例 如何將表單的背景改成圖片顯示。

Step 1 選取表單，點選 BackgroundImage 屬性。

Step 2 按該屬性值欄的 ⋯ 鈕開啟「選取資源」對話方塊。

Step 3 在「選取資源」對話方塊中，到「資源內容」框架內點選「專案資源檔」，再按 匯入(M)... 鈕開啟「開啟」對話方塊。

Step 4 在「開啟」對話方塊中，點選書附範例 [ch03\images\VS.png] 圖片檔，按 開啟(O) 鈕，返回「選取資源」對話方塊。

Step 5 返回「選取資源」對話方塊後，觀察圖片預覽區的內容，按 確定 鈕返回 IDE 整合開發環境。

Step 6 結果表單內的背景圖，以貼磁磚方式呈現所選取的圖片內容。

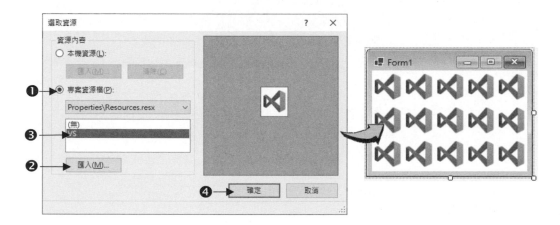

注意

① 本機資源(L): 選取本選項，不會將圖檔加到方案資料夾，複製方案時必須將圖檔和其資料夾路徑一起複製。

② 專案資源檔(P): 選取本選項，自動將圖檔加入到方案資料夾下的 Resource 資料夾內，以方便日後方案進行複製時不用再複製圖檔和其資料夾路徑。

3.1.2 視窗樣式的屬性

屬性名稱	說明
ControlBox	是否顯示標題欄上的控制圖示鈕，如：▭、▭、✕、？，預設值為 true。
MaximizeBox	是否顯示最大化鈕 ▭，預設值為 true。
MinimizeBox	是否顯示最小化鈕 ▭，預設值為 true。
HelpButton	是否顯示說明按鈕 ？，預設值為 false。設為 true 時，必須 MaximizeBox 和 MinimizeBox 兩屬性值均為 false，說明按鈕才會顯示。
Icon	設定表單縮小時所用的圖示，預設值為 ▦ (Icon)。
ShowInTaskbar	設定當按最小化鈕時，程式圖示是否顯示在螢幕正下方工作列上，預設值為 true 表示顯示；false 表示不顯示。
TopMost	設定表單是否為最上層表單。預設值為 false 表示可被其他視窗遮蓋；若設為 true 表示永遠在最上層。

3.1.3 配置類型的屬性

屬性名稱	說明
Location	以螢幕左上角為基準，設定表單左上角位置，向右及向下的座標值，預設值為 0, 0。 [例] 將表單左上角座標設為(200, 200)，程式碼： Location = new Point(200, 200);
Location / X 子屬性	表單左上角距離螢幕左邊界的水平距離，預設值為 0。 [例] int x = Location.X;　⇦ 取得表單左上角 x 座標值
Location / Y 子屬性	表單左上角距離螢幕上邊界的垂直距離，預設值為 0。 [例] int y = Location.Y;　⇦ 取得表單左上角 y 座標值
Size	表單的寬度和高度大小，預設值為 300, 300。 [例] Size = new Size(200, 360);　⇦ 將表單設為寬 200、高 360
Size / Width 子屬性	表單的水平寬度，預設值為 300。 [例] int w = Size.Width;　⇦ 取得表單的水平寬度。

屬性名稱	說明
Size / Height 子屬性	表單的垂直高度，預設值為 300。 [例] int h = Size.Height;　⇦ 取得表單的垂直高度。
StartPosition	決定程式初始化視窗在螢幕出現時的位置，共有下列 5 種狀態： ① Manual (手動) ② CenterScreen (螢幕中央) ③ WindowsDefaultLocation (預設位置-預設值) ④ WindowsDefaultBounds (螢幕中央並調整邊界為適當大小) ⑤ CenterParent (父視窗中央)
WindowState	表單執行的狀態，有三種設定方式： ① Normal (一般)：表單為設計階段大小 (預設值)。 ② Minimized (最小化)：表單縮為圖示，置於工作列上。 ③ Maximized (最大化)：表單放大佔滿整個螢幕。 [例] WindowState = FormWindowState.Maximized; ⇦表單最大化

　　上表中的 StartPosition 屬性值，可設定程式執行時表單視窗在螢幕顯示的起始位置。若要指定表單顯示的座標位置，要先選取表單，再到屬性視窗將 StartPosition 屬性值設為 Manual，然後再設定 Location 屬性值，就可以指定表單的起始座標。若要設定表單以最大化模式充滿整個螢幕，要將 WindowState 屬性的屬性值設為 Maximized，而不是設定 MaximizeBox 屬性值為 true。程式的座標和數學的座標不同，容器(表單)左上角座標值為(0, 0)，小括號內第一個參數 X 座標值也就是水平距離；第二個參數為 Y 座標值也就是垂直距離。表單左上角座標水平方向向右為正；垂直方向向下為正。

　　下圖設定表單左上角座標為(200,150)，表單的寬度和高度為(400,300)，其程式碼寫法：

```
Location = new Point(200,150);　⇦ 設定表單左上角座標
Size = new Size(400,300);　　　　⇦ 設定表單的寬及高
```

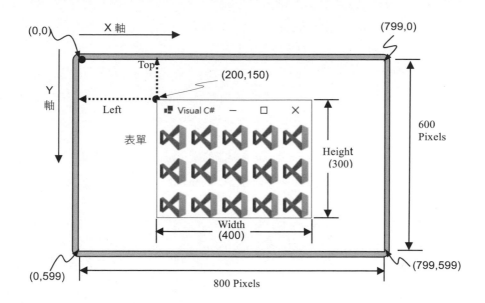

3.2　表單的常用事件

　　在 Windows 作業系統下，將使用者所操作的每一個動作都視為「事件」，事件會被作業系統所攔截，並傳遞給應用程式的處理序來處理，這就是事件驅動(Event-Driven)的觀念。換言之「事件驅動」是指程式執行時，程式會不斷地等待操作者觸發事件，再根據系統所判斷出的事件，執行該事件處理函式內所撰寫的程式碼。由於程式執行時的流程是由操作者決定，因此每次執行流程未必是一樣的。

　　事件是物件傳送給應用程式的訊息，通知有事情發生需要處理，而傳送訊息的動作稱為「觸動事件」或「引發事件」。所觸動的事件要如何處理，就是以程式碼(指令或敘述)撰寫在事件處理函式裡。例如：家中門鈴響，就是「門鈴」物件的「按一下」事件被觸動，發出訊息(門鈴聲)通知有人來。我們可以將處理方式寫在「門鈴_按一下」事件處理函式中。要做處理的流程是：若是熟識的人就開門歡迎；若是推銷員就假裝不在家…。Visual C# 的程式編寫就是以物件的事件為導向，所以了解物件的事件觸動時機就很重要。

Visual C# 對事件處理函式的命名，結合了事件傳送者(表單或控制項)的物件名稱和事件名稱，兩者中間以底線作區隔。例如：當在設計階段時，在表單上無控制項處快按兩下，即進入到程式碼編輯區的 Form1_Load 事件處理函式內，等待你由鍵盤輸入程式碼。當表單被載入時會觸發 Form1 表單的 Load 事件，並會自動執行 Form1_Load 事件處理函式的程式碼。

至於 Form1_Load 事件處理函式就寫在 Form1.cs 程式檔中，如下面的 Form1_Load 事件處理函式會自動產生含有 sender 和 e 兩個引數。

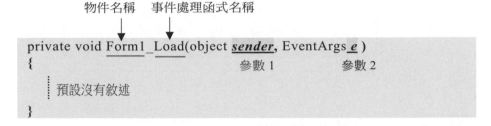

```
物件名稱    事件處理函式名稱
    ↓         ↓
private void Form1_Load(object sender, EventArgs e )
{                            參數 1              參數 2
    預設沒有敘述

}
```

物件包括表單或控制項，它們都有自己本身對應的事件。有些事件可能是某控制項所獨有，也可能其他的控制項也具有。譬如：在表單物件上按一下會觸動該表單的 Click 事件，在按鈕控制項上按一下也會觸動該按鈕的 Click 事件。表單物件有 Load 事件，但是按鈕控制項卻沒有 Load 事件。本節先介紹表單物件常見的五個事件：

表單事件名稱	說明
Load (預設事件)	此事件發生時機是在程式開始執行表單第一次載入時，是表單最早被觸動的事件，也是優先權最高的事件，通常只執行一次。通常在此事件處理函式中設定物件屬性的初值。此事件是表單的預設事件，也就是在表單無控制項的地方快按兩下，即進入表單的 Load 事件程式碼編輯環境。
Activated	此事件的發生時機是每當表單(程式視窗)被點選成為「作用表單」時，即會觸動該表單的 Activated 事件。此事件被執行次數可能不止一次，表單被開啟為「作用視窗」的情況有下列三種： ①表單第一次載入時先執行 Load 事件，接著執行 Activated 事件。 ②使用滑鼠游標點選視窗，使它置於其他視窗最上層，此時該視窗就成為「作用視窗」。 ③若程式視窗最小化至工作列，再把它開啟時，該視窗會被放在桌面的最上層，此時該視窗就成為「作用視窗」。

表單事件名稱	說明
Click	程式執行時，在表單內沒有放置控制項的地方按一下滑鼠左鍵時，就會觸動該表單物件的 Click 事件。
DoubleClick	程式執行時，在表單內沒有放置控制項的地方快按二下滑鼠左鍵時，就會觸動該表單的 DoubleClick 事件。由於執行 DoubleClick 事件前，Click 事件會先被觸動，設計程式時要注意兩事件的先後關係。
Paint	當表單內的控制項被重繪時會觸發此事件。在表單第一次載入時，會依序執行 Load、Activated 和 Paint 事件。若 Form1 遮住 Form2 時，當 Form1 移走時，會執行放在 Form2 的 Paint 事件內的程式碼。另外，只要表單大小有被調整時，也會觸動 Paint 事件。

實作 FileName：EventTest.sln

試在 Form1 表單物件的下列事件中設定相關屬性的程式碼，以便觀察各事件的觸發時機：

① Load 事件：設表單標題欄的標題文字為 "Load" 字串，並設表單寬度為 600、高度為 300，表單背景色為綠色。

② Activated 事件：每次執行時標題文字增加 ",Activated" 字串。

③ Paint 事件：每次執行時標題文字增加 ",Paint" 字串。

④ Click 事件：每次執行時標題文字增加 ",Click" 字串，表單寬度加寬 50 點。

⑤ DoubleClick 事件：每次執行時標題文字增加 ",DoubleClick" 字串。

▶ 解題技巧

Step 1 建立專案和表單物件的 Form1_Load 事件處理函式

1. 建立專案名稱為「EventTest」的 Windows Forms 應用程式專案。

2. 由於 Load 為表單的預設事件，在表單空白處快按兩下，就會直接進入 Form1_Load 事件處理函式內。

3. 本例要求在 Form1_Load 事件處理函式內做下列屬性初值設定：
① 設表單的 Text 屬性值為 "Load" 字串。

② 設表單的 Width 屬性值為 600，Height 屬性值為 300。

③ 設表單的 BackCloor 屬性值為 Color.Green。

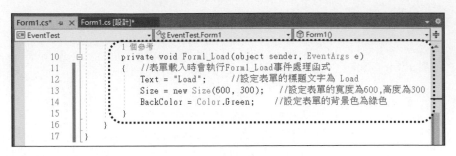

```
        1 個參考
10      private void Form1_Load(object sender, EventArgs e)
11      {   //表單載入時會執行Form1_Load事件處理函式
12          Text = "Load";        //設定表單的標題文字為 Load
13          Size = new Size(600, 300);   //設定表單的寬度為600,高度為300
14          BackColor = Color.Green;   //設定表單的背景色為綠色
15      }
16      }
17      }
```

Step ② 建立表單物件的 Form1_Activated 事件處理函式

1. 在「屬性視窗」工具列的 🔨 事件鈕上按一下拉出表單的事件清單，移動滑鼠到「Activated」事件名稱上快按兩下，進入表單的 Form1_Activated 事件處理函式。

2. 本例要求在 Form1_Activated 事件處理函式內，設表單的 Text 屬性值增加 ",Activated" 字串。

```
        1 個參考
17      private void Form1_Activated(object sender, EventArgs e)
18      {   //表單啟動時會執行Form1_Activated事件處理函式
19          Text += ",Activated"; //使表單的標題文字增加",Activated"字串
20      }
21
```

Step ③ 建立表單物件的 Form1_Paint 事件處理函式

1. 依照 **Step ②** 方法在「屬性視窗」中建立 Form1_Paint 事件處理函式。

2. 在 Form1_Paint 事件處理函式內，撰寫相關程式碼將 ",Paint" 字串插入表單的 Text 屬性值的後面。

```
22          1 個參考
            private void Form1_Paint(object sender, PaintEventArgs e)
23      ⊟  {    //表單重繪時會執行Form1_Paint事件函式
24              Text += ",Paint";   //使表單的標題文字增加",Paint"字串
25          }
```

Step 4 建立並撰寫表單物件的 Form1_Click 事件處理函式，將 ",Click" 字串插入到表單的 Text 屬性值後面，以及 Width 屬性值增加 50。

```
27          1 個參考
            private void Form1_Click(object sender, EventArgs e)
28      ⊟  {    //在表單上按一下滑鼠左鍵會執行Form1_Click事件函式
29              Text += ",Click";   //使表單的標題文字增加",Click"字串
30              Width += 50;        //表單寬度增加10
31          }
```

Step 5 建立並撰寫表單物件的 Form1_DoubleClick 事件處理函式，將 ",DoubleClick" 字串插入到表單的 Text 屬性值後面。

```
33          1 個參考
            private void Form1_DoubleClick(object sender, EventArgs e)
34      ⊟  {    //在表單上快按二下滑鼠左鍵會執行Form1_DoubleClick事件函式
35              Text += ",DoubleClick";   //表單標題文字增加",DoubleClick"字串
36          }
```

Step 6 按照下列指示操作觀察各事件變化情形

1. 按 F5 功能鍵執行程式，觀察表單的標題文字出現事件發生的先後次序，會發現程式會先執行 Form1_Load 事件處理函式，接著執行 Form1_Activated 事件處理函式，最後才是 Form1_Paint 事件處理函式，所以標題欄顯示 "Load,Activated,Paint" 字串。

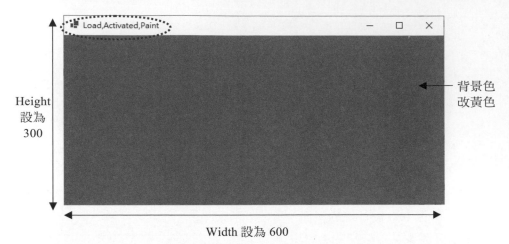

2. 在表單上按一下，會依序觸動 Click 事件和 Paint 事件。Click 事件將表單寬度加 10 變成 650，並將目前標題欄上顯示的 "Load,Activated,Paint" 字串後，與本事件產生的 ",Click" 字串合併。由於表單寬度有改變會自動觸動 Paint 事件重繪表單，因此 ",Paint" 字串會合併到目前標題欄文字的後面。

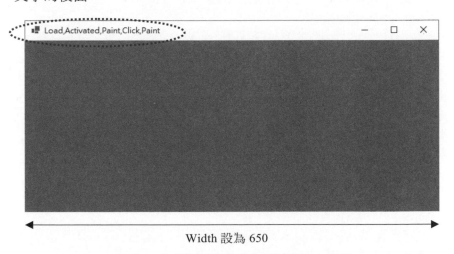

3. 在表單上快按兩下，本程式會依序觸動表單的 Click 事件、Paint 事件、DoubleClick 事件。因為表單的 Click 事件會改變表單的大小，所以該事件後會觸動 Paint 事件來重繪表單。Click 事件使表單的 Width 寬度加 10 改成 650；標題欄會增加 ",Click,Paint" 字串。接著觸動 DoubleClick 事件使表單的標題欄會增加 ",DoubleClick" 字串。

4. 將表單最小化到視窗最下方工作列，然後點選表單圖示將表單復原，本程式會依序觸動表單的 Activated 和 Paint 事件處理函式，結果如下圖將 ",Activated, Paint" 字串合併到目前標題欄顯示文字的後面。

5. 點選程式視窗右上方的 ⊠ 關閉鈕，關閉表單。

Step 7　完整程式碼

FileName: EventTest.sln

```
01  namespace EventTest
02  {
03      public partial class Form1 : Form
04      {
05          public Form1()
06          {
07              InitializeComponent();
08          }
09
10          private void Form1_Load(object sender, EventArgs e)
11          {   //表單載入時會執行Form1_Load事件處理函式
12              Text = "Load";        //設定表單的標題文字為"Load"字串
13              Size = new Size(600, 300);    //設定表單的寬度為600,高度為300
14              BackColor = Color.Green;        //設定表單的背景色為綠色
15          }
16
17          private void Form1_Activated(object sender, EventArgs e)
18          {   //表單啟動時會執行Form1_Activated事件處理函式
19              Text += ",Activated"; //使表單的標題文字增加",Activated"字串
20          }
21
22          private void Form1_Paint(object sender, PaintEventArgs e)
23          {   //表單重繪時會執行Form1_Paint事件函式
24              Text += ",Paint";     //使表單的標題文字增加",Paint"字串
25          }
26
27          private void Form1_Click(object sender, EventArgs e)
28          {   //在表單上按一下滑鼠左鍵會執行Form1_Click事件函式
```

29	Text += ",Click";　　//使表單的標題文字增加",Click"字串
30	Width += 10;　　　//表單寬度增加10
31	}
32	
33	**private void Form1_DoubleClick(object sender, EventArgs e)**
34	{　//在表單上快按二下滑鼠左鍵會執行Form1_DoubleClick事件函式
35	Text += ",DoubleClick";　　//表單標題文字增加",DoubleClick"字串
36	}
37	}
38	}

3.3　標籤控制項

　　使用 　A　 Label 　標籤控制項可以在「表單」上提供文字的提示訊息，用來顯示程式執行過程或最後結果。但是標籤控制項在執行時只能顯示文字資料，但無法透過鍵盤來輸入文字。點選工具箱中 　A　 Label 　標籤工具，然後在表單上按一下或拖曳，就會在表單建立一個名稱為 label1 標籤控制項，label1 是標籤控制項的預設名稱。

3.3.1 標籤控制項的常用屬性

屬性名稱	說明
Name	為標籤控制項的物件名稱以供程式中參用，預設值為 label1。
AutoSize	控制項的寬度是否隨文字的寬度自動調整，預設值為 true。 [例] 將 label1 標籤控制項寬度固定不自動調整。程式寫法： 　　　label1.AutoSize = false;
BorderStyle	設定標籤的框線樣式： ① None(沒有框線) -預設值 ② FixedSingle(單線固定) ③ Fixed3D(立體固定) [例] 將 label1 標籤控制項邊框設成立體固定。程式寫法： 　　　label1.BorderStyle = BorderStyle.Fixed3D;
Font / Name	可用來設定顯示字體的字型名稱，不同字型名稱會顯示不一樣效果的字體，預設值為新細明體。

屬性名稱	說明
Font / Size	用來設定字體大小，預設值為 9。
Font / Unit	設定字體大小的單位，有下列 6 種： ① World(全局座標系統) ② Pixel(像素) ③ Point(點數-印表機用的單位，一點為 1/72 英吋) -預設值 ④ Inch(英吋) ⑤ Document(文件單位-一單位為 1/300 英吋) ⑥ Millimeter(公厘)。
Font / Bold	true (以粗體字顯示)、false (非粗體字) -預設值
Font / Italic	true (以斜體字顯示)、false (非斜體字) -預設值
Font / Strikeout	true (字體顯示時加刪除線)、false (不加刪除線) -預設值
Font / Underline	true (字體顯示時加底線)、false (不加底線) -預設值
ForeColor	設定物件或控制項的前景色，在標籤控制項中 ForeColor 屬性就是用來設定文字的顏色，預設值為 ControlText。
Image	顯示圖形，使用方式與表單的 BackgroundImage 相同，預設值為(none)。
ImageAlign	當 Image 屬性有存入圖片時，用來安排圖片在控制項上面的位置。屬性值和 TextAlign 相同。 [例] 將 ImageAlign 設為 MiddleLeft(左中)，TextAlign 設為 MiddleRight (右中)，結果為：
Text	標籤控制項上面顯示的文字，可當輸入的提示訊息或顯示輸出結果。預設值為 label1。
TextAlign	控制項上面 Text 屬性值對齊方式： TopLeft(左上)-預設值、MiddleLeft(左中)、BottomLeft(左下)、TopMiddle(中上)、MiddleCenter(置中)、BottomMiddle(中下)、TopRight(右上)、MiddleRight(右中)、BottomRight(右下) [例] 將 label1 標籤控制項內的文字設成右上角顯示，程式寫法： label1.TextAlign = ContentAlignment.TopRight;	 ↑由清單中直接點選對齊的位置

　　每個物件都有 Name 物件名稱屬性，以方便在程式中呼叫使用，剛建立的物件系統會給予預設名稱，如表單物件預設名稱為「Form1」、「Form2」…；

標籤控制項預設名稱為「label1」、「label2」…。物件在程式中除了可延用預設名稱外，也可更改易辨識的名稱。為物件命名時最好在名稱前加上前置字串。使用前置字串程式中較易辨識是哪類的物件，後面接著的名稱則代表其功能。如：標籤控制項上面顯示價格「100 元」，其控制項名稱可命名為『LblPrice』，開頭的『Lbl』代表是標籤控制項，而『Price』代表價格。要注意的是，『100 元』是標籤的 Text 屬性值，而控制項名稱『LblPrice』是由 Name 屬性值來設定，在程式中以此名稱來表示。

```
LblPrice.Text = "100 元" ;
```

3.3.2 Font 屬性的設定

標籤控制項主要是用來顯示文字，當作輸入的提示訊息或顯示輸出結果。下面操作步驟可將 label1 標籤控制項的字型大小設成 12，字型種類設為標楷體，樣式設為粗體：

Step 1 點選標籤控制項，使其出現控制點(小方框) label1 。

Step 2 到屬性視窗點選 Font 屬性，再按屬性值的 … 按鈕，開啟下圖的「字型」對話方塊。然後在對話方塊中設定字型的各種屬性值。

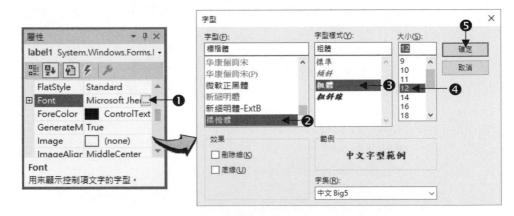

只要物件含有 Text 屬性，都可在程式中使用 Font 類別來設定字型的種類、大小、樣式。譬如：下面敘述將 label1 標籤控制項內字體設為『標楷體』、大小『12』，並以『粗體』顯示，其程式寫法如下：

```
label1.Font = new Font("標楷體", 12, FontStyle.Bold) ;
```

字體　大小　字型樣式

字型樣式(FontStyle)的列舉參數有五種樣式：FontSytle.Bold(粗體)、FontStyle.Italic(斜體)、FontStyle.Regular(標準)、FontStyle.Strikeout(刪除線)和FontStyle.Underline(底線)。若文字大小設為 10、字體為標楷體、字型樣式為(粗體+斜體)一起顯示，程式寫法：

```
label1.Font = new Font ("標楷體", 10, FontStyle.Bold | FontStyle.Italic );
```

3.4　按鈕控制項

在表單上設計輸出入畫面時，常常會使用到按鈕(Button)來設計 確定 、 取消 、 開啟(O) … 等按鈕。當你在表單上面其中一個按鈕上按一下，會執行該按鈕對應的 Click 事件處理函式(預設事件)，在函式中是按鈕所要達成特定功能的程式碼。按鈕控制項常用的屬性如下：

屬性名稱	說明
Enabled	設定按鈕按下去是否有效。 ① true：按鈕按下去有效(預設值) button1 ； ② false：按鈕無效 button1 。 [例] 將 button1 按鈕設為無效，按鈕上面的文字會呈灰色。 　　　即設按鈕的 Click 事件不會被觸動。程式寫法： 　　　button1.Enabled = false;
TabIndex	設定控制項駐停的順序，屬性值會按照控制項建立的順序，由 0 開始依序編號，必要時可以自行修改。程式執行時當按 Tab 鍵，表單上的控制項會依該順序輪流成為作用控制項。
TabStop	設定控制項是否可駐停(焦點 Focus)，若可駐停按 Tab 鍵時，該控制項才有機會被停駐，輪流成為作用控制項，預設值為 true(表示可駐停)。
Visible	決定按鈕是否顯現。true 按鈕可見(預設值)；false 按鈕被隱藏。 [例] button1.Visible = false;　//將 button1 按鈕設為隱藏看不到

3.5　文字方塊控制項

　　在表單上使用「標籤」工具只能顯示文字，卻無法接受使用者輸入或修改文字的工作。假若允許使用者對表單上的文字資料做輸入或修改的動作，此時就必須使用工具箱的 [abl] TextBox 文字方塊工具來完成。所以「文字方塊」是可以用來輸入、修改和顯示文字資料的物件。如果想對文字方塊內的文字做更細部的設定，例如多種字型樣式、段落縮排、項目符號...，則可以使用本書第十一章介紹的豐富文字方塊控制項。

3.5.1　文字方塊控制項的常用屬性

屬性名稱	說明
MaxLength	設定文字方塊內可輸入的最多字元數目，預設值為 32,767。 [例] textBox1.MaxLength = 5;　// 限輸入 5 個字元
PasswordChar	輸入字元時，所輸入的字元不直接顯示，改由指定的字元取代。適用於密碼輸入，預設為不使用。 [例] textBox1 文字方塊控制項輸入時，改用*星號字元取代。 　　textBox1.PasswordChar = '*' ;
Text	將輸入的文字以字串方式存到 Text 屬性中，若程式在設計或執行階段此屬性值有異動，該控制項上面的文字亦跟著異動。
ReadOnly	設定文字方塊內的文字資料是唯讀不允許修改。預設值為 false 表示允許修改；若為 true 表示唯讀和標籤控制項一樣只能顯示文字。 [例] textBox1 文字方塊控制項設成唯讀狀態 　　textBox1.ReadOnly = true;
Multiline	當顯示文字資料超過控制項所設定寬度時，決定是否採多行或單行顯示資料。預設值為 false，不允許多行顯示；若設為 true 表示允許多行顯示。[註 1] [例] textBox1 文字方塊控制項設成多行顯示。 　　textBox1.Multiline = true;
WordWrap	當 Multiline 屬性值設為 true 時，可進一步設定文字是否自動換行，預設值為 true 表示自動換行 [註 2]。

屬性名稱	說明
ScrollBars	用來設定在多行顯示的文字方塊控制項內,是否出現垂直或水平捲軸。有下列屬性值: ① None (預設值:無)　② Horizontal (水平捲軸) ③ Vertical (垂直捲軸)　④ Both (水平與垂直捲軸兩者皆有) [例] textBox1 文字方塊控制項設成有水平捲軸 　　textBox1.ScrollBars =ScrollBars.Horizontal;

[註 1] 由於文字方塊控制項的 Multiline (多行)屬性其預設屬性值為 false,也就是單行顯示。所以當文字資料超過文字方塊控制項寬度時,超出的文字資料無法顯示出來。若文字內容需要多行顯示時,要將 Multiline 屬性設為 true,此時文字方塊控制項就可以拖曳大小來容納多行文字。

[註 2] 若希望超過文字方塊控制項寬度的資料會自動移到下一行,可以將 WordWrap (自動換行)屬性設為 true。當 WordWrap 屬性設為 false 時,則可以設定 ScrollBars (捲軸)屬性,使得控制項能顯示垂直或水平捲軸,供使用者拖曳來瀏覽文字。

3.5.2 文字與數值間資料型別的轉換

　　文字方塊控制項中最常使用的屬性就是 Text 屬性,不管輸入的資料是文字或是數值,Visual C# 必須將資料轉成字串才能存入 Text 屬性中。在程式中可使用 Convert.To xxx 方法(xxx 即為指定的資料型別名稱),將變數或資料轉成適當的數值資料才能做正確的運算。其語法如下:

語法
變數 = Convert.To xxx (變數或資料);

例 Convert.ToInt32("168")　　　[結果] 168　　(將字串 "168" 轉成 int 型別)

例 Convert.ToSingle("168.77")　　[結果] 168.77 (將字串 "168.77" 轉成 float 型別)

例 Convert.ToDouble("77.1456")　 [結果] 77.1456 (將字串 "77.1456" 轉成 double 型別)

例 Convert.ToBoolean(1)　　　　 [結果] true　　(將數值 1 轉成布林型別)

例 Convert.ToString(168)　　　　[結果] "168"　　(將整數 168 轉成字串型別)

3.5.3 數值格式化輸出字串

上一小節介紹 Convert.ToString()方法，可以將數值資料轉成字串型別資料。本小節將再介紹另一種語法，除了可以將數值資料轉成字串型別資料外，還可以指定輸出的格式化樣式，語法如下：

語法
數值變數.ToString (格式符號字串)

語法中常用的格式符號和使用說明如下表所示，若省略格式符號預設為 G：

格式符號	說明
G、g	G、g 代表以一般數值格式顯示。例如： double num = 123.45; label1.Text = num.ToString("G");　//會顯示「123.45」
Dn、dn	Dn、dn 代表以 n 位數顯示，不足處補 0。例如： int num = 123; label1.Text = num.ToString("D4");　//會顯示「0123」
Cn、cn	Cn、cn 代表以貨幣方式顯示，小數部分四捨五入到 n 位數。例如： double num = 1234.56; label1.Text = num.ToString("C1");　//會顯示「NT$1,234.6」
Fn、fn	Fn、fn 代表小數部分四捨五入到 n 位數。例如： double num = 1234.56; label1.Text = num.ToString("F3");　//會顯示「1234.560」
N、n	N、n 代表以千位號方式顯示，小數部分四捨五入到二位數。例如： double num = 1234.567; label1.Text = num.ToString("N");　//會顯示「1,234.57」

3.5.4 文字方塊控制項的常用方法

所謂「方法」(Method) 就是指 Visual C#所提供物件或控制項的特定功能。在程式執行的階段，可以使用物件或控制項的「方法」來協助快速完成指定的工作。

一、Clear()方法

Clear()方法可將文字方塊的文字內容清成空白。在程式執行時，要將 textBox1 文字方塊內顯示的文字清除，其寫法如下：

```
textBox1.Clear();    或  textBox1.Text = "";    //兩者功能相同
```

二、Focus()方法

設定文字方塊控制項為駐停焦點(Focus)。所謂「駐停焦點」就是使某個控制項成為作用物件,以供使用者操作。必須該控制項含有 TabIndex、TabStop 屬性,才可以設定駐停作用。要使用 Focus 方法的控制項,其 Visible 與 Enabled 屬性值必須都設為「true」才有效。Focus 方法的語法:

語法

物件名稱.Focus( );

例 將游標移到 textBox1 文字方塊控制項上面。其寫法如下:

---

textBox1.Focus();

實作 FileName:thermometer.sln

設計一個攝氏溫度轉換成華氏溫度的程式。使用者輸入攝氏溫度度數(最多三位數)後,點按 轉換成華氏溫度 按鈕,就會計算出華氏溫度。

公式提示:華氏溫度 = 攝氏溫度 $\times 9 / 5 + 32$

▶ **輸出要求**

▶ **解題技巧**

Step 1 建立輸出入介面

1. 新增「Windows Forms 應用程式」專案並以「thermometer」為專案名稱。

2. 建立輸出入介面

由執行結果可知，本實作必須在表單上建立下列各控制項名稱：

① TxtInput 文字方塊控制項用來接受使用者輸入之攝氏溫度度數。

② TxtAns 文字方塊控制項用來顯示轉換後之華氏溫度度數。

③ BtnConvert 按鈕控制項，用來執行將攝氏溫度轉換成華氏溫度。

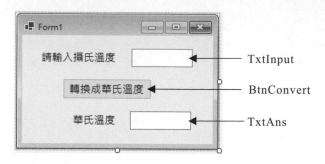

Step 2 問題分析

1. 在表單載入時會觸動該表單 Load 事件，應程式要求在 Form1_Load 事件處理函式內做下列屬性初值設定：

   ① TxtInput 文字方塊控制項限制只能鍵入三位數，所以將 MaxLength 屬性值設為 3。

   ② 由於執行時 TxtAns 文字方塊控制項，只能顯示文字不能修改，所以將該控制項的 ReadOnly 屬性值設為 true 成為唯讀。

   ③ 程式開始執行時，希望 TxtInput 文字方塊設為作用控制項，等待使用者輸入資料，將 TabIndex 屬性值設為 0，成為第一個可駐停控制項。

2. 按 BtnConvert 轉換成華氏溫度 鈕會觸發該按鈕的 Click 事件，在 Click 事件處理函式內要完成下列動作：

   ① 先將 TxtInput.Text 透過 Convert.ToDouble() 方法將輸入的字串轉成數值，置入 degreeC 變數中，取得使用者輸入的攝氏溫度度數。

   ② 利用題目所提示的公式，換算出華氏溫度度數 degreeF。

   ③ 將 degreeF 換算後之數值用 ToString("f1")方法轉成字串，顯示到小數以下 1 位，再指定給 TxtAns 的 Text 屬性。

   ④ 用 Focus() 讓 TxtInput 取得駐停焦點，等候使用者再輸入。

Step ③ 完整程式碼

FileName: thermometer.sln

```
01 namespace thermometer
02 {
03     public partial class Form1 : Form
04     {
05         public Form1()
06         {
07             InitializeComponent();
08         }
09
10         private void Form1_Load(object sender, EventArgs e)
11         {
12             TxtInput.MaxLength = 3;    // 設最多只能輸入3位數
13             TxtAns.ReadOnly = true;   // 設為唯讀不能輸入
14             TxtInput.TabIndex = 0;     // 設為第一個停駐焦點
15         }
16
17         private void BtnConvert_Click(object sender, EventArgs e)
18         {
19             double degreeC = Convert.ToDouble(TxtInput.Text);   // 字串轉成double
20             double degreeF = degreeC * 9 / 5 + 32;              // 計算出華氏度數
21             TxtAns.Text = degreeF.ToString("f1");               // 顯示華氏溫度
22             TxtInput.Focus();                                   // 將停駐焦點移到TxtInput
23         }
24     }
25 }
```

▶ **馬上練習**

將上例修改為只要輸入溫度，使用者可自行選擇要轉換成華氏溫度或攝氏溫度。攝氏轉換華氏：攝氏溫度 = (華氏溫度 - 32) × 5 / 9

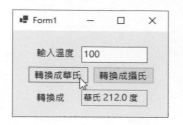 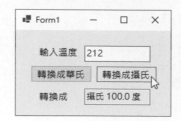

3.5.5 例外處理

程式執行時發生問題或有異常狀況發生，導致無法繼續執行時，此時會由系統自動發出一個訊號稱為「例外」(Exception)。譬如，陣列索引超出範圍、數字碰到除以零、資料型別轉換失敗等都會產生例外，此時程式會自動結束。但有時應程式需求，不希望遇到這些例外就自動結束，希望能對這些例外加以處理，再對這些例外撰寫程式碼做相關的處理，我們將此過程稱為「例外處理」(Exception Handle)。例如前一個範例，若使用者在 TxtInput 文字方塊內輸入 "壹零零" 字串資料時，按 轉換成華氏溫度 鈕計算時，會因為字串無法轉換成整數資料而發生例外，導致程式中止無法執行。

```
private void BtnConvert_Click(object sender, EventArgs e)
{
    double degreeC = Convert.ToDouble(TxtInput.Text);   // 字串轉成double ⊗
    double degreeF = degreeC * 9 / 5 + 32;              // 計算出華氏度數
    TxtAns.Text = degreeF.T
    TxtInput.Focus();            使用者未處理的例外狀況          ▶ 📌 ✕
}
                             System.FormatException: 'Input string was not in a correct

                             檢視詳細資料 | 複製詳細資料 | 開始 Live Share 工作階段...
                             ▸ 例外狀況設定
```

為了避免執行期間發生錯誤而中斷程式，在程式中可加上 try{…}catch{….} 來做偵測，其寫法如下：

語法

try {
　　// 將可能會發生錯誤的程式區段置於此處
}
catch [(Exception ex)] {
　　// 將發生錯誤時要處理的程式區段置於此處
}

實作　FileName：tryDemo.sln

延續前一範例，在 BtnConvert_Click 事件處理程序中，加入 try...catch
例外處理敘述。當使用者在 TxtInput 文字方塊輸入錯誤資料時，會顯
示 "溫度請輸入數值！" 的例外狀況訊息，再將 TxtInput 設為作用控
制項並清空資料，等待使用者重新輸入。

▶ 輸出要求

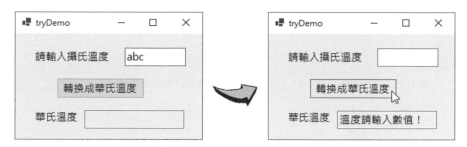

▶ 解題技巧

Step 1　新增「Windows Forms 應用程式」專案，以「tryDemo」為專案名稱，
　　　　輸出入介面如上例。

Step 2　問題分析

1. 按 轉換成華氏溫度 鈕觸發 BtnConvert_Click 事件處理函式，在函式中會
從 TxtInput 中讀取使用者輸入的攝氏溫度，因為可能輸入錯誤的資料
型別，所以必須將會發生例外錯誤的程式碼放入 try 區塊中。

2. 當發生例外錯誤時，所要處理的程式碼則寫在 catch 區塊中。發生例外
錯誤時，在 TxtAns 文字方塊上顯示 「溫度請輸入數值！」的訊息；
另外用 Clear()方法清空 TxtInput 中的錯誤資料。

Step 3　完整程式碼

FileName: tryDemo.sln
01 namespace tryDemo
02 {
03　　　public partial class Form1 : Form
04　　　{

```
05        public Form1()
06        {
07            InitializeComponent();
08        }
09
10        private void Form1_Load(object sender, EventArgs e)
11        {
12            TxtInput.MaxLength = 3;     // 設最多只能輸入3位數
13            TxtAns.ReadOnly = true;     // 設為唯讀不能輸入
14            TxtInput.TabIndex = 0;      // 設為第一個停駐焦點
15        }
16
17        private void BtnConvert_Click(object sender, EventArgs e)
18        {
19            try
20            {    // 可能發生錯誤的程式碼放在try區塊中
21                double degreeC = Convert.ToDouble(TxtInput.Text);   // 字串轉成double
22                double degreeF = degreeC * 9 / 5 + 32;              // 計算出華氏度數
23                TxtAns.Text = degreeF.ToString("f1");   // 顯示華氏溫度
24                TxtInput.Focus();                       // 將停駐焦點移到TxtInput
25            }
26            catch
27            {    // 發生錯誤時執行catch區塊
28                TxtAns.Text = "溫度請輸入數值！";   // 顯示提示訊息
29                TxtInput.Clear();                   // 清空錯誤資料
30            }
31        }
32    }
33 }
```

▶ **馬上練習**

將前例的馬上練習，增加例外錯誤處理功能。

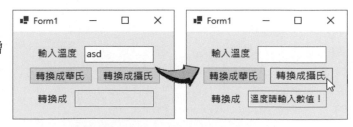

3.5.6 文字方塊控制項的常用事件

一、TextChanged 事件(預設事件)

在程式執行時,當文字方塊的 Text 屬性值有異動,就會觸動該文字方塊的 TextChanged 事件。所以可以將和 Text 屬性值有關的敘述,寫在 TextChanged 事件處理函式中。在前面範例中,我們將轉換溫度的敘述寫在按鈕的 Click 事件中。如果將敘述改寫在 TextChanged 事件中,輸入資料有變動就立即顯示體重的互動效果,可省略按下按鈕的動作。

二、Enter 事件

當文字方塊控制項取得駐停焦點(Focus)時,就會觸發 Enter 事件,通常用來在該事件中設定文字方塊的文字預設值。例如希望某文字方塊預設值為「台中市」,就可以在 Enter 事件中設 Text 屬性值為「台中市」,每當用滑鼠或 `Tab` 鍵移動駐停焦點到該文字方塊時,文字方塊上面就自動改為「台中市」。

實作 FileName:movie.sln

試設計電影院售票程式,全票每張 250 元,張數預設為 0。程式執行時只要輸入張數,會立即計算出金額。當移動插入點到張數文字方塊時,會先將文字內容清除等待輸入。

▶ **輸出要求**

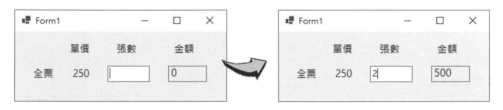

▶ **解題技巧**

Step ① 建立輸出入介面

1. 新增專案並以「movie」為新專案名稱。

2. 由輸出結果可知，本實作只允許輸入全票張數，所以在表單建立 TxtQtyF 文字方塊。另外建立 LblPriceF 和 LblSumF 標籤控制項，分別顯示全票單價和金額計算的結果。

Step 2 問題分析

1. 在 Load 事件中使用 Focus()方法，使 TxtQtyF 文字方塊取得駐停焦點。

2. 本實作要求當插入點移入文字方塊時，會將文字內容清除等待輸入，所以必須將文字方塊清除的工作寫在 Enter 事件處理函式內。寫法為：TxtQtyF.Text = "" ，或使用 Clear()方法。

3. 由於本實作要求張數一有改變，金額會立即換算，所以計算金額的程式碼要寫在 TextChanged 事件處理函式內。演算法如下：
   ① 輸入的張數使用 Convert.ToInt32()方法轉換成數值。
   ② 計算出金額後用 ToString()方法轉成字串，再指定給 LblSumF 的 Text 屬性。
   ③ ①～② 程式碼必須放置在 try 區塊中，以便處理例外錯誤的發生。
   ④ 在 catch 程式區段內將金額改設為 0，來避免顯示錯誤的資料。

Step 3 完整程式碼

FileName: movie.sln
01 namespace movie
02 {
03　　public partial class Form1 : Form
04　　{
05　　　public Form1()
06　　　{
07　　　　InitializeComponent();
08　　　}
09

```
10          private void Form1_Load(object sender, EventArgs e)
11          {
12              TxtQtyF.Text = "0";      // 預設張數文字方塊文字為0
13              TxtQtyF.Focus();         // 預設張數文字方塊取得駐停焦點
14          }
15
16          // 全票文字方塊取得駐停焦點時執行
17          private void TxtQtyF_Enter(object sender, EventArgs e)
18          {
19              TxtQtyF.Text = "";
20          }
21
22          // 全票文字方塊取得駐停焦點時執行
23          private void TxtQtyF_TextChanged(object sender, EventArgs e)
24          {
25              try
26              {
27                  int sumF;
28                  // 計算全票總金額
29                  sumF = Convert.ToInt32(LblPriceF.Text) * Convert.ToInt32(TxtQtyF.Text);
30                  LblSumF.Text = Convert.ToString(sumF);      // 顯示全票總金額
31              }
32              catch
33              {
34                  LblSumF.Text = "0";
35              }
36          }
37      }
38 }
```

▶ 馬上練習

繼續上面的電影院售票程式，增加優
待票每張 200 元，張數預設為 0。程
式執行時只要輸入全票和優待票張
數，會立即計算出全票和優待票金
額，以及合計的總金額。

3.6 InputBox 函式

在 Visual Basic 中提供好用的 InputBox 函式,可免去在表單上建立控制項,就可以直接顯示輸入對話方塊。使用者可在所提供的文字框內輸入資料,再按 確定 鈕,就可達到輸入資料的目的。在 Visual C# 程式中也可以使用 Visual Basic 的 InputBox 函式開啟輸入對話方塊。語法如下:

> string 字串變數 = Microsoft.VisualBasic.Interaction.InputBox
> (提示訊息 [, [標題] [, [預設值] [, Xpos, Ypos]]]);

呼叫 InputBox 函式時,會自動出現一個對話方塊給使用者,用來等待使用者由鍵盤輸入文字,並將輸入的文字傳給等號左邊的字串變數。語法中括號 [] 內的參數,可省略不用。如果要省略中間的參數,則必須保留對應的逗號來加以分隔。Xpos,Ypos 參數是設定對話方塊左上角距螢幕左上角的座標,其單位為 Pixel (像素),若省略此參數,則對話方塊將被置於螢幕中央。

例 使用 InputBox 輸入對話方塊函式,將輸入值存放到所宣告的 city 字串變數。

程式碼寫法如下:

```
string city = Microsoft.VisualBasic.Interaction.InputBox ("請輸入居住縣市:",
        "居住地", "台中市" );
```

如果使用者在文字方塊中輸入資料後,再按 確定 鈕,則資料會傳給 city 字串變數;假如按 取消 鈕,則 city 變數值會是空字串("")。

3.7 MessageBox.Show()方法

當您在 Windows 執行程式時，若發生錯誤的操作，通常會出現相關錯誤訊息的對話方塊，以提醒使用者注意。在 Visual C# 中可以透過 MessageBox.Show() 方法來製作出可顯示訊息的對話方塊，等待使用者按下按鈕，電腦會傳回一個整數值指示使用者按下哪個按鈕以作為程式流程的依據。譬如：下圖就是 Word 的訊息對話方塊。當您離開 Word 未做存檔的動作所產生的對話方塊，若按 **是(Y)** 鈕則可以存檔；若按 **否(N)** 鈕，則離開不存檔。

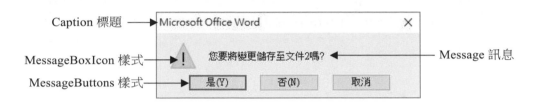

Caption 標題

MessageBoxIcon 樣式

MessageButtons 樣式

Message 訊息

MessageBox 類別所提供的 Show 方法讓您可產生一個包含訊息、按鈕、圖示的訊息方塊，用來告知和提示使用者。其語法如下：

> **語法**
>
> [傳回值 =] MessageBox.Show([**Object**,] **Message**,**Caption**, **MessageBoxButtons**,
> **MessageBoxIcon**, MessageBoxDefaultButton, MessageBoxOptions);

▶ **說明**

1. Object：在指定物件前面顯示訊息方塊，可省略不寫。
2. Message：用來顯示警告或提示使用者的文字。
3. Caption：為訊息方塊標題欄上的名稱。
4. MessageBoxButtons：指定哪種按鈕要顯示在訊息方塊中：

MessageBoxButtons 列舉常數	說　　明
MessageBoxButtons.AbortRetryIgnore	中止(A) 、 重試(R) 、 略過(I)
MessageBoxButtons.OK	確定
MessageBoxButtons.OKCancel	確定 、 取消

MessageBoxButtons 列舉常數	說　明
MessageBoxButtons.RetryCancel	重試(R) 、 取消
MessageBoxButtons.YesNo	是(Y) 、 否(N)
MessageBoxButtons.YesNoCancel	是(Y) 、 否(N) 、 取消

5. MessageBoxIcon：指定下列哪種小圖示顯示在訊息方塊中：

MessageBoxIcon 列舉常數(Enumeration)	顯示圖示
MessageBoxIcon.Asterisk(.Information)	(i)
MessageBoxIcon.Error(.Hand、.Stop)	⊗
MessageBoxIcon.Exclamation(.Warning)	⚠
MessageBoxIcon.None	無圖示
MessageBoxIcon.Question	(?)

6. MessageBoxDefaultButton：指定訊息方塊使用哪個按鈕為預設按鈕：

MessageBoxDefaultButton	說　明
MessageBoxDefaultButton.Button1	將 MessageBox 中第一個按鈕設成預設按鈕。
MessageBoxDefaultButton.Button2	將 MessageBox 中第二個按鈕設成預設按鈕。
MessageBoxDefaultButton.Button3	將 MessageBox 中第三個按鈕設成預設按鈕。

7. MessageBoxOptions：指定訊息方塊使用的顯示及關聯的選項：

MessageBoxOptions	說　明
MessageBoxOptions.DefaultDesktopOnly	訊息方塊僅顯示在預設的桌面。
MessageBoxOptions.RightAlign	標題欄文字靠右對齊。
MessageBoxOptions.RtlReading	訊息方塊的文字是以從右向左的讀取順序顯示。
MessageBoxOptions.ServiceNotification	訊息方塊僅顯示在使用中的桌面上。

8. 傳回值：為按鈕傳回值。當呼叫 MessageBox.Show()方法時，由出現的訊息方塊中，在按其中一個按鈕時，會以下表 DialogResult 的列舉值傳回。

MessageBox.Show 方法 傳回列舉值(Enumeration)	傳回值	按鈕
DialogResult.OK	1	按 `確定` 鈕
DialogResult.Cancel	2	按 `取消` 鈕
DialogResult.Abort	3	按 `中止(A)` 鈕
DialogResult.Retry	4	按 `重試(R)` 鈕
DialogResult.Ignore	5	按 `略過(I)` 鈕
DialogResult.Yes	6	按 `是(Y)` 鈕
DialogResult.No	7	按 `否(N)` 鈕
DialogResult.None		訊息方塊未傳回任何東西

您可宣告一個 DialogResult 型別變數，再將 MessageBox.Show 方法的按鈕結果指定給此變數以判斷使用者按下哪個按鈕。其寫法如下：

```
DialogResult result;
result = MessageBox.Show(……) ;
// 相當傳回值6
if (result == DialogResult.Yes) {
    // 按  是(Y)  鈕執行此程式區段
} else {
    // 其他按鈕執行此程式區段
}
```

實作 FileName：login.sln

試使用 Visual Basic 提供的 InputBox 函式來接受使用者的姓名，接著再用 MessageBox.Show()方法來歡迎使用者，並將表單的 Text 屬性設為使用者的姓名。最後等待使用者輸入密碼和金額，密碼輸入時，以 "*"字元代替輸入字元。使用者按 `確認` 鈕後，會以千位號方式顯示金額，顯示到小數點以下二位。若有例外錯誤發生時，會用 MessageBox.Show()方法提醒使用者。

▶ **輸出要求**

▶ **解題技巧**

Step **1** 建立輸出入介面

1. 新增「Windows Forms 應用程式」專案並以「login」為新專案名稱。

2. 只允許輸入密碼和金額，需在表單建立 TxtPW 和 TxtInput 文字方塊，並且將 MaxLength 屬性設為 8，TxtPW 的屬性 PasswordChar 設為"*"，接受密碼的輸入。建立 BtnOK 按鈕控制項，來檢查及處理輸入資料。另外建立 LblOutput 標籤控制項，來顯示金額資料。

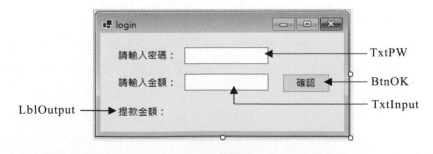

Step ② 問題分析

1. 在表單的 Form1_Load 事件處理函式中，用 InputBox 函式來取得使用者姓名 uName。然後用 MessageBox.Show()方法顯示 uName，來歡迎使用者，並將表單的標題改為 uName。

2. 在 BtnOK_Click 事件處理函式中，顯示文字方塊 TxtInput 內之文字資料。當產生例外錯誤時，用 MessageBox.Show()方法顯示提示訊息。

Step ③ 完整程式碼

FileName: login.sln
01 namespace login
02 {
03   public partial class Form1 : Form
04   {
05   public Form1()
06   {
07   InitializeComponent();
08   }
09
10   **private void Form1_Load(object sender, EventArgs e)**
11   {
12   string uName = Microsoft.VisualBasic.Interaction.InputBox("請輸入姓名", "輸入");
13   DialogResult dr = MessageBox.Show(uName + "歡迎您！", "歡迎", MessageBoxButtons.OK, MessageBoxIcon.Asterisk); //有傳回值寫法
14   Text = uName;   // 表單標題顯示姓名
15   }
16
17   **private void BtnOK_Click(object sender, EventArgs e)**
18   {
19   try
20   {
21   int i = Convert.ToInt32(TxtInput.Text);
22   LblOutput.Text = "提款金額：" + i.ToString("N") + "元";   //LblOutput.Text = $"提款金額：{i:N} 元";   // N 千位號
23   }

24	catch
25	{
26	MessageBox.Show("請輸入整數！", "注意",
27	MessageBoxButtons.OK, MessageBoxIcon.Warning); //無傳回值寫法
28	}
29	}
30	}
31	}

▶ 馬上練習

繼續上面實作，增加一個 結束 鈕，按下此鈕出現「謝謝」對話方塊，顯示 "感謝使用本程式！" 在此對話方塊上按 確定 鈕後才結束程式。

[提示] 結束程式的敘述： Application.Exit();

CHAPTER 4

流程控制（一）- 選擇結構

- ✧ 學習 if...else 雙重選擇的使用
- ✧ 學習 if...else if...else 多重選擇的使用
- ✧ 學習巢狀選擇結構的使用
- ✧ 學習 switch 多重選擇的使用
- ✧ 學習三元運算子的使用
- ✧ 學習 RadioButton 選項按鈕控制項的使用
- ✧ 學習 GroupBox 群組方塊與 Panel 面板控制項的使用
- ✧ 學習 CheckBox 核取方塊控制項的使用

4.1 選擇結構簡介

　　一個程式的架構不外乎由「輸入」、「處理」以及「輸出」三大部分構成。在使用 Visual C# 來設計視窗應用程式時，輸入和輸出部分可在整合開發環境(IDE)中，透過工具箱所提供的工具類別，不用編寫任何程式碼，只要在表單上拉出需要的物件(Object)或稱為控制項(Control)，就能輕輕鬆鬆地製作出視窗應用程式的輸出入介面。至於只有「處理」部分，必須熟悉 Visual C# 程式語言的語法以及具有清晰的程式邏輯觀念，才能設計出正確無誤且符合需求的程式碼出來。至於 Visual C# 程式的常用語法就是選擇和重複結構敘述，本章將先介紹選擇結構敘述。

　　撰寫程式有如日常生活一樣，常碰到有些問題必須判斷然後做出抉擇。譬如：今天全家出遊，先看氣象預報，若不下雨就到露天的遊樂場遊玩；若下雨就改去博物館參觀。像這樣根據一個條件來做出不同的選擇，就是「選擇結構」。同樣地，在下圖的程式流程，先檢查由鍵盤輸入的存款金額是否正確？判斷方式是檢查輸入的金額是否大於 0 元，若滿足條件就顯示「輸入正確」；否則顯示「金額有誤」。要注意，程式中的「選擇結構」雖然會依條件是否滿足而執行不同流程的敘述區段，但是最後都會如下圖回到共同交點 A 點，繼續執行接在後面的敘述區段 B 的程式碼。

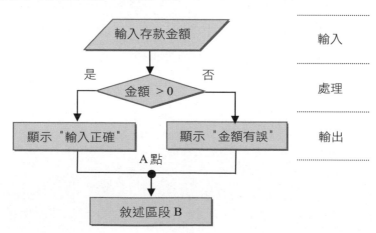

4.2　if…else 雙重選擇

　　if … else 敘述的流向只有兩種選擇，意思是「若 … 則 … 否則 … 」。譬如：若 <條件式> 為真(true)時，則執行敘述區段 A；否則就執行敘述區段 B。其語法如下：

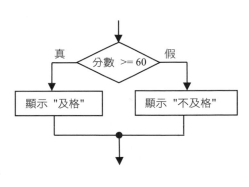

語法

if(條件式)
{
　　敘述區段 A
}
else
{
　　敘述區段 B
}

簡例

if(分數 >＝60)
{
　　MessageBox.Show("及格");
}
else
{
　　MessageBox.Show("不及格");
}

　　if … else 敘述語法的條件式不滿足時，若不執行任何敘述則可以省略 else 部分，變成「單一選擇」。語法如下：

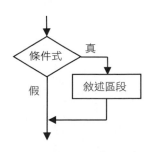

語法

if(條件式)
{
　　敘述區段
}

▶ 簡例

```
int num = 5;
if (num < 0)
{
    num = -num ;
}
```

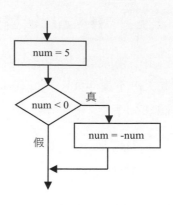

▶ 說明

上例求絕對值 if 敘述內的程式區塊,只有一行敘述時,可省略大括號,改成一行敘述:

```
int num = 5;
if (num < 0) num = -num ;
```

實作 FileName:etc.sln

假設高速公路的計費公式如下:里程數小於 20 公里者,免收費;大於 20 公里時,每公里收費 1.2 元,收費金額以四捨五入,取整數部分。請完成一個使用者輸入公里數,後按 確定 鈕,程式會計算並顯示應繳納金額的程式。

▶ 輸出要求

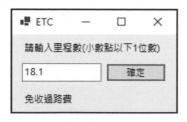

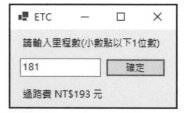

▶ 解題技巧

Step 1 建立輸出入介面

1. 新增專案並設定「etc」為新專案名稱。

2. 本例依輸出需求在表單上建立：文字方塊控制項 TxtInput 用來輸入里程數、標籤控制項 LblMsg 用來顯示實付金額、按鈕控制項 BtnOK 用執行 BtnOK_Click 事件進行計算。

Step ② 問題分析

1. 當使用者輸入里程數後按下 確定 鈕時，會觸動 BtnOK_Click 事件，在此函式內將完成下列動作：

   ① 由 TxtInput 的 Text 屬性值取得由鍵盤輸入的行駛里程數，並指定給變數 km，在此使用 if 單一選擇敘述，檢查 float.TryParse("字串", out km)是否將字串成功轉換成浮點數，若轉換失敗，float.TryParse()會回傳 false，並將 km 設為 0，程式會顯示「請輸入里程數」並結束函式。若轉換成功會回傳 true，並將轉換值設定給變數 km。要注意的是，變數 km 前面的 out 是變數的修飾詞，一定要寫在變數之前。

   ② 以 if ... else 敘述，判斷 km 若小於 20 公里，顯示出「免收過路費」。

   ③ 如果 km 若大於 20 公里，則里程數減去優惠里程乘上 1.2 即得應付金額。使用字串格式字元 C0，將數值四捨五入後轉成字串，並加上貨幣符號並與 "過路費"、"元" 做字串合併，顯示於 LblMsg.Text。即為 LblMsg.Text = $"過路費 {((km - 20) * 1.2):C0} 元";

Step ③ 撰寫程式碼

FileName: etc.sln
01 namespace etc
02 {
03   public partial class Form1 : Form
04   {
05   public Form1()

06	{
07	InitializeComponent();
08	}
09	**private void BtnOK_Click(object sender, EventArgs e)**
10	{
11	float km; // 行駛里程
12	if (!float.TryParse(TxtInput.Text, out km))
13	{
14	LblMsg.Text = "請輸入里程數";
15	return;
16	}
17	if (km < 20)
18	LblMsg.Text = "免收過路費";
19	else
20	LblMsg.Text = $"過路費 {((km - 20) * 1.2):C0} 元";
21	}
22	}
23	}

▶ **馬上練習**

　　修改上面實作，再加上一個條件，若里程數超過 200 公里，超過的部分以七五折收費。

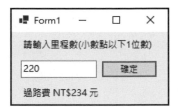

4.3　if...else if...else 多重選擇

　　設計程式時，若碰到「若...則...；否則若...則...」，有多個不同條件須做逐一判斷，便需要使用 if...else if...else...多重選擇敘述來完成。例如下面語法，若＜條件式 1＞的結果為 true，則執行敘述區段 A，接著便結束(離開)整個 if 敘述；若＜條件式 1＞的結果為 false，則檢查＜條件式 2＞的結果，若為 true 則執行敘述區段 B，接著便結束整個 if 敘述。依此類推檢查所有的條件。若所有的條件都不滿足時，才執行接在 else 後面的敘述區段 N。當程式中的流程有多個條件以上，需由上而下逐一判斷檢查時，就可以使用 if...else if ...else 敘述，其語法如下：

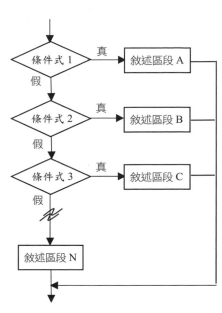

語法

```
if(條件式 1)
{
      敘述區段 A
}
else if(條件式 2)
{
      敘述區段 B
}
else if(條件式 3)
{
      敘述區段 C
}
      ⋮
else
{
      敘述區段 N
}
```

▶ **簡例**

血液中的 H 色素代表罹患糖尿病的風險，假設 H 色素小於 5.7，代表正常；介於 5.7～6.4 代表高危險群；若高於 6.5 者，則應為糖尿病患者。其語法如下：

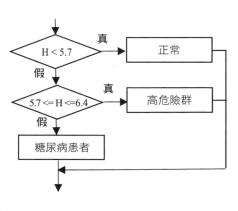

簡例

```
if ( H < 5.7) {
      flag ="正常" ;
}
else if( H >= 5.7 && H <= 6.4) {
      flag ="高危險群" ;
}
else {
      flag ="糖尿病患者" ;
}
```

實作 FileName：bike.sln

請為某市設計一個公共單車租金計費程式，使用者輸入時間(分鐘)，
程式會依據下列規則計算並顯示租金。

① 240 分鐘之內還車，每 30 分鐘 10 元。

② 241 分鐘至 480 分鐘之間，每 30 分鐘 20 元。

③ 481 分鐘以上，每 30 分鐘 40 元。

▶ 輸出要求

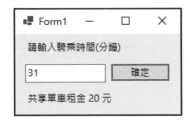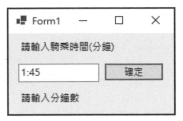

▶ 解題技巧

Step 1 建立輸出入介面

1. 新增專案並以「bike」為新專案名稱。

2. 本例依輸出要求在表單上建立文字方塊控制項 TxtInput，來接受使用者
   輸入騎乘時數。建立 BtnOK 按鈕控制項，將計算單車租金的程式碼寫
   在控制項的 BtnOK_Click 事件處理函式中。最後建立標籤控制項
   LblMsg，用來顯示訊息。

Step 2 問題分析

1. 撰寫 BtnOK_Click 事件處理函式，以 int.TryParse(TxtInput.Text, out
   minute)來將使用者所輸入的騎乘時數轉換成整數。int.TryParse()會回傳
   一個 bool 值指示轉換是否成功，若轉換成功會回傳 true，並將 minute

設成帶正負號的整數；反之若失敗則回傳 false，minute 設成 0，並且結束 BtnOK_Click 事件處理函式。

2. 因為每 30 分鐘計費一次，所以將使用者所輸入的分鐘數除以 30，換算成計費單位。另外騎乘時間若不足 30 分鐘的部分，以 30 分鐘計算，所以除以 30 時，若有餘數，則計費單位要再加 1。

3. 根據上述條件針對輸入之分鐘數依下列步驟進行判斷：
   ① 假如輸入值小於 240，將執行第 23 行。
   ② 若輸入值大於 480，將執行第 25 行。
   ③ 其餘者，將執行第 27 行。

4. 判斷結果顯示在 LblMsg 上。

Step ③ 撰寫程式碼

FileName: bike.sln

```
01 namespace bike
02 {
03     public partial class Form1 : Form
04     {
05         public Form1()
06         {
07             InitializeComponent();
08         }
09
10         private void BtnOK_Click(object sender, EventArgs e)
11         {   // 按 <確定> 鈕執行
12             int minute, tt;
13             int pay;
14             if(!int.TryParse(TxtInput.Text, out minute))
15             {
16                 LblMsg.Text = "請輸入分鐘數";
17                 return;
18             }
19             tt = minute / 30;
20             if (minute % 30 != 0)
```

21	tt += 1;
22	if (minute <= 240)
23	pay = tt * 10;
24	else if (minute > 480)
25	pay = ((tt - 8 - 8) * 40) + ((10 * 8) + (20 * 8));
26	else
27	pay = ((tt - 8) * 20) + (10 * 8);
28	LblMsg.Text = $"共享單車租金 {pay} 元";
29	}
30	}
31	}

▶ 馬上練習

延續前一範例。市府將舉辦公共單車推廣月,凡於活動期間租用公共單車者,可享前 30 分鐘免費的優惠。請在原有的選擇擇結構中加入此一條件式。

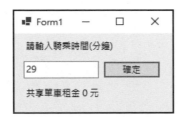 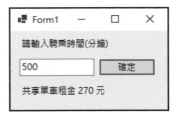

4.4   switch 多重選擇敘述

　　設計程式時若碰到有兩個條件以上以供選擇時,當然可使用上一節所介紹的 if...else if... 或巢狀的 if...else 來完成,其使用時機是有多個不同條件時使用。至於本節介紹的 switch 敘述,其使用時機是一個運算式(expression)的結果有多個不同範圍可供選擇時使用,運算式和 value 必須是可計數的數字或字串才可比較。其語法如下:

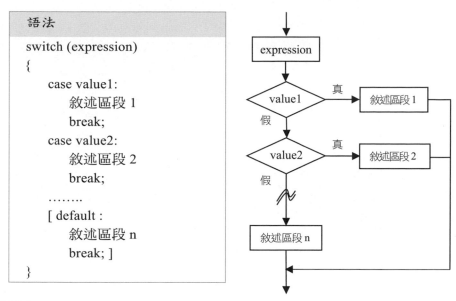

▶ **說明**

1. 只要 expression 運算式的結果符合 case 後面的 value 值，即執行接在該 case 後面的敘述區段。但要記得 expression 和 value 兩者資料型別要一致。

2. 接在 case 後面的 value 必須是數值或字串常值。

3. 要注意在每個 case 最後面都加上 break 敘述，否則程式編譯時會發生錯誤。

4. 當所有 case 都不符合條件時會執行 default 後面的敘述區段。雖然 default 敘述可省略，但為避免所有條件都不符合造成執行錯誤，建議保留此敘述。

5. 流程圖與語法

條件式使用數值 (當多數值滿足時寫法)

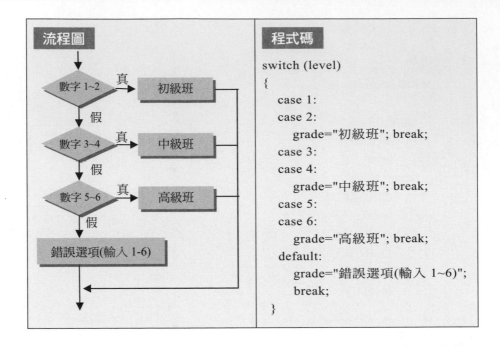

流程圖

數字 1~2 ── 真 ──> 初級班

假

數字 3~4 ── 真 ──> 中級班

假

數字 5~6 ── 真 ──> 高級班

假

錯誤選項(輸入 1-6)

程式碼

```
switch (level)
{
    case 1:
    case 2:
        grade="初級班"; break;
    case 3:
    case 4:
        grade="中級班"; break;
    case 5:
    case 6:
        grade="高級班"; break;
    default:
        grade="錯誤選項(輸入 1~6)";
        break;
}
```

實作 FileName：Switch.sln

使用 switch 多重選擇敘述，製作四則運算程式。在整數 1 及整數 2 文字方塊內輸入數值，且在運算子文字方塊輸入 + 、 - 、 * 、 / 符號，接著按下 ┃確定┃ 鈕即會在 LblMsg 顯示出運算式及運算的結果。如果有錯誤訊息亦同樣顯示在 LblMsg。

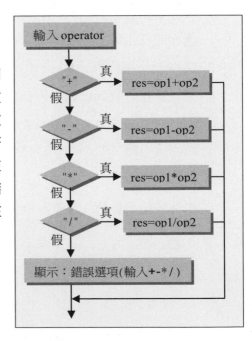

輸入 operator

"+" ── 真 ──> res=op1+op2

假

"-" ── 真 ──> res=op1-op2

假

"*" ── 真 ──> res=op1*op2

假

"/" ── 真 ──> res=op1/op2

假

顯示：錯誤選項(輸入 +-*/)

▶ **輸出要求**

▶ **解題技巧**

Step ① 建立輸出入介面

1. 新增專案並以「Switch」為新專案名稱。

2. 由輸出要求可知，在表單上建立下圖上的所有控制項。

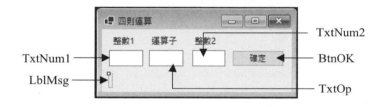

Step ② 問題分析

按 確定 鈕後會觸發 BtnOK_Click 事件處理函式，該函式完成下列動作：

① 宣告 num1 及 num2 為整數變數，用來存放文字方塊 TxtNum1 及 TxtNum2 的資料；宣告 result1 及 result2 為布林變數，用來存放 TryParse 的轉換結果。

② 使用 int.TryParse()轉換文字方塊的內容為整數，並保存回傳值於布林變數內。

③ 若 TxtNum1 及 TxtNum2 內的字串轉換成功，則以 switch 敘述進行運算子的判斷；反之，若轉換失敗，則提示錯誤訊息。

④ switch 敘述依序檢查 TxtOp.Text，是否與判斷值相等，假如符合，則進行相對應的 case 敘述。其中除法運算時要額外檢查除數是否為零，以免產生錯誤。

Step ③ 撰寫程式碼

FileName: Switch.sln

```
01 namespace Switch
02 {
03     public partial class Form1 : Form
04     {
05         public Form1()
06         {
07             InitializeComponent();
08         }
09
10         private void BtnOK_Click(object sender, EventArgs e)
11         {   // 每按 <確定> 鈕一次執行此事件
12             int num1, num2;
13             bool result1, result2;
14
15             result1 = int.TryParse(TxtNum1.Text, out num1);
16             result2 = int.TryParse(TxtNum2.Text, out num2);
17             if (result1 == true && result2 == true)
18             {
19                 switch (TxtOp.Text)
20                 {
21                     case "+":   //判斷運算子是否為「+」
22                         num1 += num2;
23                         break;
24                     case "-":   //判斷運算子是否為「-」
25                         num1 -= num2;
26                         break;
27                     case "*":   //判斷運算子是否為「*」
28                         num1 *= num2;
29                         break;
30                     case "/":   //判斷運算子是否為「/」
31                         if(num2 != 0)   //判斷除數是否不為0
32                             num1 /= num2;
33                         else
34                             LblMsg.Text = "除數不可為 0";
35                         result1 = false;
```

36	break;
37	default:　　//不符合上列條件者為錯誤的運算子
38	LblMsg.Text = "輸入錯誤：限輸入四則運算子(+,-,*,/)";
39	result1 = false;
40	break;
41	}
42	if (result1 == true)　// 無錯誤訊息
43	LblMsg.Text=$"{TxtNum1.Text} {TxtOp.Text} {TxtNum2.Text} = {num1}";
44	}
45	else
46	LblMsg.Text = "輸入錯誤：請輸入整數數值";
47	}
48	}
49	}

▶ **馬上練習**

使用 switch 設計一個簡易的英文翻譯程式，使用者輸入"一"或"1"，則顯示英文為"one"，依此類推到"三"。若輸入字串不符，顯示提示訊息。

 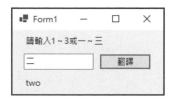

4.5　　三元運算子

　　所謂三元運算子(Ternary Operator)是指根據布林(Boolean)運算式的值，決定傳回兩個值的其中一個。顧名思義該運算子執行時，需要三個運算元才能運算。若需要將比較的結果直接指定給一個變數名稱，便可以使用三元運算字來取代 if...else 敘述，而且允許做巢狀運算。其語法如下：

> 語法
>
> 變數 = 條件式 ? 變數值 1: 變數值 2;

▶ 說明

1. 若＜條件式＞運算結果為 true，將＜變數值 1＞指定給等號左邊的變數。

2. 若＜條件式＞運算結果為 false，將＜變數值 2＞指定給等號左邊的變數。

▶ 簡例

假設 a、b、max 都是整數變數，若 a > b 則 max = a ; 否則 max = b。

```
max = a > b ? a : b ;
```

上例亦可改寫為：

```
if ( a > b )
      max = a;
else
      max = b ;
```

▶ 簡例

假設 age(年齡)和 price(票價)都是整數變數，若 age ≤ 10，則 price = 100 ; 若 10 < age < 60，則 price = 200; 若 age ≥ 60，則 price = 150。試以巢狀三元運算子寫出其程式碼：

```
price = (age <= 10 ? 100 : (age < 60 ? 200 : 150));
```

實作 FileName：3Oper.sln

試使用三元運算子設計一個計算所得稅的程式，使用者可輸入年度收入所得(income)，程式會依下列公式計算稅率(taxRate)及稅金(tax)。

① 若 income < 100 萬元，稅率 15%。

② 若 100 萬 ≤ income < 300 萬，稅率 20%。

③ 若 income > 300 萬元，稅率 40%。

④ 先輸入年度所得，再按 確定 鈕計算稅率和稅金。

▶ **輸出要求**

▶ **解題技巧**

Step 1 建立輸出入介面

1. 新增專案並以「3Oper」為新專案名稱。

2. 由輸出要求可知，在表單上建立下圖的所有控制項。

Step 2 問題分析

1. 本例使用三元運算子來撰寫選擇結構，若使用 if...slse 敘述寫法如下：

```
if (income < 100)
    taxRate = 0.15;
else if (income < 300)
    taxRate = 0.2;
else
    taxRate = 0.4;
```

2. 由於稅率是使用%百分比表示，必須將求出的稅率乘上100後，再與「%」符號做字串合併。

3. 稅金以「元」為單位，而輸入的年度所得是以「萬元」為單位，因此計算稅金時，要將 income 乘上 10000，轉換成以「元」為單位。

Step ③ 撰寫程式碼

FileName: 3Oper.sln

```
01 namespace 3Oper
02 {
03     public partial class Form1 : Form
04     {
05         public Form1()
06         {
07             InitializeComponent();
08         }
09
10         private void BtnOK_Click(object sender, EventArgs e)
11         {   // 按 <確定> 鈕進行判斷及計算
12             double income, taxRate;
13             if (double.TryParse(TxtIncome.Text, out income))
14             {
15                 taxRate = (income < 100 ? 0.15 : (income < 300 ? 0.2 : 0.4));
16                 LblTaxRate.Text = $"稅率： {taxRate * 100} %";
17                 LblTax.Text = $"稅金： {income * 10000 * taxRate} 元";
18             }
19             else
20                 MessageBox.Show("請輸入數值...");
21         }
22     }
23 }
```

▶ **馬上練習**

以三元運算子設計一個判斷是否為閏年的程式。使用者輸入任一西元年,程式會判斷並顯示該年是閏年或非閏年。

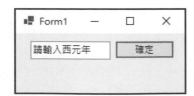 

4.6　**RadioButton** 選項按鈕控制項

　　通常在設計輸入介面時，如果在多個選項中只能挑選其中一項時，我們可以使用 🔘 RadioButton 選項按鈕控制項來設計。只要其中一個選項按鈕控制項被選取，則其他選項按鈕自動變成不被選取。若在一個表單中有多組的選項，要同時可選取時。此時可以使用工具箱中的 GroupBox 群組方塊控制項或 Panel 面板控制項，將多個同性質的選項組成一個群組。下圖是「接龍」遊戲中「選項」的設定畫面，其中「發牌」群組中「發一張牌」、「發三張牌」只能二選一。「計分」群組則只能三選一。因為兩個群組的選項要能獨立選取，所以要使用 GroupBox 控制項來加以區隔。

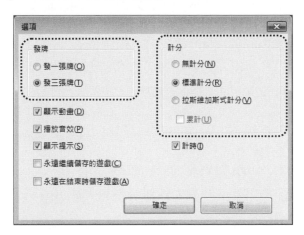

4.6.1　選項按鈕的常用屬性

1. Checked 屬性(預設值為 false)

當選項按鈕控制項呈現未被選取狀態(⭕女)時，其 Checked 屬性值為 false。若按一下選項按鈕控制項使成為被選取狀態(🔘男)，則 Checked 屬性會變為 true，並且同時觸動該選項按鈕的 CheckedChanged 事件。若在程式執行階段將 radioButton1 控制項設成被選取或未選取狀態，其寫法如下：

```
radioButton1.Checked = true;     // radioButton1 選項按鈕為被選取狀態
radioButton1.Checked = false;    // radioButton1 選項按鈕為未選取狀態
```

程式執行階段檢查 radioButton1 控制項是否被選取，若被選取執行敘述區段 A，否則執行敘述區段 B。其寫法如下：

```
if (radioButton1.Checked == true)
{
    敘述區段 A
}
else
{
    敘述區段 B
}
```

2. Appearance 屬性(預設值為 Normal)

用來設定選項按鈕的外觀，若將屬性值設為 Normal，即為「一般選項按鈕」。若將屬性值設為 Button，則會變成為「按鈕型式」，按下去時會呈現藍色底和藍色框(男)，同組其他選項按鈕都會彈起來變成未選按狀態(女)。在執行階段將 radioButton1 控制項變成按鈕型式，寫法如下：

```
radioButton1.Appearance = Appearance.Button;
```

3. CheckAlign、TextAlign 對齊屬性(預設值為 MiddleLeft)

CheckAlign 屬性是用來調整圓形按鈕的位置，而 TextAlign 屬性，則用來設定選項按鈕上面文字的位置。

4. Text 屬性(預設值為 radioButton1)

Text 屬性是設定選項按鈕的文字內容。若希望選項按鈕可以透過鍵盤來選取，只要在 Text 屬性值中將要設為快速鍵字元的前面加上 & 即可，執行時該字元會加上底線。例如希望選項按鈕上面顯示「Up」文字，使用者按鍵盤的「U」鍵，就可以由鍵盤選取或取消該選項按鈕。其做法只要將選項按鈕的 Text 屬性，設為『&Up』即可。

5. Enabled 屬性(預設值為 true)

當 Enabled 屬性為 true 時，表示該選項按鈕允許被點選。若設為 false 時，表示不允許被點選，此時該控制項呈現淺灰色。

6. AutoCheck 屬性(預設值為 true)

當 AutoCheck 屬性值為 true 時，自動判斷選項按鈕的狀態，並維持同群組的選項按鈕只有一個被選取。若設為 false 時，必須自行撰寫點選的程式碼。

4.6.2 選項按鈕的常用事件

若 AutoCheck 屬性值為 true 時，在選項按鈕控制項上按一下，Checked 屬性值也會變更，此時會先觸動 CheckedChanged 事件，然後是 Click 事件。但如果該選項按鈕已經被選取，再重複點選時，因為 Checked 屬性值不改變，則只會觸發 Click 事件。Click 事件無論 Checked 屬性值是否改變，只要選項按鈕被滑鼠點選時，就會觸發 Click 事件。

而 CheckedChanged 事件是選項按鈕的預設事件，當選項按鈕控制項的 Checked 屬性值被改變時才會觸發。所以判斷選項按鈕是否被選取狀態的程式碼，通常都寫在該控制項的 CheckedChanged 事件處理函式中。

4.7　GroupBox 群組方塊與 Panel 面板控制項

上節介紹過的選項按鈕具有互斥性，若有多組選項要同時存在表單時，就需透過 🔲 GroupBox 群組方塊或 ▦ Panel 面板控制項來區隔。GroupBox 與 Panel 控制項和表單一樣都具有容器(Container)的功能，也就是說可用來安置其他物件，以便和容器外的物件隔離。使用時機是設計程式時需要在表單上將物件和其他物件隔離，或分類擺放使畫面整齊時。兩者差異在 Panel 可使用捲軸比較不占用表單空間，但是無標題文字。

容器內物件的座標值是以容器為基準，和表單物件無關。當我們移動容器時，容器內的物件也會跟隨移動。因為容器和其所屬物件有隸屬關係，所以在建立物件時要特別留意。容器(如 GroupBox、Panel 控制項)要先建立，然後容器內物件必須在容器內拖曳出來，才能成為所隸屬的物件。移動容器時若物件能隨之移動表示該物件已被安置在容器中。

4.7.1 群組方塊控制項的常用屬性

群組方塊控制項主要用來當容器用，所以沒有重要的屬性。而常用的屬性就是 Text 屬性，用來設定標題文字，代表群組方塊的功能。

4.7.2 面板控制項的常用屬性

▦ Panel 面板控制項也具備有容器的功能，和群組方塊控制項外觀最大的不同是左上角沒有文字，但是可以顯示捲軸。在面板控制項內建立控制項時，可以先將面板拉大，建立完畢後再調整面板控制項大小。

1. AutoScroll 屬性(預設值：false)

   設定當物件超出面板時，是否自動顯示捲軸。

2. BorderStyle 屬性（預設值：None）

   設定面板的邊框樣式，樣式有 None 無邊框，FixedSingle 單線框和 Fixed3D 立體框三種。

實作 FileName：bmi.sln

試設計一個計算成人身體質量指數 BMI 值的程式。當操作者輸入身高、身高的單位是公分或是公尺、體重等資料後，按 確定 鈕程式會計算並顯示該員之 BMI 值。

BMI 值的公式：BMI = 體重(公斤) ÷ 身高(公尺)^2

▶ **輸出要求**

▶ **解題技巧**

Step ① 建立輸出入介面

1. 新增專案並以「bmi」為新專案名稱。

2. 由輸出要求觀察可知必須建立下列控制項：

① 建立一個群組方塊控制項 groupBox1，設定 Text 屬性值為「身高」作為標題，並在 groupBox1 中建立一個文字方塊控制項 TxtHeight 用來接受輸入身高資料及兩個選項按鈕控制項 RbtnCm、RbtnM，以供使用者選擇身高之單位。

② 建立一個文字方塊控制項 TxtWeight，用來接受輸入體重資料。

③ 建立標籤控制項 LblMsg，用來顯示 BMI 值及錯誤訊息。

④ 建立按鈕控制項 BtnOK，並在其 Click 事件中撰寫計算 BMI 和顯示 BMI 值的程式碼。

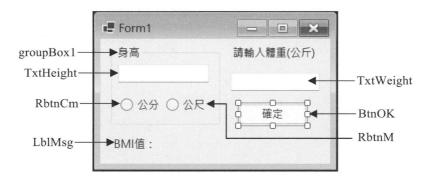

Step ② 問題分析

1. 在 BtnOK_Click 事件中，根據 RbtnCm 的 Checked 屬性值如果是 true，代表輸入的身高資料單位為公分，必需除以 100 換算成公尺。

Step ③ 編寫程式碼

FileName : bmi.sln
01 namespace bmi
02 {
03　　　public partial class Form1 : Form

```
04      {
05          public Form1()
06          {
07              InitializeComponent();
08          }
09          private void BtnOK_Click(object sender, EventArgs e)
10          {
11              int weight;
12              double bmi, height;
13              bool r1, r2;
14              r1 = double.TryParse(TxtHeight.Text, out height);
15              r2 = int.TryParse(TxtWeight.Text, out weight);
16              if ( r1 && r2)
17              {
18                  if (RbtnCm.Checked == true) //  單位為公分
19                  {
20                      height /= 100; //  換算成公尺
21                  }
22                  bmi = weight / (height * height); //  計算BMI值
23                  LblMsg.Text = $ "BMI值：{bmi:f1}";
24              }
25              else
26                  LblMsg.Text = "請輸入整數";
27          }
28      }
29 }
```

▶ **馬上練習**

將上面實作的輸入欄位加上預設值，身高欄位預設為 160，單位選鈕預設為公分，體重設為 50。輸出的部分除了 BMI 值之外，再加上 BMI 的分數評等。BMI 的評等分四級：BMI < 18.5 者「體重過輕」，18.5 ≤ BMI < 24 者「健康體重」，24 ≤ BMI < 27 者「體重過重」，BMI 大於等於 27 者「肥胖」。

4.8　CheckBox 核取方塊控制項

 核取方塊控制項和  選項按鈕控制項，兩者都是用來供使用者選取。但兩者不同的是，核取方塊選項彼此間不互斥，也就是說核取方塊的選項是可以複選或都不選取；而選項按鈕則具有互斥性，因此只能單選。下圖是新接龍遊戲的「選項」對話方塊，是核取方塊使用的一個例子，其中的選項都是可以複選的。

4.8.1 核取方塊的常用屬性

1. Appearance(預設值為 Normal)

   與 RadioButton 按鈕控制項相同，用來改變 CheckBox 核取方塊的外觀。預設為 Normal 以正常方式顯示。若設為 Button 顯示，按下去時呈凹下狀，代表勾選，再按一次時會彈起，代表未勾選。一般 Button 按鈕控制項，按下去時會立刻彈起來。

2. Checked 屬性 (預設值為 false)

   當 Checked 屬性值為 true 時，表示核取方塊被勾選。若為 false，表未被勾選。若要在程式執行階段設為勾選或未勾選狀態，寫法如下：

   ```
   checkBox1.Checked = true;    // checkBox1 核取方塊設成被選取
   checkBox1.Checked = false;   // checkBox1 核取方塊設成未被選取
   ```

3. ThreeState 屬性 (預設值為 false)

   當 ThreeState 屬性值為 false 時，表示核取方塊只有勾選或未被勾選兩種狀態。若設為 true，則表示核取方塊有三種變化，此屬性和 CheckState 屬性相關連。

4. CheckState 屬性(預設值為 Unchecked)

   CheckState 屬性用來設定核取方塊目前勾選的狀態。當 ThreeState 屬性為 false 時，CheckState 屬性只有 Checked(勾選)和 Unchecked (未勾選)兩種狀態。當 ThreeState 屬性為 true 時，CheckState 屬性則有 Checked(勾選)、Unchecked(未勾選)和 Indeterminate(不確定勾選)三種狀態。CheckState 屬性可以如下表使用常數表示，也可用數字表示：

	勾 選	不 勾 選	不 確 定 勾 選
數值表示	0	1	2
常數表示	CheckState.Checked	CheckState.Unchecked	CheckState.Indeterminate
圖 例	☑ 勾選狀態	☐ 不勾選狀態	☑ 不確定狀態

5. AutoCheck 屬性(預設值為 true)

   當 AutoCheck 屬性值為 true 時，會自動檢查勾選狀態。若設為 false，將使核取方塊按下後無反應，必須自行寫程式設定。

4.8.2 核取方塊的常用事件

　　當核取方塊控制項的 ThreeState 屬性值為 false 時，若使用者按核取方塊會依序觸動 CheckedChanged、CheckStateChanged 和 Click 三個事件。其中 CheckedChanged 事件是核取方塊控制項的預設事件，當 Checked 屬性值改變時，就會觸發此事件。當核取方塊控制項的 CheckState 屬性值改變時，就會觸發 CheckStateChanged 事件。但是當 ThreeState 屬性值設為 true 時，若使用者勾選狀態為「不確定」時，是不會觸動 CheckedChanged 事件。所以，判斷核取方塊勾選狀態的程式碼，若 ThreeState 屬性值為 false 時，通常寫在 Changed 事件處理函式中；但 ThreeState 屬性值為 true 時，則應寫在 ateChanged 事件處理函式中。

實作

FileName：noodle.sln

試設計一個拉麵點餐程式。使用者點選選項後，按下 ▢確定 鈕會顯示點餐情形及總價。

① 拉麵份量可選大或小碗，兩者二選一。

② 湯頭濃度有濃、中、淡三種選項，三者只能擇一。

③ 可加點飲料或溏心蛋，可複選或不選。

▶ **輸出要求**

▶ 解題技巧

Step ① 建立輸出入介面

1. 新增專案並以「noodle」為新專案名稱。

2. 由輸出要求可知要建立以下控制項:

① 按鈕控制項 BtnOK,在 Click 事件函式中計算並顯示菜單。另有三組選項所以要三個 GroupBox 群組方塊控制項來分類。

② 因為拉麵的份量及湯頭只能擇一,是以分別建立一個群組方塊並置入選項按鈕控制項。

③ 附餐的菜單,同樣建立一個群組方塊並置入核取方塊控制項。

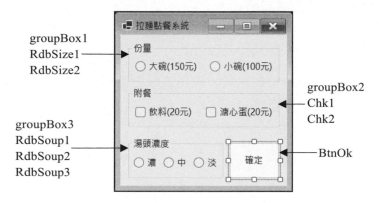

Step ② 問題分析

由於按下 確定 鈕後即計算本單的總價,因此必須將程式碼寫在該鈕的 BtnOK_Click 事件處理函式內。

1. 湯頭濃度由選項按鈕的 Checked 屬性值決定,範例中是用三元運算子來處理。也可以下列寫法來撰寫,雖然程式碼較長但比較容易閱讀。

```
if (RdbSoup1.Checked == true)      // 選取濃
    msg += "濃郁";
else if (RdbSoup2.Checked == true) // 選取中
    msg += "適中";
else                                // 其餘也就是選取淡
    msg += "清淡";
```

2. 最後以 MessageBox 顯示客戶的菜單及總價。

Step 3　編寫程式碼

FileName : noodle.sln
01 namespace noodle
02 {
03 　　public partial class Form1 : Form
04 　　{
05 　　　　public Form1()
06 　　　　{
07 　　　　　　InitializeComponent();
08 　　　　}
09 　　　　**private void Form1_Load(object sender, EventArgs e)**
10 　　　　{
11 　　　　　　RdbSize1.Checked = true;　　// 預設選取大碗
12 　　　　　　RdbSoup1.Checked = true;　　//預設選取湯頭濃郁
13 　　　　}
14 　　　　**private void BtnOK_Click(object sender, EventArgs e)**
15 　　　　{
16 　　　　　　int total;　//總價
17 　　　　　　string msg;　//點菜單
18 　　　　　　total = RdbSize1.Checked == true ? 150 : 100;
19 　　　　　　msg = RdbSize1.Checked == true ? "大" : "小";
20 　　　　　　msg += "碗拉麵\n湯頭濃度：";
21 　　　　　　msg += RdbSoup1.Checked ? "濃郁" : RdbSoup2.Checked ? "適中" : "清淡";
22 　　　　　　if(Chk1.Checked == true) {
22 　　　　　　　　total += 20;
23 　　　　　　　　msg += "\n加點飲料";
24 　　　　　　}
25 　　　　　　if(Chk2.Checked == true){
26 　　　　　　　　total += 20;
27 　　　　　　　　msg += "\n加點溏心蛋";
28 　　　　　　}
29 　　　　　　msg += $"\n總價：{total}元";
30 　　　　　　MessageBox.Show(msg, "點菜單", MessageBoxButtons.OK, 　　　　　　　　　　　　　　MessageBoxIcon.None);

31	}
32	}
33	}

▶ 馬上練習

試設計一個調查 18 歲以下青少年之問卷調查，若受訪者大於 18 歲，問卷選項 Enabled 屬性設為 false。若使用時數選擇不使用，活動選項 Enabled 屬性設為 false。按 ⬚確定 鈕後顯示問卷結果。

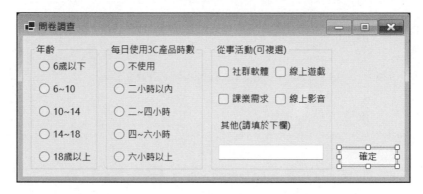

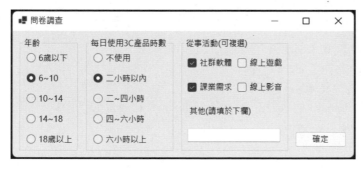

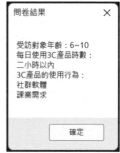

CHAPTER 5

流程控制（二）- 重複結構

◇ 學習 for 迴圈的使用時機和用法

◇ 學習巢狀 for 迴圈的用法

◇ 學習 while 迴圈以及使用時機

◇ 學習使用 PictureBox 圖片方塊控制項來顯示圖片

◇ 學習 ImageList 影像列示控制項的使用方法

◇ 學習 Timer 計時器控制項的使用方法

5.1　重複結構簡介

「結構化程式」是程式設計的基本精神，程式設計的基本流程主要是由循序結構、選擇結構和重複結構三種基本邏輯架構組成。其中「循序結構」是程式最基本的邏輯架構，此架構的敘述執行時是由上而下依序執行。至於「選擇結構」已在上一章介紹過，本章將介紹 Visual C# 語言所提供的「重複結構」敘述。

電腦程式最讓人稱讚的就是，可以一遍又一遍地執行煩人的重複性工作。例如 1 + 2 + 3 … 100 的數值計算；畫 100 個同心圓；將圖片由左邊慢慢向右邊移動。這種可將程式中某個「敘述區段」反覆執行多次的邏輯結構，就稱為「重複結構」又稱「迴圈」(Loop)。Visual C# 提供的重複結構敘述有 for 和 while 兩種迴圈，本章將會逐一介紹。

5.2　for 迴圈

若程式中某個「敘述區段」需要反覆執行指定的次數時，就可以使用 for 迴圈來完成。for 迴圈是由初始運算式、條件運算式以及迴圈運算式所構成。for 迴圈的語法如下：

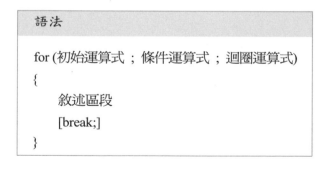

語法

```
for (初始運算式 ; 條件運算式 ; 迴圈運算式)
{
    敘述區段
    [break;]
}
```

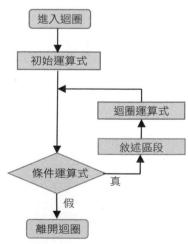

▶ **説明**

1. 初始運算式：用來初始化迴圈的初值，可使用宣告變數方式或運算式來設定迴圈的初值。迴圈開始時，初始運算式是第一個被執行而且只會執行一次，接著將控制權交給「條件運算式」。初始運算式內宣告的變數(如上例 int i;)，Visual C# 視為區塊變數，有效範圍只限在 for 迴圈內有效，離開迴圈後該變數便由記憶體中釋放掉。

2. 條件運算式：每次進入迴圈前,會先檢查條件運算式是否為 true？若為 true 時才將迴圈內的敘述區段執行一次；若為 false 就離開迴圈，繼續執行接在迴圈後面的敘述。

3. 迴圈運算式：每次執行迴圈內的敘述區段後，會先執行迴圈運算式，接著再執行條件運算式。如果省略迴圈運算式或是運算式錯誤，可能會造成無窮迴圈。

4. 敘述區段：是指進入迴圈應執行的敘述區塊，若有多行敘述，頭尾需使用大括號括住，單行敘述則可省略大括號。

5. 如果想要提前離開 for 迴圈，可以使用 break 敘述配合 if 條件式，來判斷是否提前離開 for 迴圈。

6. 緊跟在 for 迴圈敘述後面的每個引數允許多個運算式，運算式間使用逗號分開。譬如：

    for (int i = 1, k = 5; i < 10 && k <= 20; i++, k++)

7. 在 Visual Studio 操作環境中，提供插入程式碼片段的功能，我們輸入 for 後按兩次 `Tab` 鍵就會建立好預設的程式碼，可以加快輸入的速度。

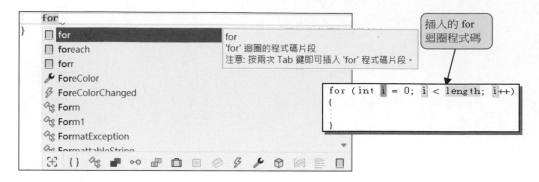

插入的 for
迴圈程式碼

```
for (int i = 0; i < length; i++)
{

}
```

例 sum = 1 + 2 + 3 + ……….. +10 = ？ (參考 For1 專案)

```
int sum = 0;
for (int i=1 ; i<=10 ; i++)
{
    sum += i ;
}
MessageBox.Show(sum.ToString());
```

55

確定

▶ 說明

1. for 迴圈的初始運算式指定整數變數 i = 1。

2. 因為 i 符合條件運算式(i<=10)，所以執行「sum += i ;」敘述一次，此時 sum 值為 1。

3. 接著執行迴圈運算式(i++)，i 值變為 2。

4. 只要 i 符合條件運算式(i<=10)，就會繼續執行「sum += i ;」敘述，直到 i = 11 因為不符合條件運算式才離開 for 迴圈。

5. 如果省略迴圈運算式(i++)，會因為永遠不滿足條件運算式(i<=10)，而成為無窮迴圈使得程式永遠無法停止。若誤用 i--，使得程式一直執行到 i 值超出範圍才停止。

例 sum1 = 1 + 2 + 3 + 4 + 5 = ? (參考 For2 專案)
sum2 = 10 + 8 + 6 + 4 + 2 = ?

① 第一個式子 sum1：
初值為 1，終值為 5，迴圈增值每次加 1，
連加 5 次，累加總和置入 sum1。

15 , 30

確定

② 第二個式子 sum2：

初值為 10，終值為 2，迴圈增值每次減-2，

連減 5 次，累加總和置入 sum2。

第一個式子是遞增相加，第二個式子遞減相加，由於兩個條件運算式都是執行 5 次，所以可共用一個 for 迴圈完成兩個式子相加。其寫法如下：

```
int sum1 = 0, sum2 = 0;
for ( int i = 1, k = 10; i <= 5 && k >= 2; i++, k -= 2)
{
    sum1 += i;
    sum2 += k;
}
MessageBox.Show($"{sum1} , {sum2}");
```

例 0.5 + 1.0 + ...+ 4.5 + 5 = ?　(參考 For3 專案)

```
double sum = 0.0;
for (double k = 0.5; k <= 5; k += 0.5)
    sum += k;
MessageBox.Show($"{sum}");
```

▶ **馬上練習**

1. 試將 11 + 9 + ...　+ 3 + 1 = ? 的運算式使用 for 敘述來表示？

2. 試將 0.5 + 1.0 + ... + 9.5 + 10 = ? 的運算式使用 for 敘述來表示？

↑練習 1 執行結果

↑練習 2 執行結果

5.3 巢狀 for 迴圈

　　如果 for 迴圈內還有 for 迴圈，就構成「巢狀 for 迴圈」。假設有一個兩層的 for 迴圈，內部迴圈需執行五次才結束離開迴圈，外部迴圈需執行三次才離開迴圈。由於外部迴圈每執行 1 次，內部迴圈會執行 5 次，所以外部迴圈執行完三次時，內部的迴圈總共被執行了 15 次。

　　使用巢狀迴圈時，迴圈彼此間是不允許相互交錯，而且每個 for 迴圈都必須有自己的計數變數，不可共用以免產生副作用。每個 for 迴圈內若有兩行以上敘述，要記得頭尾使用大括號框住，並使用縮排編寫程式碼以方便閱讀。執行功能表的【編輯/進階/格式化文件】 功能，系統會自動編排。另外 Visual Studio 提供「結構輔助線」的功能，來增加程式碼的可讀性。

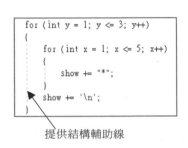

提供結構輔助線

　　一般程式中若需要製作一個二維有規則性的表格如：九九乘法表、重複性圖案等，都可使用「巢狀迴圈」。譬如：輸出三個水平列，每個水平列顯示五個 "*" 時，可將變數 y 設為外部迴圈的計數變數，x 為內部迴圈的計數變數，其演算法如下：

Step 1　設定 y 變數終值為 3 表示水平列數為 3，x 變數終值為 5 表示每列印出 "*" 的個數為 5。

Step 2　y = 1(第 1 列)時，x 由 1~5 執行 5 次，每次顯示一個 "*"。

　　　　當 x = 5 時使用 \n 跳行控制字元，將游標移到下一列最前面。

Step 3　y = 2 及 3 時，內迴圈動作與 Step 2 相同。

Step 4　結束 for 巢狀迴圈。

　　輸出方式有下列兩種方式，一個使用 MessageBox.Show() 輸出對話方塊方法，另一種方式在表單上面使用標籤或文字方塊控制項來顯示：

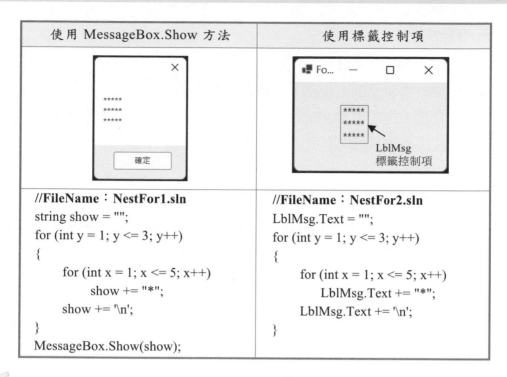

使用 MessageBox.Show 方法	使用標籤控制項

//FileName：NestFor1.sln
string show = "";
for (int y = 1; y <= 3; y++)
{
    for (int x = 1; x <= 5; x++)
        show += "*";
    show += '\n';
}
MessageBox.Show(show);
	//FileName：NestFor2.sln
	LblMsg.Text = "";
	for (int y = 1; y <= 3; y++)
	{
	    for (int x = 1; x <= 5; x++)
	        LblMsg.Text += "*";
	    LblMsg.Text += '\n';
	}

實作 FileName：Score.sln

設計一個使用 Visual Basic 提供的 InputBox()方法，由鍵盤連續輸入三位同學的計概和程式設計兩科成績，以合併字串方式記錄輸入的資料。最後再以 MessageBox.Show()方法，逐行顯示三位同學的座號、計概和程式設計成績。

▶ 輸出要求

▶ 解題技巧

Step ① 建立輸出入介面

1. 新增專案並以「Score」為新專案名稱。

2. 由於本例使用 MessageBox.Show()方法來顯示輸出對話方塊,因此表單上不放任何控制項,必須將程式碼寫在 Form1_Load()事件處理函式內。

Step ② 問題分析

1. 因為學生人數和科目是固定,所以使用 for 的巢狀迴圈撰寫。外迴圈為座號迴圈,no 由 1 到 3;內迴圈為科目迴圈,sub 由 1 到 2。

2. 內迴圈 sub 變數,使用三元運算子來轉換成科目名稱。

```
sub == 1 ? "計概" : "程式設計"
```

3. 使用 '\t' 來定位控制字元使得文字能上下對齊。'\t' 表示間隔 8 個字元。

4. 使用 '\n' 換行控制字元,將插入點游標移到下一行的最前面。

Step ③ 編寫程式碼

FileName: 66product.sln
01 using Microsoft.VisualBasic;
02 namespace Score
03 {
04　　　　public partial class Form1 : Form
05　　　　{
06　　　　　　public Form1()
07　　　　　　{
08　　　　　　　　InitializeComponent();
09　　　　　　}
10
11　　　　　　private void Form1_Load(object sender, EventArgs e)
12　　　　　　{
13　　　　　　　　string msg = "座號\t計概\t程式設計\n";　// 標題
14　　　　　　　　string score = string.Empty;　// 預設為空字串

15	for(int no = 1; no <= 3; no++) // 座號迴圈1~3
16	{
17	msg += $"{no}號\t";
18	for(int sub = 1; sub <= 2; sub++)
19	{
20	score = Interaction.InputBox(sub == 1 ? "計概" : "程式設計", $"{no}號成績");
21	msg += score + "\t"; // 定位
22	}
23	msg += "\n"; // 換行
24	}
25	MessageBox.Show(msg, "成績表");
26	}
27	}
28	}

▶ **説明**

若第 20 行敘述修改為「score = Microsoft.VisualBasic.Interaction.InputBox(sub == 1 ? "計概" : "程式設計", $"{no}號成績");」，則第 1 行的敘述「using Microsoft.VisualBasic;」可省略。

▶ **馬上練習**

請修改前面實作，計算出每位同學這兩科成績的總分，並以每十分輸出一個"*"的方式，完成如下圖所示之長條圖。

5.4 while 迴圈

　　for 迴圈是當某個「敘述區段」，需要反覆執行指定次數的時候使用。但是如果迴圈的執行次數無法事先預估時，就必須改用 while 條件式迴圈敘述。因為 while 迴圈沒有計數變數，而是靠條件式來判斷是否結束迴圈。

　　若將條件式置於迴圈的開頭，稱為「前測式迴圈」如 while(<條件式>)敘述；若將條件式置於迴圈的最後面，則稱為「後測式迴圈」如 do...while(<條件式>)敘述。「前測式迴圈」因為進入迴圈前，必須先判斷條件式是否成立，若成立才進入迴圈，否則離開迴圈，所以迴圈內的敘述不一定會被執行；但是「後測式迴圈」是先執行迴圈內的敘述一次才判斷條件式是否成立，所以迴圈內的敘述最少會被執行一次。

　　要特別注意的是無論是哪種迴圈，在迴圈中必須有一個敘述能夠將條件式改變為 false，如此才能有機會離開迴圈，使得程式繼續執行接在迴圈後面的敘述，否則將形成無窮迴圈而無法離開迴圈。程式設計時如果不小心陷入無窮迴圈中，可以按 Ctrl + Alt + Break 鍵或 ⇧ Shift + F5 鍵來中止程式。

5.4.1 while 與 do...while 條件迴圈

一、前測式迴圈

　　while(條件式) 迴圈是將<條件式>放置在迴圈的最開頭，稱為「前測式迴圈」。當接在 while 後面的<條件式>為 true 時，會如下圖將迴圈內的敘述區段執行一次，然後再回到迴圈的起點，重新判斷<條件式>是否為 true？若為 true，再執行迴圈內的敘述區段一次，一直到<條件式>為 false 時才離開迴圈。

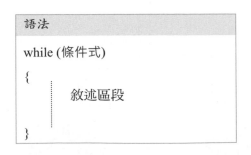

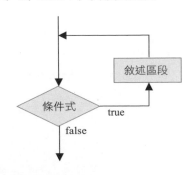

二、後測式迴圈

　　至於 do...while(條件式) 迴圈是將 <條件式> 放置在迴圈的最後面，稱為「後測式迴圈」。此種重複結構適合程式需先執行迴圈內的敘述區段一次，再由<條件式>判斷是否繼續執行迴圈內的敘述區段。如果<條件式>為 true，再執行迴圈內的敘述區段一次，直到<條件式>為 false 才離開迴圈。其語法如下：

語法	
do { 　　　敘述區段 }while (條件式);	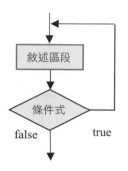

　　while...前測式迴圈，若第一次條件不符合，則迴圈內的敘述區段連一次都不會執行就跳離迴圈。至於 do...while 則屬於「後測式迴圈」，迴圈內的敘述區段至少會執行一次。無論是「前測式迴圈」或「後測式迴圈」都可以達成重複執行的效果。至於使用哪種方式的條件迴圈，則視習慣和條件而定。下表是計算 sum = 1 + 2 + 3... + 10，使用兩種不同 while 迴圈的程式寫法：

1. 使用 while （參考 While1 專案）	2. 使用 do … while （參考 While2 專案）
```int i = 0, sum = 0;\nwhile (i < 10)\n{\n i++;\n sum += i;\n}\nMessageBox.Show($"{sum}");```	```int i = 0, sum = 0;\ndo\n{\n i++;\n sum += i;\n} while (i < 10);\nMessageBox.Show($"{sum}");```

5.4.2 break 敘述

　　break 和 continue 敘述主要用在 while 和 for 迴圈敘述中，用來改變程式執行的流程。在敘述區段中若碰到 break 敘述，會馬上中斷程式執行，跳到緊接在該迴圈後面的敘述繼續往下執行，所以敘述區段 B 不會被執行。如果是巢狀結構，break 和 continue 敘述只作用在所屬的迴圈，不會移動到其他迴圈區塊。break 敘述流程如下：

```
while (條件) {
    敘述區段 A;
    break;  ............
    敘述區段 B;       :
}                    :
敘述區段 C; ◄.........
```

```
do {
    敘述區段 A;
    break;  ............
    敘述區段 B;       :
} while (條件);       :
敘述區段 C; ◄.........
```

例 試使用 while 前測式迴圈檢查整數 num 是否為質數？所謂質數是只能被 1 和自己本身整除的數值。(參考 Break 專案)

```
int num = 49;
int x = 2;    // x 從 2 開始
string msg = $"{num}是質數";   // 預設 num 為質數
while (x < num)                // 當 x < num 時就執行迴圈
{
    if (num % x == 0)          // 若 num 除以 x 的餘數為 0(就是整除)
    {
        msg = $"{num}不是質數";   // num 不是質數
        break;                 // 用 break 敘述跳離迴圈
    }
    else                       // 其餘即不能整除
        x++;                   // x+1
}
MessageBox.Show(msg);          // 顯示 msg 字串
```

↑ num=49 時的執行結果

↑ num=13 時的執行結果

5.4.3 continue 敘述

在條件迴圈內如果執行到 continue 敘述，會馬上跳到 while 條件式，所以會使部分敘述被執行到，但有一部分不會被執行的情形。如左下圖在前測式迴圈(while...迴圈)內的敘述區段中，若遇到 continue 敘述，則程式流程會無條件跳至迴圈的開頭測試條件，待滿足條件後再進入迴圈。這時位在 continue 之後的敘述區段 B 將不會被執行到。

至於後測式迴圈(do...while 迴圈)內遇到 continue 敘述，如右下圖程式流程會無條件跳至迴圈的底端測試條件，待滿足條件後再進入迴圈。這時位在 continue 之後的敘述區段 B 將不會被執行到。continue 敘述流程如下：

```
while (條件) {
    敘述區段 A;
    continue;
    敘述區段 B;
}
```

```
do {
    敘述區段 A;
    continue;
    敘述區段 B;
} while (條件);
```

例 試列出 1 到 20 中不是 3 的倍數的整數。(參考 Continue 專案)

```
int num = 0;
string msg = "1 到 20 中不是 3 的倍數的整數：\n";
do                          // do...while 迴圈
{
    num++;                  // num 加 1
    if (num % 3 == 0)       // 若 num 能被 3 整除
        continue;           // 跳到 while 下一列敘述不會被執行
    msg += $" {num} ";      // 將被 3 整除的 num 整數變數加到 msg
} while (num <= 20);        // 當 num <= 20 就繼續迴圈
MessageBox.Show(msg);       // 顯示 msg 字串
```

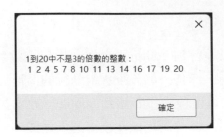

 實作　FileName：Square.sln

試設計如左下圖使用 Visual Basic 提供的 InputBox()方法來輸入任意數值，電腦自動計算出該數值平方的程式。如果輸入值不是數值，會重覆出現對話框，一直到輸入正確數值，才使用 MessageBox.Show() 如右下圖來顯示該數值的平方。

▶ 輸出要求

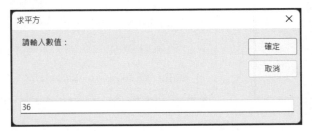 

▶ 解題技巧

Step 1 建立輸出入介面

1. 新增專案並以「Square」為新專案名稱。

2. 由於本例使用 InputBox 和 MessageBox.Show()方法來做輸出入介面，因此表單上不放任何控制項，程式碼則寫在 Form1_Load()事件處理函式內。

Step 2 分析問題

1. 使用 do ... while 後測式迴圈來撰寫，迴圈內敘述至少會執行一次。若 pass 等於 false 時，即字串轉換失敗，會持續出現對話框，一直到輸入值是數值為止。

2. 關閉訊息方塊之後，程式會執行 Application.Exit()結束程式。

Step ③ 編寫程式碼

FileName: Square.sln

```
01 using Microsoft.VisualBasic;
02
03 namespace Square
04 {
05     public partial class Form1 : Form
06     {
07         public Form1()
08         {
09             InitializeComponent();
10         }
11
12         private void Form1_Load(object sender, EventArgs e)
13         {
14             double num;
15             string str;
16             bool pass;
17             do    // do...while迴圈
18             {
19                 str = Interaction.InputBox("請輸入數值：", "求平方");
20                 pass = double.TryParse(str, out num); //以TryParse轉換字串為浮點數
21             } while (pass == false);   // 若數值不合理就繼續迴圈
22             MessageBox.Show($"{num}的平方等於{num*num}", "平方");
23             Application.Exit();
24         }
25     }
26 }
```

▶ **馬上練習**

將上面實作的訊息方塊，加上 是(Y) 和 否(N) 兩個按鈕，當按 是(Y) 鈕可以繼續輸入數值，一直到按 否(N) 鈕才結束程式。

是否繼續輸入 ✕

6的平方等於36

是(Y)　　否(N)

5.5　PictureBox 圖片方塊控制項

　　在 Windows Forms 的表單輸出入介面若能適當地加入圖片，會使得輸出入畫面更加生動。我們可透過工具箱的　🖾 PictureBox　圖片方塊工具，來載入指定的圖片檔。圖片方塊控制項允許使用的圖形檔格式主要有：點陣圖(.bmp)、GIF 格式圖檔(包括 Gif 動畫及背景透空的靜態圖)、jpeg 圖形檔、中繼檔(.wmf)、可攜式網路圖檔(.png)或圖示格式(.ico)的圖形。PictureBox 圖片方塊控制項中的圖片可以在表單設計階段先行載入，或是在程式執行時才讀取圖檔案。

5.5.1　圖片方塊控制項的常用屬性

1. Image 屬性

   是圖片方塊控制項最重要的屬性，用來設定其中顯示的圖檔。

2. SizeMode 屬性　(預設值：Normal)

   設定圖片在圖片方塊控制項中顯示方式，有五個屬性值：

   ① Normal：圖片以正常大小顯示在圖片方塊控制項的左上角。

   ② StretchImage：圖片自動調整成和圖片方塊控制項一樣大小。

   ③ AutoSize：圖片方塊控制項自動調整成和圖片一樣大小。

   ④ CenterImage：圖片以正常大小顯示在圖片方塊控制項的正中央。

   ⑤ Zoom：圖片依圖片方塊控制項大小自動調整，但圖片的長寬維持等比例。

   在程式執行階段將圖片置於圖片方塊控制項的正中央，SizeMode 屬性的語法如下：

   > pictureBox1.SizeMode = PictureBoxSizeMode.CenterImage;

3. BorderStyle 屬性　(預設值：None)

   用來設定圖片方塊控制項的外框樣式，屬性值：

   ① None：沒有框線

   ② FixedSingle：單線固定

   ③ Fixed3D：立體固定。

4. Location.X、Location.Y 屬性

用來設定圖片方塊控制項左上角相對於容器(通常為表單)的位置。Location.X 和 Location.Y 兩個屬性，分別設定圖片方塊控制項的水平距離和垂直距離。

5. Left、Top 屬性

Left 屬性相當於 Location.X 屬性；而 Top 屬性相當於 Location.Y 屬性。Left 和 Top 屬性只能在程式執行階段使用。

6. Size.Height、Size.Width 屬性

Size 屬性是設定圖片方塊控制項的大小。Size.Height 和 Size.Width 兩個屬性，分別設定圖片方塊控制項的高度(可縮寫為 Height)和寬度(可縮寫為 Width)。

5.5.2 圖片的載入及清除

欲將圖片置入 PictureBox 圖片方塊控制項，必須使用 Image 屬性來載入指定的圖片。依據程式的需求，可以在表單設計階段或程式執行階段來載入圖片，其方式如下：

一、如何在表單設計階段載入圖片

Step 1 在屬性視窗中選取 Image 屬性，按 ... 鈕出現「選取資源」對話方塊，勾選「專案資源檔」選項按鈕，再按 匯入(M)... 鈕出現「開啟」對話方塊。「資源內容」有「本機資源」和「專案資源檔」兩個選項：

① 若選「本機資源」圖檔不會加入到方案資料夾中，程式執行時圖檔和路徑必須正確，程式才不會錯誤。此種方式複製專案時，要記得圖檔的路徑和檔案也要一起複製。

② 若選「專案資源檔」則圖檔會加入至該方案資料夾下的 Resources 資源資料夾內，所以此種方式複製專案時，不必再另外複製圖檔。

Step 2 從「開啟」對話方塊中選擇圖形檔後，該圖檔就加入 Image 屬性中。

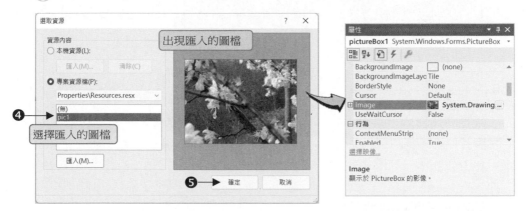

二、如何在表單設計階段清除圖片

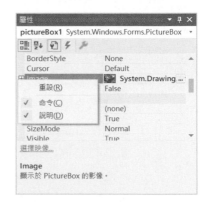

選取 Image 屬性值欄後，按 Del 鍵，或者直接在屬性視窗的 Image 屬性值上按右鍵，選取 [重設(R)] 即可。

三、如何在程式執行階段載入圖片

可以使用 Image 類別提供的的 FromFile 方法或 Bitmap 類別物件，來設定圖片方塊的 Image 屬性。其語法如下：

> **語法**
>
> pictureBox1.Image = Image.FromFile(包含路徑的圖檔名稱)；
> 　或
> pictureBox1.Image = new Bitmap(包含路徑的圖檔名稱)；

例如：將「c:\ch05\images」資料夾下的「pic1.png」圖形檔載入到 PicTest 圖片方塊控制項的 Image 屬性中，寫法如下：

> PicTest.Image = Image.FromFile("c:\\ch05\\images\\pic1.png");

亦可在檔名路徑字串前加上「@」，若字串前面使用@作修飾時，即是通知編譯器要逐字解譯字串常值，換句話說，編譯器會忽略字串內的逸出序列字元「\」，其寫法如下：

> PicTest.Image = Image.FromFile(@"c:\ch05\images\pic1.png");

另外，也可使用 new 建立 Bitmap 物件來載入圖檔：

> PicTest.Image = new Bitmap(@"c:\ch05\images\pic1.png");

四、如何在程式執行階段清除圖片

要將 PictureBox 圖片方塊控制項上面的圖片清除的語法如下：

> **語法**
>
> pictureBox1.Image = null;

5.5.3 圖片位置和尺寸的調整

在程式執行階段調整圖片方塊控制項的位置和尺寸，就可以產生動畫的效果。下面分別介紹調整圖片方塊控制項位置和尺寸的方法：

一、Point 物件

改變 PictureBox 圖片方塊控制項的 Location 屬性值，可以用 Point 物件來指定 X、Y 座標，語法如下：

> **語法**
>
> pictureBox1.Location = new Point(X, Y);

例 將 PicBall 圖片方塊控制項移動到 X 座標 100、Y 座標 150 的位置上。

> PicBall.Location = new Point(100,150);

如果不使用 Point 物件，也可直接改變 Left (即 Location.X)和 Top(即 Location.Y)屬性值，寫法如下：

> PicBall.Left = 100;
> PicBall.Top = 150;

二、Size 物件

在程式執行階段，可以利用 Size 物件來設定 PictureBox 圖片方塊控制項的大小。若希望圖檔大小能隨控制項的大小而改變，則 SizeMode 屬性要設為 StretchImage 或 Zoom(等比例)，圖片才會自動調整成和圖片方塊控制項一樣大小。使用 Size 物件的語法如下：

> **語法**
>
> pictureBox1.Size = new Size(Width, Height) ;

例 將 PicBall 圖片方塊控制項的寬度和高度各縮小一半。

> PicBall.Size = new Size(PicBall.Width / 2, PicBall.Height / 2);

如果不要使用 Size 物件，也可直接改變 Width 和 Height 屬性值，寫法：

> PicBall.Width = PicBall.Width / 2 ;
> PicBall.Height = PicBall.Height / 2 ;

實作 FileName：Picture.sln

試設計一個圖片瀏覽程式，可以在表單上面分別點按四張縮圖來切換圖片，檔名分別為 pic1~ pic4.png。被選取的壓縮圖片，會如捲簾般由上到下以每 0.1 秒 10 個像素向下捲開，最後圖片大小為 320 x 240。

▶ 輸出要求

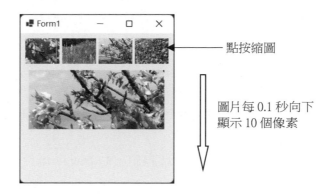

點按縮圖

圖片每 0.1 秒向下
顯示 10 個像素

▶ 解題技巧

Step 1 建立輸出入介面

1. 新增專案並以「Picture」為新專案名稱。

2. 建立下面控制項以及設定相關屬性：

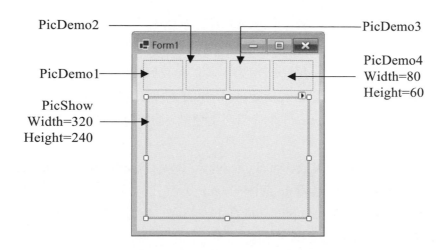

PicDemo2

PicDemo3

PicDemo1

PicDemo4
Width=80
Height=60

PicShow
Width=320
Height=240

Step 2 分析問題

1. 書附範例「ch05\images」資料夾下有 pic1~pic4.png 的圖檔，為方便程式中能載入對應的圖檔，先將這些圖檔複製到目前專案資料夾下的「bin\Debug\net6.0-windows」資料夾下，讓所有的圖檔與專案的執行檔都放在相同路徑下。

2. 在 Form1_Load 事件處理函式中，做一些屬性的初值設定：
   ① 分別設定 PicDemo1~PicDemo4 圖片方塊控制項的 SizeMode 屬性值為 StretchImage，使得圖片會自動調整成和圖片方塊控制項一樣大小，已達成縮圖的效果。
   ② 分別設 PicDemo1~PicDemo4 圖片方塊控制項的 Image 屬性為 pic1.png~pic4.png。
   ③ 設 PicShow 圖片方塊控制項的 Image 屬性值為 PicDemo1 的 Image 屬性值，就是使 PicShow 顯示 PicDemo1 圖片方塊控制項一樣的圖檔。

3. 當按下 PicDemo1~PicDemo4 圖片方塊控制項時，就在對應的 Click 事件中，設定 PicShow 圖片方塊顯示對應的點按圖片方塊圖形。接著呈現圖片由上向下展開的效果，因為 PicDemo1~ PicDemo4 四個圖片方塊控制項的 Click 事件都要執行，所以將該效果的程式碼獨立成一個 Stretch 方法，以方便管理和重複使用。至於方法的詳細介紹，請參閱本書的第 8 章。

4. 在 Stretch 方法中完成下列動作：
   ① 使用 for 迴圈讓 h 變數由 0 到 240，其間距為 10。在迴圈內設定 PicShow 的 Size 屬性值，來重設控制項的大小。因為 PicShow 的 SizeMode 屬性值為預設的 Normal(即不縮放)，所以會有展開的效果。
   ② 為使得動畫的速度變慢，使用 do...while 迴圈來延遲 0.1 秒。
   ③ 宣告 now 為 DateTime 日期時間型別變數，並指定為 DateTime.Now 來記錄目前時間。
   ④ 將 while 的條件式設為(DateTime.Now - now).TotalSeconds < 0.1，使得間隔超過 0.1 秒就離開 do 迴圈。
   ⑤ 在 do 迴圈中加入「Application.DoEvents();」敘述，讓系統可以處理其他事件，以避免迴圈獨占資源。

Step ③ 編寫程式碼

FileName: Picture.sln

```
01 namespace Picture
02 {
03     public partial class Form1 : Form
04     {
05         public Form1()
06         {
07             InitializeComponent();
08         }
09         private void Form1_Load(object sender, EventArgs e)
10         {
11             PicDemo1.SizeMode=PictureBoxSizeMode.StretchImage; //隨控制項調整大小
12             PicDemo2.SizeMode = PictureBoxSizeMode.StretchImage;
13             PicDemo3.SizeMode = PictureBoxSizeMode.StretchImage;
14             PicDemo4.SizeMode = PictureBoxSizeMode.StretchImage;
15             PicDemo1.Image = new Bitmap("pic1.png");     // 載入圖檔
16             PicDemo2.Image = new Bitmap("pic2.png");
17             PicDemo3.Image = new Bitmap("pic3.png");
18             PicDemo4.Image = new Bitmap("pic4.png");
19             PicShow.Image = picDemo1.Image;         // 預設顯示picDemo1的圖形
20         }
21         // PicShow控制項展開的方法
22         private void Stretch()
23         {
24             for (int h = 0; h <= 240; h += 10)        // 控制項高度由0到240，間距為10
25             {
26                 PicShow.Size = new Size(320, h);     // 重設大小
27                 DateTime now = DateTime.Now;          // now記錄目前時間
28                 do      //時間間隔 < 0.1秒
29                 {
30                     Application.DoEvents();          // 處理其他事件
31                 } while ((DateTime.Now - now).TotalSeconds < 0.1);
32             }
33         }
34         // 按 PicDemo1控制項時
```

35	**private void PicDemo1_Click(object sender, EventArgs e)**
36	{
37	PicShow.Image = PicDemo1.Image; // 設定顯示 PicDemo1的圖形
38	Stretch(); // 執行Stretch方法
39	}
40	// 按 PicDemo2控制項時
41	**private void PicDemo2_Click(object sender, EventArgs e)**
42	{
43	PicShow.Image = PicDemo2.Image; // 設定顯示PicDemo2的圖形
44	Stretch();
45	}
46	// 按 PicDemo3控制項時
47	**private void PicDemo3_Click(object sender, EventArgs e)**
48	{
49	PicShow.Image = PicDemo3.Image; // 設定顯示PicDemo3的圖形
50	Stretch();
51	}
52	// 按 PicDemo4控制項時
53	**private void PicDemo4_Click(object sender, EventArgs e)**
54	{
55	PicShow.Image = PicDemo4.Image; // 設定顯示PicDemo4的圖形
56	Stretch();
57	}
58	}
59	}

▶ **馬上練習**

將上例圖片瀏覽器實作改為圖片由右向
左展開。(提示：採改變圖片控制項的位
置和大小方式。)

5.6 ImageList 影像列示控制項

　　　ImageList 影像列示控制項本身無法直接在表單上顯示圖形，但是可以同時載入多張圖片，以方便表單上的控制項能共用影像列示控制項內的圖片。此種控制項是屬於幕後執行的控制項，也就是程式執行時在表單上看不到此控制項，在表單設計階段不顯示在表單上面而是在表單正下方。

　　「按鈕」、「核取方塊」、「標籤」...等控制項物件，都具有 ImageList 屬性，只要將該屬性值設定為影像列示控制項名稱，就可以引用其中的圖片。然後指定控制項的 ImageIndex 屬性值，就可以指定欲顯示的圖檔。例如：BtnOK 按鈕控制項上面要顯示「影像列示」控制項 ImgSource 的第 2 張圖片，在程式執行階段寫法如下：

```
BtnOK.ImageList = ImgSource; // 指定圖檔來源為 ImgSource
BtnOK.ImageIndex = 1;        // 指定圖檔的註標值
```

　　雖然圖片方塊控制項物件沒有 ImageList 屬性，但是可以將其 Image 屬性值指定等於「影像列示」控制項物件的 Images 屬性[註標]，也可以使用影像列示控制項內的圖片。將不同的圖片預先置入影像列示控制項內，使用時只要傳入圖片的註標值(註標值由 0 開始)就指定好圖片，程式碼可以更加簡化。設定 pictureBox1 圖片方塊控制項的 Image 屬性，由 imageList1 影像列示控制項中取得指定註標值的圖片，語法如下：

> **語法**
>
> pictureBox1.Image = imageList1.Images[註標];

5.6.1 影像列示控制項的建立

Step ① 將滑鼠游標移至工具箱中　　　ImageList 影像列示工具上，快按兩下滑鼠就會在表單下方出現一個影像列示控制項物件。

Step ② 在 Images 屬性名稱上按一下，然後按屬性值右方的 ⋯ 鈕，會開啟「影像集合編輯器」對話方塊。

Step ③ 在「影像集合編輯器」對話方塊中按 〔新增(A)〕 鈕，會出現「開啟」對話方塊。然後選取圖形檔所在的資料夾，滑鼠在圖檔名稱上快按兩下，此時所要圖片即載入影像列示控制項內。反覆上面步驟就可以加入多張圖片。操作步驟如下：

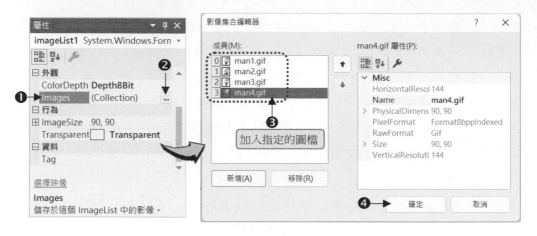

5.6.2 影像列示控制項的常用屬性

1. Images 屬性
   用來存放影像列示控制項圖片的集合。

2. ColorDepth 屬性
   影像色彩的位元數，屬性值有 Depth4Bit、Depth8Bit(預設值)、Depth16Bit、Depth32Bit。

3. ImageSize 屬性
   影像集合中影像的大小，最大值為(256, 256)。影像列示控制項物件適用的圖形格式和圖片方塊控制項物件相同。因為圖片載入到影像列示控制項物件後，大小會調整成一樣的大小(同 ImageSize 屬性值)，所以圖片最好大小一致，最少比例要相似，以免秀圖時會變形。

5.7　**Timer 計時器控制項**

⏱ Timer 為計時器控制項，是 Visual C# 所提供的一個計時器，可以在每次指定的時間間隔(週期)時，執行特定的動作一次，所以計時器可用來做計時、動畫製作等。

程式執行時若要開始計時，就將計時器控制項的 Enabled 屬性設為 true，表示啟動計時器開始計時。計時器會按照 Interval 屬性所設定的時間間隔觸動(執行)Tick 事件，我們只要將欲執行的程式碼寫在該事件處理函式中即可，Tick 事件是 Timer 控制項的預設事件。Tick 事件就像是一個隱形的迴圈，當間隔時間一到就執行事件程式碼一次，若要離開迴圈只要將該計時器控制項的 Enabled 屬性設為 false 即可。所以在事件導向的程式設計，迴圈可用 Timer 控制項來取代，可解決迴圈在不同 CPU 速度所引起時間上的差異。

在表單設計階段，由工具箱中將 ⏱ Timer 控制項拉到表單上面時，會在表單的下方建立一個 timer1 控制項。所以 Timer 控制項和 ImageList 控制項一樣，都是屬於幕後執行的控制項，執行時在表單上面是沒有實體的物件。

5.7.1　**計時器的常用成員**

1.　Enabled 屬性(預設值為 false)

　　用來設定是否開始啟動 Timer 控制項計時器。若屬性值設為 true，表示啟動計時器開始計時，它會以 Interval 屬性值當時間的週期，每個週期一到便觸動(執行)Tick 事件一次。若屬性值設為 false 計時器停止計時。

2.　Interval 屬性(預設值為 100 即 0.1 秒)

　　可設定計時器的時間間隔，以毫秒(千分之一秒)為單位。若設定屬性值為 1000，即週期為 1000 毫秒(1 秒) 。Interval 屬性值的最大值為 64,767，即 64.7 秒。

3.　Start、Stop 方法

　　除了使用 Enabled 屬性值來啟動或停止 Timer 控制項外，也可以使用 Start() 方法來啟動計時器，或用 Stop()方法來停止計時器。

4. Tick 事件（預設事件）

當 Timer 控制項的 Enabled 屬性值為 true 時，Timer 控制項的計時器啟動，此時每隔一週期(即 Interval 屬性所設定的週期)就會自動觸動(執行)Tick 事件一次。

實作 FileName：Runner.sln

試利用四張 man1~man4.gif 連續動作圖檔，製作一個跑步動畫。

① 用 ImageList 控制項存放四張連續跑步動畫圖檔。

② 用 Timer 控制項每隔 0.2 秒切換圖片一次。

③ 用 Timer 控制項每隔 0.1 秒將圖片左移 10 點，若圖片移出表單，就讓圖片由右邊重新進入。

▶ **輸出要求**

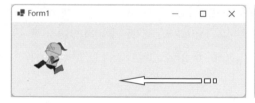 

▶ **解題技巧**

Step ① 建立輸出入介面

1. 新增專案並以「Runner」為新專案名稱。

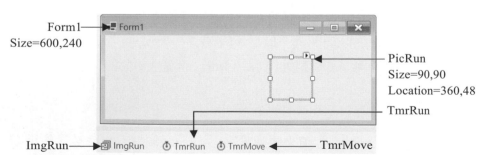

Form1
Size=600,240

PicRun
Size=90,90
Location=360,48

TmrRun

ImgRun — ImgRun · TmrRun · TmrMove — TmrMove

2. 依題目需求建立下列控制項及設定相關屬性：

　① PicRun 圖片方塊控制項，用來輪流顯示四張跑步動畫圖檔。

　② ImgRun 影像列示控制項中存放四張 man1~man4.gif 跑步動畫圖檔。

　③ TmrRun 計時器控制項，用來輪流切換 PicRun 控制項顯示的圖片。

　④ TmrMove 計時器控制項，用來移動 PicRun 控制項的位置。

Step 2 分析問題

1. 範例「ch05\images」資料夾下，有四張 man1.gif ~ man4.gif 的跑步動畫圖：

| man1.gif | man2.gif | man3.gif | man4.gif |

當每隔 0.2 秒依序在圖片方塊控制項上顯示四張跑步圖，便會產生原地跑步動畫的效果。

2. 透過屬性視窗，將 PicRun 圖片方塊控制項的 Size 屬性，以及 ImgRun 影像列示控制項的 ImageSize 屬性值都設為 45 × 45。如下圖：

3. 將範例 ch05\images\ 資料夾中的 man1.gif~man4.gif 加入 ImgRun 影像列示控制項的 Images 屬性中。(要先設定 ImgRun 大小再依序匯入動畫圖)

4. 宣告 num 整數成員變數,用來表示目前欲顯示 ImgRun 中的第幾張圖,即 Images 集合的註標值。由於 num 在程式中有多處參用,因此必須宣告在所有事件處理函式外面,以便事件處理函式彼此參用。

5. 表單載入時在 Form1_Load 事件處理函式做初值設定和屬性修改:
   ① 預設 num 為 0。
   ② 將圖片方塊控制項的 SizeMode 屬性設為 StretchImage,使圖片隨控制項大小調整成相同。
   ③ 依需求 0.2 秒切換圖片一次,因此需將 TmrRun 的 Interval 屬性設為 200。另外,將 Enabled 屬性值設為 true,來啟動計時器。
   ④ 依需求 0.1 秒移動圖片一次,因此需將 TmrMove 的 Interval 屬性設為 100。另外,將 Enabled 屬性值設為 true,來啟動計時器。

6. 在 TmrRun_Tick 事件處理函式中,輪流播放四張圖檔:
   ① 由於計時器 Enabled 屬性值為 true,所以每隔 0.2 秒會執行 TmrRun_Tick 事件處理函式一次。
   ② 由於 man1.gif ~ man4.gif 這四張圖檔,已事先載入到 ImgRun 控制項的 Images 屬性中,即目前圖檔已存放在記憶體中,讀取速度會比由硬碟中讀圖檔快。所以只要改變註標值,可以切換圖片就會出現跑步動畫效果。例如:顯示第一張圖:

   ```
   PicRun.Image = ImgRun.Images[0];   // 顯示第 1 張圖
   ```

   ③ 因為有四張圖所以 Images 集合的註標值範圍為 0~3,使用 if...else 選擇敘述,當 num 等於 3 時,就指定 num 等於 0 讓圖片重頭顯示;若 num 小於 3 時,就指定 num 加 1 切換到下一張圖片。

```
    if (num == 3)      //若圖片註標值 = 3
       num = 0;        //設圖片註標值 = 0
    else               //其餘即圖片註標值 < 3
       num++;          //圖片註標值加 1
```

7. 在 TmrMove_Tick 事件處理函式中，向左移動 PicRun 位置：

① 將 PicRun 的 Left 屬性值減 10，就可以達到左移 10 點的效果。

② 使用 if…else 選擇敘述，當 PicRun 的 Left 屬性值<= -45 時，就設 PicRun.Left 等於表單工作區的寬度(this.ClientSize.Width)，讓圖片由表單的右邊界重新進入。this.ClientSize.Width 是指表單內工作區的寬度，this.Width 則是指整個表單的寬度，兩者是不相同。

Step ③ 編寫程式碼

FileName: Runner.sln
01 namespace Runner
02 {
03   public partial class Form1 : Form
04   {
05   public Form1()
06   {
07   InitializeComponent();
08   }
09   int num;   // 記錄圖片的註標值
10   **private void Form1_Load(object sender, EventArgs e)**
11   {
12   num = 0;   // 預設圖片的註標值為0
13   PicRun.SizeMode=PictureBoxSizeMode.StretchImage; //圖片和控制項同大小
14   TmrRun.Interval = 200;   // TmrRun間隔為0.2秒
15   TmrRun.Enabled = true;   // 啟動TmrRun計時器
16   TmrMove.Interval = 100;   // TmrMove週期間隔為0.1秒
17   TmrMove.Enabled = true;   // 啟動TmrMove計時器
18   }
19   // 在TmrRun_Tick事件中輪流播放四張圖片
20   **private void TmrRun_Tick(object sender, EventArgs e)**

21	{
22	PicRun.Image = ImgRun.Images[num];
23	if (num == 3)　　// 若圖片註標值 = 3
24	num = 0;　　// 設圖片註標值 = 0
25	else　　　// 其餘即圖片註標值 < 3
26	num++;　　// 圖片註標值加 1
27	}
28	// 在TmrMove_Tick事件中將PicRun左移10點
29	**private void TmrMove_Tick(object sender, EventArgs e)**
30	{
31	PicRun.Left -= 10;　// PicRun左移10點
32	// 若PicRun的Left <= -45，就設PicRun.Left等於表單工作區的寬度
33	if (PicRun.Left <= -45)　　PicRun.Left = this.ClientSize.Width;
34	}
35	}
36	}

▶ 馬上練習

將上面實作再增加一個影像列示控制項，並載入 start.bmp 和 stop.bmp
圖檔。將兩個按鈕控制項使用該圖檔，成為 ▶ 開始鈕和 ■ 原地跑
鈕。程式執行時只在原地跑步，按 ▶ 鈕就開始移動；按 ■ 鈕恢復
原地跑。

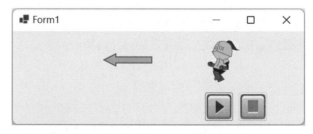

CHAPTER 6

陣列的運用

- ✧ 學習陣列的宣告與存取方法
- ✧ 學習多維陣列的用法
- ✧ 學習陣列的排序與搜尋方法
- ✧ 學習陣列常用的方法
- ✧ 學習陣列常用的屬性
- ✧ 學習 ListBox 清單控制項的使用
- ✧ 學習 ComboBox 下拉式清單控制項的使用
- ✧ 學習 CheckedListBox 核取清單控制項的使用

6.1 陣列簡介

在前面章節中處理資料時，都是用變數來儲存資料。例如：要存放 5 位同學的計概成績時，必須如下面敘述為每位同學宣告不同的變數名稱，這不只增加變數命名的困擾，而且當計算成績總和時會使得程式變得冗長而不易維護。

```
int score1, score2, score3, score4, score5, avg;
score1 = 78 ;    score2 = 85 ;    score3 = 90 ;
score4 = 98 ;    score5 = 66 ;
avg = (score1 + score2 + score3 + score4 + score5) / 5 ;
```

所幸，Visual C# 提供「陣列」這個資料型別，可將同性質的資料集存放在連續的記憶體位址上。以上面例子為例，可以宣告一個名稱為 score 的整數「陣列」來存放成績，用 score[0] ~ score[4] 分別代表上面 score1 ~ score5 五個整數變數名稱，所以一個陣列元素相當於一個變數名稱。我們將 score[0] ~ score[4] 稱為「陣列元素」，中括號內的數字稱為「註標」或「索引」，只要改變註標值便可存取陣列中的任何一個元素。上面陣列有如一列火車，每節車廂只可存放一個資料，資料量多就得加掛車廂。若要存取資料只要到指定的車廂號碼 score[0] ~ score[4]，就可以儲存或讀取該車廂內的資料。

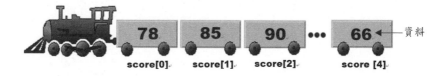

6.2 陣列的建立與存取

「陣列」(Array)是屬於資料結構的一種，它是由多個相同資料型別的變數組成的集合。陣列的使用時機是程式中需要處理多個同性質資料的時候使用，以陣列中的陣列元素來取代多個同性質的變數。至於陣列元素的註標值代表該元素在陣列中是排在第幾個資料。註標是由 0 開始算起，譬如：score[0] 為 score 陣列的第一個陣列元素，score[2] 為第三個陣列元素，其他以此類推…。

在程式中可以將每個陣列元素視為一個變數來處理。由於陣列元素存放在連續記憶體的堆積(Heap)區中，存取陣列元素時，只要改變陣列的註標，透過註標便可計算出該陣列元素存放的記憶體位址。陣列必須先經過宣告和建立才能存取陣列元素，因為陣列在建立的同時，編譯器會在記憶體中按照所建立陣列的資料型別，保留連續空間給此陣列使用。所以，陣列經過編譯後便可知道該陣列在記憶體中的起始位置、大小、含有多少個陣列元素，以及該陣列是屬於哪種資料型別的陣列。

6.2.1 陣列的宣告與建立

在 Visual C# 中，陣列實際上是一個物件，而不是只像在 C 和 C++ 程式語言中是可定址的連續記憶體區域而已。一個經過宣告和建立好的陣列，在編譯時會由所宣告的資料型別以及陣列大小決定該配置多少連續記憶空間給該陣列使用，並將所配置記憶體的起始位址指定給陣列名稱。其語法如下：

語法

宣告陣列：
　　　資料型別[] 陣列名稱 ；

建立陣列：
　　　陣列名稱 ＝ new 資料型別[陣列大小] ；

▶ **説明**

1. Visual C# 的陣列是用型別來宣告，在資料型別後面必須接中括號 [ ] ，而不是陣列名稱。宣告陣列時若將中括號放在陣列名稱之後是不合法的語法。

2. 由於陣列的大小並不是其型別的一部分，所以可以先宣告一個陣列並指定任何的資料型別，而不管陣列的長度。

3. 由於陣列是屬型別參照(Reference)的一種，必須使用 new 來建立一個陣列物件，所以陣列無法像變數一樣宣告後即可使用。陣列必須先經宣告後，再使用 new 關鍵字來建立出陣列的實體，這樣才能在程式中存取該陣列。

4. 在宣告陣列的同時可建立陣列，即將上面語法的兩行敘述合併成一行：

語法
資料型別[] 陣列名稱 ＝new 資料型別 [陣列大小];

例 宣告和建立 score 為一個整數陣列含有五個陣列元素的寫法如下：

```
int [] score;
score = new int [5];
int [] score = new int [5];    //合併成一行
```

　　下面是各資料型別陣列的宣告和建立方式，其中 score 為陣列名稱，陣列元素
有 score[0]、score[1]、score[2]、score[3]、score[4] 共 5 個陣列元素：

```
int[] score = new int[5];            //宣告並建立 score 整數陣列，含有五個陣列元素
long[] score = new long[5];          //宣告並建立 score 長整數陣列，含有五個陣列元素
double[] score = new double[5];      //宣告並建立 score 倍精確度陣列，含有五個陣列元素
string[] score = new string[5];      //宣告並建立 score 字串陣列，含有五個陣列元素
object[] score = new object[5];      //宣告並建立 score 物件陣列，含有五個陣列元素
```

6.2.2 陣列的初值設定

　　宣告過的變數若未給予初值就使用，在編譯的時候會發生錯誤，所以變數
必須先給予初值。但陣列經過宣告和使用 new 建立實體後已經成為一個物件，
因此系統會給予預設值，若是數值資料預設為零；字串資料預設為空字串。所
以，陣列元素不給初值亦可參用。若要設定初值可使用「＝」指定運算子，來
指定每個陣列元素的初值。

　　指定陣列元素初值的資料型別必須和陣列宣告的型別相同，或是可以隱含
轉換(Implicit Converson)的型別。例如 double 型別的陣列應放置 double 型別的
資料，但指定 int 型別的資料時，系統會自動轉成 double 資料型別。但是 int
型別的陣列如果指定 double 型別的資料時，因為 4 Bytes 陣列無法存放 8 Bytes
資料所以會產生錯誤。

　　譬如：下列敘述先宣告並建立 score 整數陣列，共有 score[0]~score[4] 五個陣列元素，接著再逐一指定 score[0]~score[4] 五個陣列元素的初值：

```
int[] score = new int[5];
score[0] = 70; score[1] = 80; score[2] = 60; score[3] = 90; score[4] = 85;
```

　　陣列在建立時也可以如下面語法同時賦予初值，即將上面兩個敘述合併成一個敘述，其作法是在資料型別的後面，使用大括號將陣列的初值串列框住，初值間以逗號隔開即可。要注意不可以指定陣列大小，而是由陣列初值串列的長度來決定。其語法如下：

語法

> 資料型別[] 陣列名稱 ＝ new 資料型別[] { 陣列初值串列 };
>
> 　　或
>
> 資料型別[] 陣列名稱 ＝ { 陣列初值串列 };

例　宣告並建立 score 是一個含有五個陣列元素的整數陣列，在宣告並建立同時設定初值分別為：score[0] = 70; score[1] = 80; score[2] = 60; score[3] = 90; score[4] = 85; 其寫法如下：

```
int[] score = new int [] {70, 80, 60, 90, 85 } ;
或                      └──────── 不指定陣列大小
int[] score = {70, 80, 60, 90, 85 } ;
```

6.2.3 使用迴圈存取陣列的內容

　　由於陣列內的註標值可以是整數常值、整數變數或是整數運算式，所以可以透過迴圈逐一改變陣列元素的註標來存取陣列的元素，使得程式變得更精簡和易維護，這是使用陣列來取代同性質變數的好處。譬如：下面程式片段即是使用 for 迴圈，逐一讀取 score 整數陣列中 score[0] ～ score[4] 五個陣列元素的成績，相加後將成績總和存入 sum 變數內。陣列讀取完畢後，再將 sum 變數除以陣列的總個數得到平均，將平均存入 avg。

```
int[] score = new int[] { 70,80,60,90,85 } ;    // score[0]~score[4]
int sum, avg ;
sum = 0 ;
for (int i = 0 ;   i < score.Length ;   i++ )    // Length 屬性取得陣列的長度
{
       sum += score[i] ;
}
avg = sum / score.Length;
```

陣列的個數可以透過 Length 屬性來取得，本例可以直接使用數字 5 當 for 迴圈的終值，但為避免當程式的陣列大小有改變時，又得去修改 for 條件式的困擾，可透過「陣列名稱.Length」來取得陣列元素的總數目。要注意陣列的註標是由 0 開始，所以陣列的元素個數會比宣告的陣列的上界值多一。

由上面程式碼可知，只要將 for 迴圈的計數變數 i 當陣列的註標值，由 0 到 4 變動即可存取陣列的元素。即使要處理 100 位學生的成績，程式碼只要改變 for 迴圈的終值為 99。如此，使用陣列可縮短程式碼的長度和較易維護。

6.2.4 foreach 敘述

當 for 敘述的條件運算式成立時，會將 for 敘述內的程式執行一次，一直到不滿足條件為止。若 for 敘述的條件運算式(即終值)無法確定時，可改用 foreach 敘述。如下語法，當 group(指物件的集合或陣列)內至少有一個陣列元素時，就會進入 foreach 迴圈。一旦進入迴圈便會針對 group 內的第一個陣列元素來執行迴圈內的敘述區段一次；若 group 內有更多陣列元素，則迴圈內的敘述區段就會針對每個陣列元素逐一執行。當各陣列元素都執行一次後，便結束迴圈，繼續執行接在 foreach 敘述後面的敘述。

語法

```
foreach (資料型別   element   in   group)
{
      敘述區塊
      [break;]
      敘述區塊
}
```

▶ **說明**

1. **element**：是一個變數名稱，可將集合或陣列中的每個元素值依序指定給 element 變數。element 的資料型別必須和 group 中陣列元素的資料型別一致，或是可以隱含轉換的型別。

2. **group**：是一個物件變數，必須是物件集合或陣列名稱。

3. **break**：若要提前離開迴圈，可在欲離開處使用 break 敘述即可。

譬如：使用 foreach 將 game 陣列中所有的點數相加置入 sum 變數中，寫法如下：

```
int[] game = new int[] {10, 20, 30, 40, 50};
int sum = 0;
foreach (int point in game)
{
        sum += point;
}
```

實作 FileName：Star.sln

設計一個可以連續輸入五位評審老師的給分(0~100 分)，每輸入一筆分數按 確定 鈕，就檢查成績是否合理，若不合理，則不予以處理；反之若合理，則儲存在陣列中並顯示成績。當五位老師給分輸入完畢後，會在最後一列顯示平均分數，並將 確定 鈕改為不可使用。

▶ **輸出要求**

顯示已經輸入的給分

不能使用

輸入完畢

▶ **解題技巧**

Step **1** 建立輸出入介面

1. 新增專案並以「Star」為新專案名稱。

2. 在表單上建立兩個標籤控制項一個用來當作輸入提示訊息，另一個用來顯示五位評審的給分以及平均分數；一個文字方塊用來輸入分數；一個按鈕控制項用來確認輸入分數，相關屬性修改如下。

Step 2 問題分析

1. 使用一個整數變數 n，來記錄目前是第幾位老師的給分。五位評審老師的姓名，放入 tea 字串陣列中，只要指定註標值就可以取出對應的姓名。五筆分數使用 score 整數陣列來存放。因為變數 n、tea 和 score 陣列在多個事件處理函式皆會參用，所以必須宣告於所有事件處理函式之外。

2. 在 Form1_Load 事件處理函式內做下列控制項初值設定：
   ① 在 LblScore 標籤上顯示 tea[n] + "老師給分："，因為 n 預設為 0 所以會顯示"丁丁老師給分："訊息。
   ② 清空 LblMsg 的文字內容。

3. 按 確定 鈕觸發 BtnOK_Click 事件處理函式，該函式內做下列事情：
   ① 該敘述要檢查輸入的成績，若無錯誤，取得輸入的分數，並將分數存入對應的 score[n] 陣列元素中。將 LblMsg 標籤清成空白，使用 for 迴圈將目前存入 score 陣列中的分數，逐筆顯示到 LblMsg 標籤控制項上面。當分數顯示完畢，需將 n 值加 1。用 if 檢查 n 是否為 5，若等於 5 表示分數輸入完畢，此時使用 for 迴圈將陣列中的所有陣列元素 score[0]~score[4] 相加，得到的總分數存入 sum 整數變數中。然後在 LblMsg 標籤控制項上面顯示平均分數，同時設定 確定 按鈕為無效。反之若 n 小於 5，更改 LblScore 標籤上顯示「某某老師給分：」，再將 TxtScore 清成空白，並用 Focus()方法將插入點游標移到 TxtScore，然後離開事件處理函式。

② 輸入的分數，如果不在合理範圍就以 MessageBox 顯示錯誤訊息，離
開事件處理函式。

Step 3 編寫程式碼

Filename : Star.sln
01 namespace Star
02 {
03   public partial class Form1 : Form
04   {
05   public Form1()
06   {
07   InitializeComponent();
08   }
09   int n = 0;   // 目前第n位老師的給分
10   string[] tea=new string[]{"丁丁","拉拉","迪西","小波","努努" };
11   int[] score = new int[5]; // 宣告score[0]~[4]存放五位老師的給分
12
13   private void Form1_Load(object sender, EventArgs e)
14   {
15   LblScore.Text = tea[n] + "老師給分：";
16   LblMsg.Text = "";   // 清空LblMsg
17   }
18
19   private void BtnOK_Click(object sender, EventArgs e)
20   { // 按下 <確定> 鈕時
21   int temp;
22   if (int.TryParse(TxtScore.Text, out temp))
23   {
24   if (temp >= 0 && temp <= 100) // 分數在合理範圍
25   {
26   score[n] = temp; //將分數存入對應的陣列元素中
27   LblMsg.Text = "";
28   for (int i = 0; i <= n; i++)
29   LblMsg.Text += $"{tea[i]}老師給分：{score[i]}\n";
30   n++;
31   if (n == 5) // 判斷是否已輸入5筆成績
32   {

33	double sum = 0; // 記錄總分
34	for (int i = 0; i < score.Length; i++) //計算分數的總和
35	{
36	sum += score[i];
37	}
38	LblMsg.Text += "================\n";
39	LblMsg.Text += $"平均分數：{(sum / 5)}\n";
40	BtnOK.Enabled = false; // 確定鈕不能使用
41	}
42	else
43	{
44	LblScore.Text = $"{tea[n]}老師給分：";
45	TxtScore.Text = ""; // 給分清空
46	TxtScore.Focus(); // 焦點移入
47	}
48	}
49	else // 分數超出範圍
50	{
51	MessageBox.Show("數值不合理！");
52	TxtScore.Text = "";
53	TxtScore.Focus();
54	}
55	}
56	else // 輸入值無法轉換成整數
57	{
58	MessageBox.Show("請輸入整數！");
59	TxtScore.Focus();
60	}
61	}
62	}
63	}

▶ **馬上練習**

將上面實作用 for 迴圈計算平均成績的程式碼，改為
用 foreach 迴圈來編寫。並且增加一個 〔重新〕 鈕，
按下此鈕可以重新輸入分數。

6.3　多維陣列

　　若陣列的註標(或稱索引)只有一個，我們稱為「一維陣列」(One-Dimensional Array)，其維度為 1。欲存取陣列內的陣列元素，只要指定註標值便可以將資料輸入到陣列元素裡面，或將指定陣列元素裡面的資料讀取出來。若處理的資料需使用到兩個註標的陣列來表示時，我們將此種陣列稱為「二維陣列」(Two-Dimensional Array)，其維度為 2。譬如：電影院的座位表、教室座位、兩班計概成績等。只要可用第幾列、第幾行來表示出任何一個位置，此時就可以使用二維陣列來描述。如果宣告的陣列有三個註標時，就成為三維陣列，其維度為 3。可以想像成由好幾個教室疊起來的立體大樓，指定第幾層的第幾列的第幾行，也是可以表示出任何一個立體(3D)位置。若陣列的維度是三維，或是三維以上我們就稱為「多維陣列」(Multi-Dimensional Array)。

6.3.1　陣列的維度

　　上面所介紹的陣列，由於陣列註標只有一個，其維度為 1，我們稱為「一維陣列」。若宣告和建立的陣列註標有兩個，註標間以逗號隔開，則稱為「二維陣列」。二維陣列的宣告與建立語法如下：

> **語法**
>
> 　　資料型別[,] 陣列名稱 ＝new 資料型別 [第一維陣列大小, 第二維陣列大小]；

例　欲建立一個 3x4 的整數陣列(即 3 個水平列和 4 個垂直行)，陣列名稱為 myAry
　　其寫法如下：

```
int myAry[,] = new int[3, 4] ;
```

　　由上可知，第一維陣列大小為 3，代表水平列(Row)有三列即 0~2 列。第二維陣列大小為 4，代表垂直行(Column)有四行即 0~3 行。此陣列共含有 12(3x4) 個陣列元素，每個陣列元素的相關位置如下圖所示：

	第 0 行	第 1 行	第 2 行	第 3 行
第 0 列	myAry[0,0]	myAry[0,1]	myAry[0,2]	myAry[0,3]
第 1 列	myAry[1,0]	myAry[1,1]	myAry[1,2]	myAry[1,3]
第 2 列	myAry[2,0]	myAry[2,1]	myAry[2,2]	myAry[2,3]

由於主記體內的記憶體位址是以一維方式排列，程式執行時會將多維陣列內的資料存入主記憶體，會如上圖所示，將陣列由第 0 列、第 1 列、第 2 列，由上而下逐列置入一維的主記憶體中。因此，多維陣列內的資料設定初值時，必須逐列方式由上而下將初值存入陣列中，稱為「以列為主」(Row-Majored) 方式存取。

例 宣告並建立一個 a[3,4] 即 3 x 4 的二維整數陣列，其初值為：

a[0,0]=10;　a[0,1]=20;　a[0,2]=30;　a[0,3]=40 ;
a[1,0]= 5;　a[1,1]=15;　a[1,2]=25;　a[1,3]=35 ;
a[2,0]=12;　a[2,1]=24;　a[2,2]=36;　a[2,3]=48 ;

陣列初值設定寫法如下：

int [,] a = new int[,] {{10,20,30,40},{5,15,25,35},{12,24,36,48}};

　　　　　　　註標必須省略　　第 0 列　　　　第 1 列　　　　第 2 列

或寫為：

int [,] a = {{10,20,30,40},{5,15,25,35},{12,24,36,48}};

6.3.2 陣列的上界

陣列註標的下界固定是由 0 開始，在程式執行階段如果想取得陣列的大小，此時可以使用陣列的 GetUpperBound() 方法來取得陣列指定維度的註標值上界，其語法如下：

語法
int 變數名稱 = 陣列名稱.GetUpperBound(維度);

維度設為 0 表示取得陣列第一維的上界；維度設為 1 表示取得陣列第二維的上界...其他以此類推。

例 求下列 score 陣列的各維度的上界：

```
int[,,] score = new int[3, 24, 16] ;
int max1 = score.GetUpperBound(0);   // 傳回 score 第 1 維度註標值上界為 2
int max2 = score.GetUpperBound(1);   // 傳回 score 第 2 維度註標值上界為 23
int max3 = score.GetUpperBound(2);   // 傳回 score 第 3 維度註標值上界為 15
```

實作 FileName：Score.sln

建立一個 stu 陣列存放學生學號，sub 陣列存放科目名稱，另外建立 score 二維陣列存放各學生的計概、程設和專題各科成績，再建立 sum 陣列用來存放每個學生的總分。最後表列出每位學生的各科成績和總分，用 MessageBox 敘述按照下圖顯示。

▶ **輸出要求**

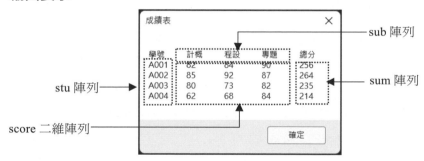

▶ **解題技巧**

Step 1 建立輸出入介面

1. 新增專案並設定「Score」為新專案名稱。

2. 本實作不建立任何控制項，使用 MessageBox 來輸出結果。

Step 2 問題分析

1. 各陣列元素與本例輸出結果對照表：

stu[0]	score[0,0]	score[0,1]	score[0,2]	sum[0]
⋮		⋮		⋮
stu[3]	score[3,0]	score[3,1]	score[3,2]	sum[3]
學生學號		各科成績		合計

2. 本例需要處理四個不同性質的資料，須使用四個陣列來存放相關資料：

　① 學生學號和科目名稱為字串，需使用 stu、sub 的一維字串陣列來存放。

　② 四位學生的三科成績使用一個命名 score 的 4x3 二維整數陣列來存放。

　③ 每位學生三科成績的總分，使用命名為 sum 的一維整數陣列來存放。

3. 如何計算各學生的總分？

　使用雙層 for 迴圈，外層迴圈以 score 成績陣列的第一維上界 3 當條件終值，內層迴圈則以 score 成績陣列的第二維上界 2 當條件終值，取得條件終值方式如下：

　外層迴圈：for (int y = 0; y <= score.GetUpperBound(0); y++)

　內層迴圈：for (int x = 0; x <= score.GetUpperBound(1) ; x++)

　① 迴圈內的敘述：當 y=0(A001)，將 x=0～2 各科成績相加置入 sum[0]
　　　　即 score [0,0]+ score [0,1]+ score [0,2]　⇨ sum[0]

　② 當 y=1(A002)，將 x=0～2 各科成績相加置入 sum[1]
　　　　即 score [1,0]+ score [1,1]+ score [1,2]　⇨ sum[1]

　③ 當 y=2～3 時皆以此類推。

4. 如何輸出指定的結果？

　① 宣告 msg 字串變數，以字串合併方式來存放欲顯示的文字內容。為方便閱讀必須加 "\t" 來定位，另外加 "\n" 來換行。

　② 使用雙層 for 迴圈，來讀取 stu、score 和 sum 中的陣列元素值，合併到 msg 字串變數。

　③ 使用 MessageBox 敘述顯示 msg 字串變數，輸出運算的結果。

Step ③ 編寫程式碼

FileName: Score.sln

```
01 namespace Score
02 {
03     public partial class Form1 : Form
04     {
05         public Form1()
06         {
07             InitializeComponent();
08         }
09         private void Form1_Load(object sender, EventArgs e)
10         {
11             string[] stu = new string[] { "A001", "A002", "A003", "A004" }; //存放學生學號
12             string[] sub = new string[] { "計概", "程設", "專題" };   //存放科目名稱
13             int[,] score = new int[,] { {82,84,90}, {85,92,87}, {80,73,82}, {62,68, 84} };//成績
14             int[] sum = new int[4] { 0, 0, 0, 0 };   //總分
15             for (int y = 0; y <= score.GetUpperBound(0); y++)
16             {
17                 for (int x = 0; x <= score.GetUpperBound(1); x++)
18                     sum[y] += score[ y, x];
19             }
20             string msg= "學號\t";
21             foreach (string s in sub)   // 讀取科目名稱加到msg
22                 msg += s + "\t";
23             msg += "總分\n";
24             for (int y = 0; y <= stu.GetUpperBound(0); y ++)
25             {
26                 msg += stu[y] + "\t";
27                 for (int x = 0; x <= sub.GetUpperBound(0); x ++)
28                     msg += $"{score[y, x]} \t";
29                 msg += $"{sum[y]} \n";
30             }
31             MessageBox.Show(msg, "成績表");
32             Application.Exit();
33     }
34 }
```

▶ 馬上練習

將上面實作改成如右圖的欄
位方式顯示。

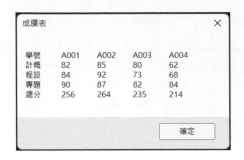

6.4　排序與搜尋

6.4.1 陣列的排序

　　陣列中存放的資料，通常是無規律性。如果陣列元素能夠由小而大遞增或由大而小做遞減依序排列整齊，就可以縮短資料查詢的時間。例如存放成績的陣列若經過排序，就很容易取得最高和最低分。所幸 Visual C# 提供 Array.Sort() 方法，可以不用寫複雜的敘述區段，就可以將指定陣列內的元素由小到大做遞增排序。語法如下：

語法
Array.Sort (arrayName1 [, arrayName2]);

　　對 arrayName1 陣列作遞增排序時，arrayName2 陣列中相對應註標的陣列元素亦跟著改變。雖然 Array.Sort() 方法可以快速完成陣列的排序，但是它只支援一維陣列，無法處理多維陣列，而且一次最多只能同時處理兩個一維陣列。

例 下面 score 陣列經過 Array.Sort() 方法排序後，陣列元素值由小到大排列：

```
int[] score = new int[] {95, 75, 85};
Array.Sort(score);
```

　　排序前：score[0]=95、score[1]=75、score[2]=85。

　　排序後：score[0]=75、score[1]=85、score[2]=95。

　　譬如：一份成績表含有姓名和計概成績兩個欄位，需要建立兩個陣列來存放，如果只對計概成績陣列做排序，會造成姓名和成績不一致。由於 Array.Sort()方法允許使用兩個引數，所以可將計概成績設為第 1 個引數，姓名陣列設為第 2 個引數，Array.Sort()方法就會依照計概成績做遞增排序，而姓名陣列也會跟著同步調整其位置。

例　已知張三成績為 85、李四成績為 95、王五成績為 75，試使用兩個陣列分別存放姓名和成績，依成績由小到大做遞增排列存入陣列中：

```
string[] sName = new string[] {"張三", "李四", "王五"} ;
int[] score = new int[] {85, 95, 75};
Array.Sort(score, sName);
```

sName[0]	張三	85	score[0]
sName[1]	李四	95	score[1]
sName[2]	王五	75	score[2]

sName[0]	王五	75	score[0]
sName[1]	張三	85	score[1]
sName[2]	李四	95	score[2]

　　　　　　　　↑排序前　　　　　　　　　　　　　　　↑排序後

6.4.2 陣列的反轉

　　陣列可以使用 Array.Sort()方法，將一維陣列由小而大做遞增排序。如果希望陣列能由大而小做遞減排序時，首先要先使用 Array.Sort()方法由小而大做遞增排序，然後再使用 Array.Reverse()方法將排序過的陣列做反轉，便可以將陣列由大而小做遞減排序。其語法如下：

語法
Array.Reverse(陣列名稱);

　　排序時，若兩個陣列有相關聯時，執行陣列反轉時要記得兩個陣列都要做 Reverse()反轉，否則會發生資料不一致的情形。

例 將 score 陣列由大而小做遞減排序

```
int[] score = new int[] {85, 95, 75};
Array.Sort(score);        // 結果為 75、85、95
Array.Reverse(score);     // 結果為 95、85、75
```

例 已知張三成績為 85、李四成績為 95、王五成績為 75,試使用兩個陣列分別存放姓名和成績,並由大到小做遞減排列:

```
string[] sName = new string[] { "張三", "李四", "王五"};
int[] score = new int[] {85, 95, 75};
Array.Sort(score,sName);   // 遞增排序
Array. Reverse(score) ;    // 反轉成績陣列
Array. Reverse(sName);     // 反轉姓名陣列
```

6.4.3 陣列的搜尋

Visual C# 提供 Array.IndexOf()方法,可以由指定的一維陣列中找尋要查詢的資料是否存在?若找到相符的陣列元素時,會傳回該元素在陣列中第一個相符的註標值;若找不到,則會傳回 -1。IndexOf()方法的語法如下:

語法

變數名稱 = Array.IndexOf (陣列名稱, value[,startIndex [,count]]);

▶ 說明

1. **value**(查詢值)代表要查詢的資料,其資料型別應和陣列相同。

2. **startIndex**(起始註標值)可以指定由第幾個陣列元素開始搜尋,若省略此參數,代表從註標值 0 開始搜尋。

3. **count**(搜尋元素數目)是由指定的起始註標值開始往後共找幾個元素,這個參數若省略,代表搜尋整個陣列。

例
```
int[] score = new int[]{98, 85, 76, 88, 76};
int index_num1 = Array.IndexOf(score, 76);      // 傳回值為 2,從開頭找起
int index_num2 = Array.IndexOf(score, 76, 3);   // 傳回值為 4,從第 3 個元素開始
int index_num3 = Array.IndexOf(score, 66);      // 傳回值為-1(找不到),從開頭找起
```

例 用 Array.IndexOf()方法，由成績陣列 score 中搜尋出所有分數為 100 的陣列
元素，並列出滿分學生的姓名，程式寫法如下：(參考 IndexOf 專案)

```
string[] stu = new string[] { "趙一", "林二", "張三", "李四", "王五" };
int[] score = new int[] { 95, 100, 100, 92, 100 };
string msg = "一百分學生：";
int index = Array.IndexOf(score, 100);      // 搜尋第一個滿分學生
while (index >= 0)                          // 當 index >= 0 繼續迴圈
{
    msg += stu[index] + ", ";               // 採字串連接來顯示學生姓名
    index = Array.IndexOf(score, 100, index + 1);   // 從下一筆繼續搜尋
};
MessageBox.Show(msg);   // 顯示所有滿分同學姓名
```

6.5 陣列的常用屬性與方法

除了上一節介紹的 Sort()、Reverse() 和 IndexOf() 方法外，本節將再介紹
一些和陣列相關的常用屬性和方法，可以讓陣列操作更加便利。

6.5.1 Rank 屬性

如果想知道某個陣列的維度，可以使用陣列物件的 Rank 屬性，傳回值會
顯示該陣列是幾維陣列。其語法如下：

語法
int 變數名稱 ＝ 陣列名稱.Rank ;

例 int[,,] score1 = new int[2, 16, 24];

int[,] score2 = new int[,] {{98, 85, 76},{88, 75, 96}};

int[] score3 = new int[] {98, 85, 76};

int returnValue1, returnValue2, returnValue3;

returnValue1 = score1.Rank;　//傳回值為 3，是三維陣列。

returnValue2 = score2.Rank;　//傳回值為 2，是二維陣列。

returnValue3 = score3.Rank;　//傳回值為 1，是一維陣列。

6.5.2 Length 屬性

透過陣列物件的 Length 屬性，可以取得陣列的長度即陣列元素的總數。Length 屬性只能取得陣列的總長度，若要取得某一維度的長度，就要使用下小節介紹的 GetLength 方法。Length 屬性的語法如下：

語法
int 變數名稱 ＝ 陣列名稱.Length ;

例 int[] score1 = new int[] {98, 85, 76};

int[,] score2 = new int[,] {{98, 85, 76, 66},{88, 75, 96, 99}};

int returnValue1, returnValue2

returnValue1 = score1.Length;　//傳回值為 3，元素數量是 3。

returnValue2 = score2.Length;　//傳回值為 8，元素數量是 8。

6.5.3 GetLength 方法

GetLength 方法可以取得陣列中指定維度的長度(陣列元素數量)，這個方法只有一個參數，就是陣列的維度(第 1 個維度為 0，第 2 個維度為 1，依此類推)，傳回的值為整數值。其語法如下：

語法
int 變數名稱 ＝ 陣列名稱.GetLength(陣列維度) ;

例 int[] score1 = new int[] {98, 85, 76};

int[,] score2 = new int[,] {{98, 85, 76, 66},{88, 75, 96, 99}};

int returnValue1, returnValue2, returnValue3 ;
returnValue1 = score1.GetLength(0);//傳回值為 3，陣列元素數量是 3
returnValue2 = score2.GetLength(0);//傳回值為 2，第 1 維陣列元素數量是 2
returnValue3 = score2.GetLength(1);//傳回值為 4，第 2 維陣列元素數量是 4

6.5.4 CopyTo 方法

如果想將一個陣列的元素複製到另一個目標陣列中,此時可以使用 CopyTo 方法,而且可以指定複製到目標陣列從第幾個註標開始。其語法如下:

語法
來源陣列.CopyTo (目標陣列, 起點註標值) ;

▶ **說明**

1. 目標陣列:目標陣列必須事先建立,而且陣列元素的數量(長度)必須大於來源陣列的元素數量。

2. 起點註標值:是指要複製到目標陣列的哪個註標值開始,例如起點註標值設為 3,表示來源陣列的第 1 個元素將複製到目標陣列的註標值 3(即第 4 個陣列元素)中;來源陣列第 2 個元素複製到目標陣列的註標值 4(即第 5 個陣列元素)中,依此類推。

例 將 score1 陣列中三個元素複製到 score2 陣列中,由註標值為 1 的位置開始放起;

int[] score1 = new int[] {10, 20, 30};
int[] score2 = new int[5];
score1.CopyTo(score2, 1);

執行前 :

score1[0]=10、score1[1]=20、score1[2]=30
score2[0]=0　、score2[1]=0、score2[2]=0、score2[3]=0、score2[4]=0

執行後：

score1[0]=10、score1[1]=20、score1[2]=30

score2[0]=0 、**score2[1]=10**、**score2[2]=20**、**score2[3]=30**、score2[4]=0

6.5.5 Array.Clear 方法

Array.Clear 方法可以將陣列中指定的陣列元素內容清除，數值資料會清成 0，文字資料會清成空字串。陣列雖被清除，但是陣列元素仍然占有記憶體空間，可以繼續使用。其語法如下：

> 語法
>
> Array.Clear (陣列名稱, 起始註標值, 清除元素的個數);

▶ **說明**

1.起始註標值：指定要清除範圍的起始註標值。

2.清除元素的個數：從起始註標值開始算起要清除的元素個數。

例 int[] score = new int[] {98, 85, 76, 88};

Array.Clear(score, 1, 2);

執行前： score[0]=98、score[1]=85、score[2]=76、score[3]=88

執行後： score[0]=98、**score[1]=0** 、**score[2]=0** 、score[3]=88

由註標值 1 起 ──── 清除 2 個元素

6.5.6 Array.Resize 方法

陣列建立時必須要指定陣列的大小，如果需要改變陣列大小時，可以使用 Array.Resize 方法。其語法如下：

> 語法
>
> Array.Resize (ref 陣列名稱, 陣列大小);

▶ **説明**

1. 語法中指定的陣列前面要加上 ref，來指定陣列為參考呼叫，參考呼叫詳細說明請看第八章。

2. 語法中指定新的陣列大小如果大於舊陣列的大小，則會將舊陣列中的所有元素複製到新陣列中。如果新的陣列小於舊陣列的大小，則多出來的陣列元素會被刪除。

例 int[] score = new int[]{98, 85, 76};

Array.Resize(ref score, 4);

執行後：score[0]=98、score[1]=85、score[2]=76、score[3]=0 //新增第 4 個元素

4 個元素

Array.Resize(ref score ,2);

執行後：score[0]=98、score[1]=85　　//第 3 個元素 76 被刪除

2 個元素

例 使用者可以用 InputBox 輸入對話方塊，連續輸入成績到陣列中，一直到輸入空字串為止，然後計算出平均分數，程式寫法如下：(參考 Resize 專案)

```
int[] score = new int[0];      // 宣告 score 整數陣列,陣列大小為 0
string s = "";
do
{
    s = Microsoft.VisualBasic.Interaction.InputBox("請輸入成績");
    if (s != "")      // 若 s 不是空字串
    {
        Array.Resize(ref score, score.Length + 1);      //陣列大小+1
        score[score.Length - 1] = Convert.ToInt32(s);   //存入最後元素中
    }
} while (s != "");         //s 不是空字串就繼續迴圈
int sum = 0;              //預設總和 sum = 0
foreach (int x in score)    //用 foreach 迴圈逐一讀取陣列元素值
{
    sum += x;            //總和加陣列元素值
}
MessageBox.Show($"平均分數={sum / score.Length}");
```

6.5.7 Split 方法

Split 是屬於字串物件的方法，可以根據間隔字元將字串分割成陣列元素值。通常用來快速指定字串陣列元素值，或是由文字檔中讀取字串資料後轉成陣列。

語法

returnArray = 字串.Split (間隔字元);

▶ **說明**

1. returnArray：為字串陣列用來存放分割後的陣列元素值，陣列不指定大小而由字串來決定。

2. 字串：為要分割的字串，其中應該包含間隔字元。

3. 間隔字元：代表分割字串的字元，省略時預設為空白字元。

例 string score = "95,84,100,78";
　　string[] aScore = score.Split(','); 　//指定以 ',' 字元分割
　　執行後：aScore[0]="95"、aScore[1]="84"、aScore[2]="100"、aScore[3]="78"

例 string[] aName = "趙一 林二 張三 李四".Split() 　//預設以空白字元分割
　　執行後：aName[0] = "趙一"、aName[1] = "林二"、aName[2] = "張三"、
　　　　　　aName[3] = "李四"

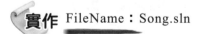實作 FileName：Song.sln

設計可以顯示排名、歌手和歌曲三項資料的歌曲排行榜程式。

① 按 依排名排序 鈕和程式開始時，會按照排名排序。

② 按 依歌曲排序 鈕時，會按照歌曲排序。

③ 輸入想查詢的歌手後，按 查詢歌手 鈕會列出該歌手所有資料，若找不到會顯示提示訊息。

▶ 輸出要求

▶ 解題技巧

Step 1 建立輸出入介面

1. 新增專案並以「Song」為新專案名稱。

2. 由需求可知，必須建立以下的控制項。其中顯示資料因為標籤控制項不支援"\t"定位，所以使用文字方塊控制項。

Step 2 問題分析

1. 建立 song 字串陣列來存放歌曲名稱，並指定初值。建立 singer 字串陣列來存放歌手姓名，並指定初值。建立一個 no 整數陣列用來存放排名。因這些陣列在程式的多個事件都會參用到，所以陣列必須建立在事件處理函式外面。

2. 在 Form1_Load 事件中，用 for 迴圈指定 no 陣列的元素值，分別由 1～10。並執行 BtnSortNo_Click 事件處理函式，顯示依照排名排序的資料。

3. 按 依排名排序 鈕會觸動 BtnSortNo_Click 事件處理函式，該函式主要工作：

① 因為有三個陣列要連動排序，但是 Sort 方法只能兩個陣列連動排序。因此要將 no 陣列的資料複製一份到 no2 陣列中，然後將 no 和 song 陣列作連動排序，no2 和 singer 陣列作連動排序，就可以達成三個陣列連動排序的效果。

② 使用 for 迴圈依序讀取排序後 no、song 和 singer 陣列中的元素值，並存入 msg 字串變數中。其中要注意文字方塊控制項不支援 "\n" 換行符號，必須使用以 Environment.NewLine 來換行。

③ 在 TxtMsg 文字方塊中顯示 msg 字串。

4. 按 依歌曲排序 鈕會觸動 BtnSortSong_Click 事件處理函式，該函式要依照歌名做排序，其處理的工作和 BtnSortNo_Click 事件函式類似。

5. 按 查詢歌手 鈕會觸動 BtnSearch_Click 事件處理函式，該函式主要將指定歌手的所有歌曲列出來。需處理的工作如下：

① 宣告一個 search 字串變數用來存放 TxtSinger 文字方塊輸入的歌手姓名。

② 宣告一個 msg 字串變數用來存放搜尋到的資料，先預設找不到資料。

③ 用 Array.IndexOf 方法來搜尋第一筆符合的資料，接著用 if 結構若傳回值>=0，就使用 while 迴圈繼續搜尋下一筆資料，找到的資料存入 msg 中，直到找不到才結束迴圈。

Step ③ 編寫程式碼

FileName: Song.sln
01 namespace Song
02 {
03   public partial class Form1 : Form
04   {
05   public Form1()

06	{
07	InitializeComponent();
08	}
09	**string[] song = new string[]** {"不為誰而作的歌", "餘波盪漾", "後來的我們", "不該", "年輪說", "滿座", "關鍵詞", "天真有邪", "獨善其身", "一次幸福的機會"};
10	**string[] singer = new string[]** {"林俊傑", "田馥甄", "五月天", "周杰倫", "楊丞琳", "李榮浩", "林俊傑", "林宥嘉", "田馥甄", "蕭敬騰"};
11	int[] no = new int[10]; // no整數陣列存放排名
12	**private void Form1_Load(object sender, EventArgs e)**
13	{ // 在Load事件中設定初值及呼叫BtnSortNo_Click
14	for (int i = 0; i < no.Length; i++) //設定no陣列的初值
15	no[i] = i + 1;
16	**BtnSortNo_Click(sender, e);** // 執行BtnSortNo_Click事件函式
17	}
18	**private void BtnSortNo_Click(object sender, EventArgs e)**
19	{ // 按 <依排名排序> 鈕時
20	int[] no2 = new int[no.Length]; // 宣告no2整數陣列，大小和no陣列相同
21	**no.CopyTo(no2, 0);** // 將no陣列的內容複製到no2陣列
22	**Array.Sort(no, song);** // no陣列遞增排序，song陣列同步調整
23	**Array.Sort(no2, singer);** // no2陣列遞增排序，singer陣列同步調整
24	string msg = "排名\t歌手\t歌曲" + Environment.NewLine;
25	for (int i = 0; i < song.Length; i++)
26	**msg += $"{no[i]}\t{singer[i]}\t{song[i]}"**+ nvironment.NewLine;
27	TxtMsg.Text = msg; // 顯示資料內容
28	}
29	**private void BtnSortSong_Click(object sender, EventArgs e)**
30	{ // 按 <依歌曲排序> 鈕時
31	string[] song2 = new string[product.Length]; // 宣告song2字串陣列
32	**song.CopyTo(song2, 0);** // 將song陣列的內容複製到song2陣列
33	**Array.Sort(song, no);** // song陣列遞增排序，no陣列同步調整
34	**Array.Sort(song2, singer);** // song2陣列遞增排序，singer陣列同步調整
35	string msg = "排名\t歌手\t歌曲" + Environment.NewLine;
36	for (int i = 0; i < song.Length; i++)
37	msg += $"{no[i]}\t{singer[i]}\t{song[i]}" + Environment.NewLine;
38	TxtMsg.Text = msg; // 顯示資料內容
39	}
40	**private void BtnSearch_Click(object sender, EventArgs e)**

41	{　// 按 <查詢> 鈕時
42	string search = TxtSinger.Text;　// 取得使用者查詢的歌手姓名
43	string msg = $"找不到{search}";　// 預設找不到
44	**int index = Array.IndexOf(singer, search);** // 搜尋第一筆符合的索引值
45	if (index >= 0) //若有找到相符的資料
46	{
47	msg = "排名\t歌手\t歌曲" + Environment.NewLine;
48	while (index >= 0)　// 當index >= 0繼續迴圈
49	{　// 顯示資料內容
50	msg += $"{no[index]}\t{singer[index]}\t{song[index]}"
51	msg += Environment.NewLine;
52	// 從下一筆繼續搜尋
53	**index = Array.IndexOf(singer, search, index + 1);**
54	};
55	}
56	MessageBox.Show(msg, "查詢結果");　// 顯示資料內容
57	}
58	}
59	}

▶ **馬上練習**

延續上面實作新增 依歌手排序 鈕，依照歌手姓名由高至低遞減排序。另外，歌手和歌曲的陣列元素值，改用 Split 方法來指定；並且取消查詢功能。

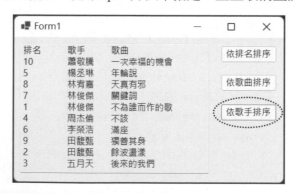

6.6　ListBox 清單控制項

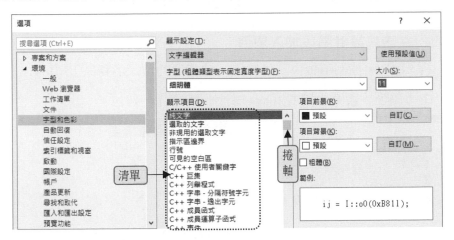 ListBox 清單控制項是一個文字項目清單，用於提供清單讓使用者選取其中一個或多個項目。ListBox 清單控制項是把選項集中在一個清單內，清單中的選項可以單選也可以複選。當項目超過清單的大小時，會自動顯示捲軸來捲動清單內的項目，這樣可以避免清單占用表單太多的空間。本節主要學習如何在 ListBox 清單控制項中新增或移除項目，以及選取項目後如何判斷及處理。

下圖是由 IDE 功能表【工具/選項/環境/字型和色彩】指令，出現「選項」對話方塊內的「顯示項目(D):」所列出來的選項就是一個項目清單，使用者可以選擇所要的顯示的項目，然後設定該項目的字型和色彩效果。

6.6.1 ListBox 控制項的常用屬性

1. Items 屬性：是用來存放 ListBox 控制項內所有項目的集合，點選時會出現「字串集合編輯器」用來輸入項目到清單中。

2. SelectedIndex 屬性：是 Items 集合中被選取項目的註標值，若選取清單中的第 1 個項目則 SelectedIndex 屬性值為 0，選第 2 個項目則屬性值為 1，依此類推。

3. SelectedItem 屬性：ListBox 清單控制項中被選取項目的文字內容。

4. MultiColumns 屬性(預設值為 false)：設定 ListBox 控制項是否可以多欄顯示。設定為 true 時，若項目超過清單控制項高度時，會在清單內增加一欄，同時出現水平捲軸，超過的項目會顯示在右邊的欄位中。

5. Sorted 屬性(預設值為 true)：設定清單控制項中項目是否按照字母順序排列。

6. SelectionMode 屬性(預設值為 One)：設定清單控制項中選取項目的方式，若選 One(只能選取一個項目)。其他的屬性值有 None(不能選取)、MultiSimple (能使用滑鼠點選做多重選取)、MultiExtended(能配合使用 Ctrl 和 ⇧ Shift 鍵做複雜的多重選取)。如果要在程式執行階段設定為多重選取時，寫法如下：

```
listBox1.SelectionMode = SelectionMode.MultiSimple;
```

6.6.2 在 ListBox 清單控制項中加入項目

要在 ListBox 控制項中加入清單項目，可以透過 Items 屬性。Items 屬性可以在表單設計階段時輸入，也可以在程式執行階段才加入。

一、如何在表單設計階段加入項目

Step **1** 將 ListBox 控制項拖曳到表單中，控制項的預設名稱為 listBox1。

Step **2** 由「屬性」視窗中選取 Items 屬性右邊的 ⋯ 鈕。

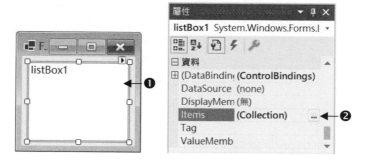

Step **3** 出現下圖的「字串集合編輯器」，每輸入一個項目後按 Enter↵ 鍵，可以在下一行繼續輸入下一個項目。

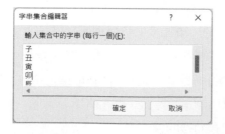

Step ④ 所有項目輸入完畢後按 ▢確定 鈕，所輸入的項目文字會顯示在
ListBox 清單控制項中。如果項目數量超過清單控制項物件的高度，則
清單控制項會如右上圖自動出現垂直捲軸。

二、如何在程式執行階段加入項目

程式執行階段在清單控制項中動態加入項目文字，有下列三個方法：

方法一 使用 Add 方法

使用 Add 方法將指定的項目文字加入到清單物件 Items 屬性最後面，語法如下：

語法
listBox1.Items.Add (項目文字) ;

例 若要在 listBox1 清單控制項的最後面加上『亥』項目，寫法如下：

```
listBox1.Items.Add ("亥");
```

例 將 sName 陣列中的六個陣列元素逐一指定給 LstName 清單控制項的
Items(集合)屬性，寫法如下：

```
for(int i = 0; i < 6 ; i++)
{
     LstName.Items.Add(sName[i]);
}
```

方法二 使用 Insert 方法

使用 Insert 方法，可以將項目文字插入到清單物件 Items 屬性中指定的註標值
位置。Insert 方法和 Add 方法類似，只是多了一個註標值參數，可以將項目插
入到指定註標值的位置，Items 屬性的註標值是由 0 為起始值。語法如下：

語法
listBox1.Items.Insert (註標值, 項目文字);

例 listBox1 清單控制項原有項目為『子、丑、卯』，如果想在『子』和『卯』
中間插入『寅』項目，因『寅』要加到第 3 個項目，所以註標值要設為 2。

```
listBox1.Items.Insert(2, "寅");
```

方法三 使用 AddRange 方法

為使得程式碼編寫容易，通常會先將所有的項目依序建立成為陣列元素值，然後用 AddRange 方法將陣列內所有陣列元素一次指定給清單控制項的 Items 屬性，寫法如下：

語法

```
listBox1.Items.AddRange( 陣列名稱 );
```

使用 AddRange 方法時，如果清單中已經有項目存在時，陣列的內容會由清單項目的最後面開始加入。

例 建立一個 years 字串陣列並設定初值為『子』、『丑』、『寅』、『卯』，然後將 years 整個陣列值指定給 LstYear 清單控制項，寫法：

```
string[] years = new string[] {"子", "丑", "寅", "卯"};
LstYear.Items.AddRange(years);
```

6.6.3 Items 屬性的常用屬性與方法

ListBox 控制項中 Items 是最重要的屬性，Items 屬性除上一節介紹的 Add、Insert 和 AddRange 新增項目的方法外，本節將繼續介紹一些常用的屬性與方法。

1. Count 屬性

在程式執行階段要得知 ListBox 清單控制項中項目的數量，可以使用 Items.Count 屬性取得。

例 在程式執行階段，取得 listBox1 控制項中所有的項目文字內容，逐行置入 show 字串變數中，其寫法如下：

```
string show = "" ;
for(int i = 0; i < listBox1.Items.Count ; i++) {
    show += listBox1.Items[i] + "\n";
}
```

2. Remove 和 RemoveAt 方法

要將既有的項目從清單中移除，有兩種方法可用。Remove 方法可以直接指定要刪除項目的文字內容，而 RemoveAt 方法是以指定註標值來刪除項目，語法如下：

> **語法**
>
> listBox1.Items.RemoveAt(註標);
> 　　或
> listBox1.Items.Remove(項目文字);

例 listBox1.Items.RemoveAt (4) ;　　　// 刪除第 5 個項目
　　listBox1.Items.Remove ("卯");　　　// 刪除「卯」這個項目

3. Clear 方法

Remove 和 RemoveAt 方法可以刪除指定的項目，如果要一次清除全部的清單項目，就可以使用 Clear 方法，語法如下：

> **語法**
>
> listBox1.Items.Clear();

4. SetSelected 方法

通常 ListBox 清單控制項是由使用者用滑鼠來點選項目，但是如果希望在程式執行階段，由程式來設定項目的選取或取消選取，就可以使用 SetSelected 方法，語法如下：

> **語法**
>
> listBox1.SetSelected(註標, true | false);

SetSelected 方法中第一個參數是指定要設定選取項目的註標值，第二個參數則是指定該項目是選取(true)或取消選取(false)。

例 listBox1.SetSelected(2, true);　　　// 第 3 個項目選取
　　listBox1.SetSelected(3, false);　　　// 第 4 個項目不選取

5. ClearSelected 方法

若要一次取消所有被選取的項目，可以使用 ClearSelected 方法，語法如下：

語法

listBox1.ClearSelected();

6. CopyTo 方法

若想將 ListBox 清單控制項內所有項目複製到一個陣列從指定陣列註標開始放起，可以使用 CopyTo 方法，其語法如下：

語法

listBox1.Items.CopyTo(陣列名稱, 註標);

例 將 listBox1 清單控制項中所有的清單項目複製到 itemArray 字串陣列中，寫法：

```
string[] itemArray = new string[listBox1.Items.Count];
listBox1.Items.CopyTo(itemArray, 0);
```

7. Contains 方法

Contains 方法用來查詢指定字串是否已經存在清單項目中。若存在時，傳回值為 true；不存在時，傳回值為 false。其語法如下：

語法

傳回值 = listBox1.Items.Contains(字串);

例 若 TxtInput 文字方塊控制項內的字串不在 listBox1 清單控制項中，就加入到清單的最後面，寫法：

```
if ( listBox1.Items.Contains(TxtInput.Text) == false)
    listBox1.Items.Add(TxtInput.Text);
```

8. FindString 和 FindStringExact 方法

FindString 和 FindStringExact 方法是屬於 ListBox 控制項的方法，用來搜

尋 Items 集合中是否有符合指定字串的項目。FindString 方法可以用來尋找 ListBox 清單控制項中，以指定字串開頭的項目，而 FindStringExact 方法可以用來尋找 ListBox 清單控制項中，與指定字串完全相符的項目。這兩個方法找到的都是第一個符合的項目，而傳回值為一個整數值，代表尋找到符合項目的註標值，當找不到符合項目時，傳回值為 -1。其語法如下：

語法

  傳回值 = listBox1.FindString(字串，註標) ;
  或
  傳回值 = listBox1.FindStringExact(字串，註標) ;

▶ **説明**

① 第一個參數代表要搜尋的項目字串，FindString 方法是搜尋以該字串為首的項目；而 FindStringExact 方法則是字串要完全相符。

② 第二個參數是代表開始搜尋的註標值，不過程式會從指定的註標值的下一個項目開始搜尋，因此想從第 3 個項目(註標值為 2) 開始往後搜尋，註標值必須指定為 1。若要重頭開始搜尋，註標值必須指定為-1。當這個參數省略時，則預設從頭開始搜尋。如果指定的註標值之後找不到符合的項目，兩個方法都會再繞回清單前面，從第一個項目重新開始搜尋。

例 listBox1 清單控制項中有 "樹林"、"林口" 和 "林園" 三個項目，分別用 FindString 和 FindStringExact 方法搜尋字串"林"，寫法：

```
int index1 = listBox1.FindString("林");        //搜到"林口"傳回值為 1
int index2 = listBox1.FindString("林", 1);     //搜到"林園"傳回值為 2
int index2 = listBox1.FindString("林", 2);     //傳回值為 1 因會重頭搜尋到"林口"
int index3 = listBox1.FindStringExact("林"); //傳回值為-1
```

6.6.4 SelectedIndices 和 SelectedItems 屬性

當 ListBox 清單控制項中的 SelectionMode 屬性值設為 MultiSimple、MultiExtended 時，被選取的項目可能不只一個。此時取得使用者選取項目的方式，自然就和單一選項不一樣了。SelectedIndices 和 SelectedItems 屬性就像

Items 屬性一樣是一個集合(就像是陣列)，是使用者多重選取的項目集合。要取得 SelectedIndices 和 SelectedItems 屬性的集合內容，可以用陣列的 foreach 迴圈，來將集合內的內容逐一讀取。

1. SelectedIndices 屬性
   所有被選取項目的註標值集合，而集合的數量可用 SelectedIndices.Count 屬性取得。

2. SelectedItems 屬性
   所有被選取的項目文字集合，而集合的數量可以用 SelectedItems.Count 屬性取得。

例 將 listBox1 中所有被選取的項目註標值和項目內容分別置入 indexArray 和 itemArray 字串變數中，寫法：

```
string indexArray="", itemArray="";
foreach (int x in listBox1.SelectedIndices){
    indexArray += Convert .ToString (x) + "\n";
}
foreach (string y in listBox1.SelectedItems){
    itemArray += y + "\n";
}
```

例 將 listBox1 中所有選取的項目刪除，寫法：

```
while (listBox1.SelectedIndices.Count > 0){
    listBox1.Items.RemoveAt(listBox1.SelectedIndices[0]);
}
```

　或

```
while (listBox1.SelectedItems.Count > 0){
    listBox1.Items.Remove(listBox1.SelectedItems[0]);
}
```

當選取項目的數量大於 0 時，使用 while 迴圈來逐一刪除。兩種寫法分別是使用 SelectedIndices 和 SelectedItems 屬性，結果都相同可擇一。但是要注意的是，SelectedIndices 屬性是要配合 RemoveAt 方法使用；而 SelectedItems 是配合 Remove 方法。

6.6.5 ListBox 控制項的常用事件

　　編寫程式時清單控制項最常遇到的情形，就是必須判斷使用者選取了哪個項目，以便執行相對應的敘述。當使用者選取了 ListBox 清單控制項中某個項目時，該項目的 SelectedIndex 屬性和 SelectedItem 屬性值會隨之改變，所以可以藉由這兩個屬性得知使用者選取了哪個項目。當 SelectedIndex 屬性和 SelectedItem 屬性改變時，就會觸動 SelectedIndexChanged 事件。所以，我們可以將被選取項目相對應的敘述寫在 SelectedIndexChanged 事件處理函式中，而這個事件是 ListBox 清單控制項的預設事件。

6.7　ComboBox 下拉式清單控制項

　　 ComboBox 下拉式清單控制項和 ListBox 清單控制項的功能類似，而且大部分的屬性和方法也都一樣。差異處在下拉式清單控制項包含一個文字方塊，可供使用者輸入清單中沒有的項目，它可以視為由 TextBox 與 ListBox 結合而成的控制項。所以當使用者需要自行加入項目時，應使用下拉式清單控制項。另外，下拉式清單控制項必須按下拉鈕 才會出現清單，點選完畢後會自動彈回，佔用表單面積較小，清單控制項則大小固定。至於下拉式清單控制項的常用屬性和方法，與 ListBox 清單控制項大都相同，所以本節只介紹常用或特有的屬性和事件。

6.7.1 ComboBox 控制項的常用屬性

1. DropDownStyle 屬性

   DropDownStyle 屬性可設定下拉式清單的外觀，共有三種屬性值：

   ① DropDown(預設值)：文字方塊中可以輸入資料。清單部分使用者必須按 ⌄ 下拉鈕來顯示。

   ② DropDownList：文字方塊不可輸入資料。必須按 ⌄ 下拉鈕由顯示的清單中選取。

   ③ Simple：清單項目不會顯示，所以沒有 ⌄ 下拉鈕。使用者只能在 ComboBox 控制項中使用鍵盤的上下鍵來選取項目；或直接在文字方塊中輸入新資料或項目。

⇧ DropDown　　　　　　　⇧ DropDownList　　　　　　⇧ Simple

2. MaxDropDownItems 屬性(預設值為 8)

   可以設定下拉清單可顯示的項目數量，當項目數量超過設定值時，會自動顯示垂直捲軸。

3. DroppedDown 屬性(表單設計階段無此屬性，限用在程式執行階段)

   可在程式執行階段，來判斷下拉式清單是否顯示。當下拉式清單顯示時，屬性值為 true；隱藏時屬性值為 false。

4. Text 屬性

   可取得下拉式清單控制項上面的文字方塊的文字內容。

5. MaxLength 屬性(預設值為 0 表不限制)

   可設定下拉式清單控制項內的文字方塊，可輸入的最多字元數。例如屬性值為 3，表示文字方塊中最多只能輸入三個字。

6.7.2 ComboBox 控制項的常用事件

ComboBox 控制項常用的事件有兩個，當下拉式清單控制項的選項改變時，文字方塊中的文字內容也會隨之改變，此時會觸動 TextChanged 事件。選項改變的同時，因為選取項目的索引值改變，也會觸動 SelectedIndexChanged 事件。ComboBox 下拉式清單控制項的預設事件是 SelectedIndexChanged 事件，可以將選取項目時要處理的程式碼寫在該事件處理函式中。若要處理使用者輸入的文字時，則可以使用 TextChanged 事件。

實作 FileName：List.sln

設計一個產生購物清單的程式。於下拉式清單上按下拉鈕，在清單中點選物品之後，再點選數量，最後按  鈕，會顯示購物清單。如果按 清空 鈕，會清除購物清單。物品清單可以新增品項在原有清單的末端，數量下拉選單則不可新增任何項目。

▶ **輸出要求**

▶ **解題技巧**

Step **1** 建立輸出入介面

1. 新增專案並以「List」為新專案名稱。

2. 由輸出入要求可知,本例需在表單上建立以下的控制項:

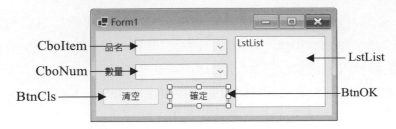

Step ② 問題分析

1. 在 Form1_Load 事件處理函式中設定初值:

① 使用 AddRange()將品名陣列加到 CbxItem 的 Items 屬性中,建立 CbxItem 的清單項目。

② 使用 for 迴圈,逐一將數字 1~5 轉換成字串加上入到清單控制項 CboNum 的 Items 屬性中,建立 CbxNum 的清單項目。

③ 因為 CboNum 不允許使用者自行輸入資料,所以 DropDownStyle 屬性值必須設為 DropDownList。至於 CboItem 允許使用者自行輸入資料,所以 DropDownStyle 屬性值使用預設值 DropDown。

④ 設定 CbxItem 及 CboNum 清單控制項的 SelectedIndex 屬性值 0,來預設選取第一個項目。

2. BtnOK_Click 事件處理函式:根據 CbxItem 及 CboNum 清單控制項的 Text 屬性,產生購物清單加入 LstList 的 Items 屬性中。由於執行期間可以新增品項,所以使用 FindString()來檢查 CbxItem.Text 若不存在於 CbxItem 的 Items 屬性中,就把該品名加入 Items 屬性中。

3. BtnCls_Click 事件處理函式:將 LstList 的項目全部清除。

Step ③ 撰寫程式碼

FileName: List.sln
01 namespace List
02 {
03　　public partial class Form1 : Form
04　　{
05　　　　public Form1()

```
06          {
07              InitializeComponent();
08          }
09          private void Form1_Load(object sender, EventArgs e)
10          {
11              string[] st1 = new string[] { "沙拉油","肥皂","果汁","酒精","輕便雨衣" };
12              CboItem.Items.AddRange(st1);
13              for(int i = 1; i <= 5; i++)
14                  CboNum.Items.Add($"{i}");
15              CboNum.DropDownStyle = ComboBoxStyle.DropDownList;
16              CboItem.SelectedIndex = 0;
17              CboNum.SelectedIndex = 0;
18          }
19
20          private void BtnOK_Click(object sender, EventArgs e)
21          {
22              LstList.Items.Add($" {CboItem.Text}  數量  {CboNum.Text} ");
23              if(CboItem.FindString(CboItem.Text) == -1)
24                  CboItem.Items.Add(CboItem.Text);
25          }
26
27          private void BtnCls_Click(object sender, EventArgs e)
28          {
29              LstList.Items.Clear();
30          }
31      }
42 }
```

▶ **馬上練習**

延續上面實作，修改成數量清單
也可以自行輸入數量，並且新
增到項目清單的末端。

6.8　CheckedListBox 核取清單方塊控制項

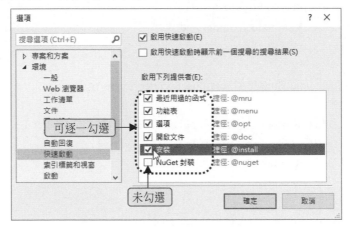 核取清單控制項是一個比較特別的控制項，它的用法與 ListBox 清單控制項完全相同，只是它的清單項目前面加上核取方塊，使用者可對項目逐一設為勾選或不勾選，所以 CheckedListBox 控制項就像一組核取方塊所組成的清單。下圖由 IDE 整合開發環境下執行功能表的【工具(T)/選項(O)/環境/快速啟動】指令，出現「選項」對話方塊中，「啟用下列提供者(E):」所列出來的選項就是一組核取清單項目，允許逐一勾選項目。

6.8.1 CheckedListBox 控制項的常用屬性

1. CheckOnClick 屬性(預設值 false)

    可設定 CheckedListBox 控制項的勾選方法。CheckedListBox 控制項預設勾選方法，是必須在核取方塊或是在項目文字上面點按兩次才設為勾選或不勾選。若屬性值為 true 時，只要點選一下就可改變核取方塊的勾選狀態。

2. CheckedIndices 屬性(限執行階段使用，屬性視窗中無此屬性)

    是指所有被勾選項目的註標值集合。

3. CheckedItems 屬性(限執行階段使用,屬性視窗中無此屬性)

是指所有被勾選項目的文字內容所成的集合。核取清單控制項的 SelectedItems 和 SelectedIndices 屬性指的是點選(反白的項目)的項目,而不是勾選(核取)的項目。要取得勾選的情形要查看 CheckedIndices 和 CheckedItems 屬性。

例 將 checkedListBox1 核取清單控制項中勾選的項目,逐一加到 listBox1 清單控制項中,寫法:

```
foreach(string x in checkedListBox1.CheckedItems)
{
    listBox1.Items.Add(x);
}
```

6.8.2 CheckedListBox 控制項的常用方法

1. SetItemChecked 方法

可用來設定指定註標值項目的勾選狀態,其語法如下:

語法
checkedListBox1.SetItemChecked(註標, true | false);

第一個參數是指定要設定項目的註標值,第二個參數為布林值,若值為 true 表示勾選,false 表示不勾選。

例 將 checkedListBox1 控制項的第三個項目設為勾選,寫法:

```
checkedListBox1.SetItemChecked(2, true);
```

2. GetItemChecked 方法

可得知指定註標項目的勾選狀態,該方法的傳回值為一個布林值,true 表示項目被勾選,false 表示未勾選。其語法如下:

語法
傳回值 = checkedListBox1.GetItemChecked(註標);

例 若 checkedListBox1 控制項的第二個項目被勾選，就設 money 變數為 1000，寫法：

```
if (checkedListBox1.GetItemChecked(1))
    money = 1000;
```

例 逐一檢查 checkedListBox1 核取清單控制項中的項目是否被勾選，如果是被勾選，就將該項目加入到 listBox1 控制項中，寫法：

```
for (int i = 0; i < checkedListBox1.Items.Count; i++)
{
    if (checkedListBox1.GetItemChecked(i))
    {
        listBox1.Items.Add(checkedListBox1.Items[i]);
    }
}
```

6.8.3 CheckedListBox 控制項的常用事件

CheckedListBox 核取清單控制項常用的事件為 SelectedIndexChanged 和 ItemCheck 事件。

1. SelectedIndexChanged 事件(預設事件)

   是當滑鼠點選任何一個項目或核取方塊時，都會觸發這個事件。和核取方塊是否被勾選沒有直接關係，但核取方塊被勾選時也會再觸動本事件。

2. ItemCheck 事件

   當項目的核取方塊勾選狀態有變更時會觸動此事件。當核取方塊被勾選或取消勾選時，都會觸動此事件，而 SelectedIndexChanged 事件也會隨後被觸動。

 實作 FileName：Books.sln

試設計一個借書程式，使用者勾選書目後按 >> 借閱 >> 鈕，所選書目會移到借書清單中。使用者在借書清單中勾選書目後按 << 取消 << 鈕，所選書目會移到書目清單中。最多可借兩本書，若超過會出現提示訊息。

▶ **輸出要求**

▶ **解題技巧**

Step 1 建立輸出入介面

1. 新增專案並以「Books」為新專案名稱。

2. 根據需求建立以下的控制項：

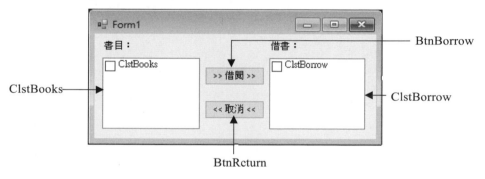

Step 2 問題分析

1. 在 Form1_Load 事件處理函式中設定初值：

① 建立 books 字串陣列，用來存放書名。

② 使用 AddRange 方法將 books 陣列加入 ClstBooks 項目中。

③ 將 ClstBooks 和 ClstBorrow 的 CheckOnClick 屬性設為 true，即按一下就勾選項目。

2. 按 >>借閱>> 鈕時所觸動的 BtnBorrow_Click 事件中處理如下作業：

① 因為最多借兩本，所以 ClstBooks.CheckedItems.Count 書目清單之勾選數和 ClstBorrow.Items.Count 借書清單的項目數相加若 >= 3，即為超出，反之則可移至借書清單。

② 若超出兩本，使用 MessageBox 顯示提示訊息，並清除借書清單中所有勾選項目。

③ 如未超過，以 for 迴圈由最後一個項目往前執行，判斷若該項目被勾選，則移到借書清單，並以 RemoveAt 將該項目從書目清單中刪除。

3. 按 `<< 取消 <<` 鈕時所觸動的 BtnReturn_Click 事件中處理如下作業：

① 以 foreach 逐一讀取 ClstBorrow 勾選的註標值集合 CheckedIndices，將選定項目加至借書清單。

② 以 for 迴圈由最後一個項目往前執行，判斷若該項目被勾選，則從借書清單中刪除。

Step ③ 撰寫程式碼

FileName: Books.sln
01 namespace Books
02 {
03　　　public partial class Form1 : Form
04　　　{
05　　　　　public Form1()
06　　　　　{
07　　　　　　　InitializeComponent();
08　　　　　}
09　　　　**private void Form1_Load(object sender, EventArgs e)**
10　　　　{　// 設定初值
11　　　　　　string[] books = new string[] { "三國演義", "水滸傳", "西遊記", "紅樓夢", "聊齋志異", "鏡花緣" };
12　　　　　　**ClstBooks.Items.AddRange(books);**
13　　　　　　**ClstBooks.CheckOnClick = true;**
14　　　　　　**ClstBorrow.CheckOnClick = true;**
15　　　　}
16　　　　**private void BtnBorrow_Click (object sender, EventArgs e)**
17　　　　{　// 點選借閱時
18　　　　　　if (ClstBooks.CheckedItems.Count + ClstBorrow.Items.Count >= 3)
19　　　　　　{　// 借閱數量大於兩本時
20　　　　　　　　MessageBox.Show("最多借兩本書！", "注意！");

```
21              for (int i = 0; i < ClstBooks.Items.Count; i++)
22                  ClstBooks.SetItemChecked(i, false);   // 清除勾選
23          }
24      else
25      {   //借閱數量小於等於兩本時
26          for(int i = ClstBooks.Items.Count - 1; i >= 0; i--)
27          {
28              if(ClstBooks.GetItemChecked(i) == true)
29              {   // 若項目被勾選
30                  ClstBorrow.Items.Add(ClstBooks.Items[i]); // 加至借閱清單
31                  ClstBooks.Items.RemoveAt(i); // 自書目清單中移除
32              }
33          }
34      }
35  }
36  private void BtnReturn_Click (object sender, EventArgs e)
37  {   // 點選取消時
38      foreach (int i in ClstBorrow.CheckedIndices) // 取出借閱清單有勾選的註標
39          ClstBooks.Items.Add(ClstBorrow.Items[i]); // 加至書目清單
40      for (int i = ClstBorrow.Items.Count - 1; i >= 0 ; i--)
41      {
42          if (ClstBorrow.GetItemChecked(i) == true)
43              ClstBorrow.Items.RemoveAt(i); // 自借閱清單中刪除
44      }
45      }
46  }
47 }
```

▶ **馬上練習**

延續上面實作，修改成若書目或借書清單未勾選項目就按鈕時，會出現訊息方塊。另外，書目清單之勾選數和借書清單的項目數相加若大於 2，就出現訊息方塊，並取消最後一筆勾選。

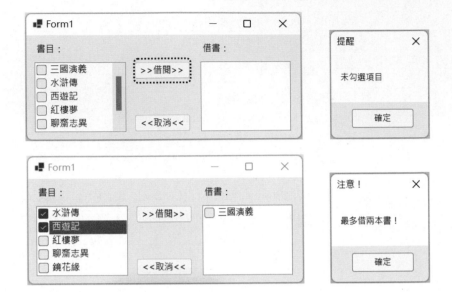

CHAPTER 7

常用控制項

7.1 ToolTip 提示控制項

ToolTip 提示控制項是當滑鼠游標移到該控制項上停留時，會出現的小矩形快顯視窗 (Pop-Up Window)，用來作為該控制項的功能提示訊息。因為 ToolTip 控制項像 Timer 控制項一樣是屬於非視覺化物件，執行時是置於幕後不會顯示在表單上。當建好一個 ToolTip 控制項後，表單內所建立的每個控制項，在屬性視窗都會多出一個「ToolTip 於 toolTip1」屬性，其中「toolTip1」會因 ToolTip 控制項的命名而定。我們只要將欲顯示在控制項上的提示文字，輸入到「ToolTip 於 toolTip1」屬性中即可。若再建立第二個 toolTip2，表單內的所有控制項會再多出一個「ToolTip 於 toolTip2」屬性,以此類推...。ToolTip 提示控制項常用的屬性和方法如下：

1. Active 屬性(預設值: true)

    可以設定 ToolTip 控制項是否有作用。若屬性值設為 true，表示 ToolTip 控制項有作用，允許在表單內的控制項上顯示提示文字。若屬性值設為 false，則 ToolTip 控制項沒有作用。

2. AutomaticDelay 屬性(預設值：500)

    此屬性設定後，AutoPopDelay、InitialDelay 和 ReShowDelay 三個屬性會依照比例自動設定適當的時間。屬性值單位為毫秒(10-3 秒，千分之一秒)，若其值為 500 就是 0.5 秒。

3. AutoPopDelay 屬性(預設值：5000)

    可以設定提示文字顯示多少毫秒(10-3 秒)，若其值為 5000 就是 5 秒。

4. InitialDelay 屬性(預設值：500)

    可以設定滑鼠在控制項上停留多少毫秒後，才顯示提示文字。若其值為 500，表示滑鼠游標停留 0.5 秒後才顯示提示文字。

5. ReShowDelay 屬性(預設值：100)

    用來設定當滑鼠游標由一個控制項移到另一個控制項時，顯示下一個提示文字的間隔時間。若其值為 100 就是 0.1 秒。

6. IsBalloon 屬性(預設值：false)

設定提示文字是否用氣球方式顯示，若為 false 表示以小方框出現；若為 true 則以氣球方式顯現。

IsBalloon 屬性值為 false	IsBalloon 屬性值為 true
轉帳 你將執行轉帳動作	你將執行轉帳動作 轉帳

7. ToolTipTitle 屬性(預設值：空字串)

設定提示文字的標題，最多 99 的字元。

8. SetToolTip 方法

用來在程式執行中，設定或改變某個控制項的提示文字。譬如：將 BtnClick 按鈕控制項的提示文字設為「按一下」：

```
toolTip1.SetToolTip(BtnClick, "按一下");
```

▶ 7.2　TrackBar 滑動軸控制項

當我們想限制使用者只能設定輸入某個範圍內的整數數值時，就可以使用 〔🔲 TrackBar〕 滑動軸控制項來達成，其功能和捲軸控制項類似。此控制項可以使用鍵盤的方向鍵或滑鼠游標來移動滑動鈕設定輸入的數值，可防止使用者輸入超出範圍的數值。

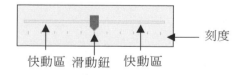

快動區　滑動鈕　快動區　　　　刻度

7.2.1 TrackBar 控制項的常用屬性

1. Value 屬性(預設值為 0)

設定或取得滑動軸控制項的值(整數型別)，也就是滑動鈕目前位置對應值。

2. Maximum 屬性(預設值為 10)

可以設定或取得 TrackBar 控制項的上限值(最大值)。

3. Minimum 屬性(預設值為 0)

可以設定或取得 TrackBar 控制項的下限值(最小值)。

4. SmallChange 屬性(預設值為 1)

設定或取得使用鍵盤的方向鍵來微調滑動鈕的間距。

5. LargeChange 屬性(預設值為 5)

可以設定或取得滑鼠在快動區按一下，或鍵盤的 PageUp/PageDown 鍵來快調的間距。

6. Orientation 屬性(預設 Horizontal 水平)

可以設定 TrackBar 控制項是呈水平或垂直顯示，若屬性值設為 Horizontal 時呈水平顯示；Vertical 時呈垂直顯示。

7. TickFrequency 屬性(預設值為 1)

可以設定刻度的間距。

8. TickStyle 屬性(預設值 BottomRight)

可以設定滑動軸刻度的顯示位置，屬性值分別如下：

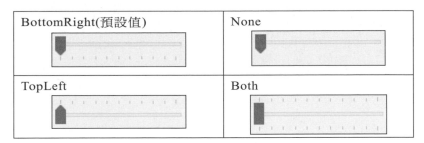

7.2.2 TrackBar 控制項的常用事件

TrackBar 控制項常用的事件有 Scroll 及 ValueChanged 事件，當使用者拖曳 TrackBar 控制項的滑動鈕或是按快動區時，會同時觸動 Scroll 和 ValueChanged 事件。但是，若使用程式碼改變 TrackBar 控制項的 Value 屬性值時，則只會觸動 ValueChanged 事件：

1. Scroll 事件(預設事件)

   當 TrackBar 控制項的滑動鈕被拖曳的同時所觸動的事件。

2. ValueChanged 事件

   當使用者拖曳 TrackBar 控制項的滑動鈕，或是用程式改變 Value 屬性值時，就會觸動此事件。

7.3　ScrollBar 捲軸控制項

　　ScrollBar 捲軸控制項分為  水平捲軸及 VScrollBar 垂直捲軸兩種，兩者功能相同只是方向不同。程式設計時為避免使用者輸入錯誤或超出範圍的整數數值資料時，可以使用捲軸控制項讓使用者調整捲動鈕來輸入資料。

微動鈕 ◄—　　　　　　　—► 微動鈕

快動區　捲動鈕　　　快動區

7.3.1 ScrollBar 控制項的常用屬性

1. Value 屬性(預設值為 0)

   可設定或取得捲軸控制項的值(整數型別)，就是捲動鈕目前位置的對應值。

2. Maximum 屬性(預設值為 10)

   可以設定或取得捲軸控制項的上限(最大值)。

3. Minimum 屬性(預設值為 0)

   可以設定或取得捲軸控制項的下限(最小值)。

4. SmallChange 屬性(預設值為 1)

   可以設定或取得按微動鈕微調時，捲動鈕所增減的數值。

5. LargeChange 屬性(預設值為 10)

   可以設定或取得按快動區快調時，捲動鈕所增減的數值。

7.3.2 ScrollBar 控制項的常用事件

HScrollBar、VScrollBar 捲軸控制項和 TrackBar 控制項一樣，常用的事件是 Scroll 及 ValueChanged 兩個事件。當使用者拖曳捲軸控制項的捲動鈕時，同時會觸動 Scroll 和 ValueChanged 事件。若使用程式碼改變控制項的 Value 屬性值時，則只會觸動 ValueChanged 事件。

1. Scroll 事件(預設事件)

   當捲軸控制項的捲動鈕被使用者拖曳的同時會觸動此事件。

2. ValueChanged 事件

   當使用者拖曳捲軸控制項的捲動鈕，或是用程式改變 Value 屬性值時，都會觸動此事件。

實作 FileName：ScrollPic.sln

設計可透過水平和垂直捲軸來調整圖片大小(縮放範圍：0~180 pixels)，會顯示圖片大小(預設高度 90、寬度 90)，並且用滑動軸可切換四張圖片的程式。並在拖曳捲動鈕時及切換圖片時，以 toolTip 提示控制項同步顯示捲動鈕位置。

▶ **輸出要求**

▶ **解題技巧**

Step 1 建立輸出入介面

1. 新增專案並以「ScrollPic」為新專案名稱。

2. 由輸出要求可知，本範例必須在表單上建立下列各控制項名稱：

① 建立 PicShow 圖片方塊控制項用來顯示圖片。

② 建立名稱為 HsbWidth 水平捲軸和 VsbHeight 垂直捲軸控制項分別來調整圖片的寬度和高度。

③ 建立名稱為 TkbPic 滑動軸控制項，用來切換不同的圖片。

④ 使用 Ttip 提示控制項分別顯示圖片高度、寬度及圖片編號。

⑤ 請將 ch07\Images 資料夾中的 pic1.png ~ pic4.png 圖檔，複製到 bin\Debug\net6.0-windows 資料夾中。

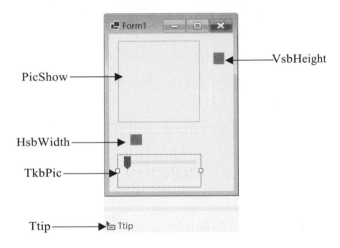

Step 2 問題分析

1. 圖片如何縮放原理分析

① 將 PicShow 圖片方塊控制項的 SizeMode 屬性值設成 StretchImage，表示圖片可隨控制項大小伸縮。

② 將水平和垂直捲軸的 Maximum 屬性值設成 180，即圖片的最大值為 180；Minimum 屬性值設成 1，即圖片的最小值為 1。

③ 將水平和垂直捲軸的 LargeChange 屬性值設成 1，因為捲軸執行時的最大值是(Maximum - LargeChange + 1)，所以若要能拖曳到最大值，就必須將為 LargeChange 屬性值設成 1。

④ 當滑鼠拖曳捲軸的捲動鈕會觸動捲軸的 Scroll 事件。在此事件處理函式內將水平捲軸捲動時的 Value 屬性值,指定給 PicShow 圖片方塊控制項的 Height 或 Width 屬性,即可達成圖片隨捲軸而改變大小。

2. 在 Form1_Load 事件處理函式中,需更改下列一些屬性的預設值:

① 將 PicShow 圖片方塊控制項的 SizeMode 屬性值設成 StretchImage。PicShow 的 Height、Width 屬性值為 90,預設圖片高度和寬度。並使用 FromFile 方法載入 pic1.png 圖檔。

② 將水平和垂直捲軸的 Maximum 屬性值設成 180,即圖片的最大值為 180;Minimum 屬性值設成 1,即圖片的最小值為 1。再將兩捲軸的 Value 屬性值皆設成 90,也就是等於 PicShow 的 Height、Width 屬性值,使兩者的值能夠相同。

③ 將水平和垂直捲軸的 LargeChange 屬性值設成 1,使捲軸可以拖曳到最大值。

④ 將 TkbPic 滑動軸的 Maximum 屬性值設成 4,Minimum 屬性值設成 1,如此 Value 值就對應四張圖片。

⑤ 以提示控制項的 SetToolTip()方法,分別設定捲軸控制項及滑動軸控制項的提示文字。

3. 拖曳捲軸時會觸動該捲軸的 Scroll 事件處理函式,在事件中處理以下的動作:

① 設定 PicShow 的 Height 或 Width 屬性值,等於捲軸的 Value 屬性值,圖片的高度或寬度就能隨捲軸拖曳而連動。

② 以提示控制項的 SetToolTip()方法,設定提示控制項的提示文字,來顯示圖片的高度或寬度。

4. 拖曳滑動軸時會觸動 Scroll 事件處理函式,在事件中,根據 TkbPic.Value 屬性值載入對應的圖檔,並設定提示文字。

Step ③ 編寫程式碼

FileName : ScrollPic.sln

```
01 namespace ScrollPic
02 {
```

```
03      public partial class Form1 : Form
04      {
05          public Form1()
06          {
07              InitializeComponent();
08          }
09          private void Form1_Load(object sender, EventArgs e)
10          {
11              PicShow.SizeMode = PictureBoxSizeMode.StretchImage;
12              PicShow.Height = 90; PicShow.Width = 90;           // 設定圖片高度和寬度
13              PicShow.Image = Image.FromFile("pic1.png");              // 載入圖檔
14              TkbPic.Maximum = 4; TkbPic.Minimum = 1;// 設定 TkbPic 的最大、最小值
15              VsbHeight.Maximum = 180; VsbHeight.Minimum = 1; // 設定最大、最小值
16              VsbHeight.LargeChange = 1;              // 設定 VsbHeight 的快動值 = 1
17              VsbHeight.Value = PicShow.Height;       // VsbHeight 的 Value 值=圖片高度
18              HsbWidth.Maximum = 180; HsbWidth.Minimum = 1;   // 設定最大、最小值
19              HsbWidth.LargeChange = 1;               // 設定 HsbWidth 的快動值 = 1
20              HsbWidth.Value = PicShow.Width;         // HsbWidth 的 Value 值=圖片寬度
21              Ttip.SetToolTip(VsbHeight, $"{VsbHeight.Value}");       //設定提示文字
22              Ttip.SetToolTip(HsbWidth, $"{HsbWidth.Value}");        //設定提示文字
23              Ttip.SetToolTip(TkbPic, "圖片 1");              //設定 TkbPic 的提示文字
24          }
25          private void VsbHeight_Scroll(object sender, ScrollEventArgs e)
26          {   // 捲動垂直捲軸時執行
27              PicShow.Height = VsbHeight.Value;// 圖片高度=VsbHeight 的 Value 值
28              Ttip.SetToolTip(VsbHeight, $"{VsbHeight.Value}");
29          }
30          private void HsbWidth_Scroll(object sender, ScrollEventArgs e)
31          {   // 捲動水平捲軸時執行
32              PicShow.Width = HsbWidth.Value;// 設圖片寬度=HsbWidth 的 Value 值
33              Ttip.SetToolTip(HsbWidth, $"{HsbWidth.Value}");
34          }
35          private void TkbPic_Scroll(object sender, EventArgs e)
36          {   // 捲動滑動軸時執行
37              PicShow.Image = Image.FromFile($"pic{TkbPic.Value}.png");
38              Ttip.SetToolTip(TkbPic, $"圖片{TkbPic.Value}");
39          }
40      }
41 }
```

▶ 馬上練習

設計一個程式，可透過垂直捲軸來調整字體
大小（縮放範圍：24～48）；及滑動軸控制
項，滑動軸的最小值為 0，最大值為 9，滑動
軸的 Value 值即為表單中所顯示的數字。

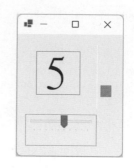

7.4　NumericUpDown 數字鈕控制項

NumericUpDown 數字鈕控制項可以使用上/下鈕選擇數值，或是直接在文
字方塊輸入一個數值，以避免輸入的資料不合乎指定的資料型別或是超出範圍
而發生輸入錯誤。數值資料型別為 Decimal，所以可以輸入具小數的資料。

文字方塊 ──▶ 12　　　　　　　── 上/下 鈕

7.4.1 NumericUpDown 控制項的常用屬性

1. Value 屬性

   可以設定或取得所選取或文字方塊內的數字，其資料型別為 Decimal，預
   設值為最小值(Minimum 屬性值)。

2. Maximum 屬性(預設值為 100)

   可以設定或取得數字鈕控制項的最大值，如果使用者輸入值大於最大值
   時，其值會自動改為原設定值以避免超出範圍。

3. Minimum 屬性(預設值為 0)

   可以設定或取得數字鈕控制項的最小值，如果使用者輸入值小於最小值
   時，其值會自動改為原設定值以避免超出範圍。

4. Increment 屬性(預設值為 1)

   可以設定或取得按上/下鈕時每次增減的值。若屬性值為 2，則每次數字增
   減 2。屬性值可以為小數，但必須配合 DecimalPlaces 屬性才能顯示。若屬
   性值為 0.5，則每次數字增減 0.5。

5. DecimalPlaces 屬性(預設值為 0)

可以設定文字方塊內的數字允許顯示的小數位數，例如屬性值等於 2 表示顯示到小數二位。

6. ReadOnly 屬性(預設值為 false)

可以設定是否讓使用者自行輸入數值，若屬性值為 false 時，可讓使用者輸入。若屬性值為 true 時，則只能使用上/下鈕來選擇數值。

7.4.2 NumericUpDown 控制項的常用事件

ValueChanged 事件是 NumericUpDown 數字鈕控制項的預設事件，當在數字鈕控制項上按上/下鈕，或是直接輸入數值後，改變 Value 屬性值時，就會觸動 ValueChanged 事件。

實作 FileName：UpDown.sln

使用 NumericUpDown 控制項設計一個可設定倒數計時的程式。設定時以整數為分鐘數，小數部分為秒數，按 確定 鈕後開始倒數計時。

▶ **輸出要求**

▶ **解題技巧**

Step 1 建立輸出入介面

1. 新增專案並以「UpDown」為新專案名稱。

2. 由輸出要求可知，本範例必須在表單上建立下列各控制項：

① 建立數字按鈕控制項 Nud，來輸入倒數秒數。

② 建立核取方塊控制項 Chk，來設定 Nud 可否輸入小數位數。

③ 建立按鈕控制項 BtnOK，在該鈕的 Click 事件中進行倒數計時。

④ 建立 timer1 計時器，用來定時顯示秒數。

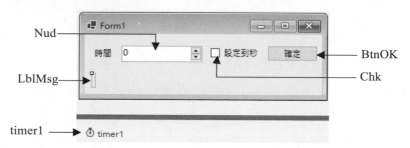

_{Step}(2) 問題分析

1. 在 Chk_CheckedChanged 事件處理函式中，更改 Nud 的屬性值：

① 若為勾選，則 DecimalPlaces 設為 2，有二位小數；增減值為 0.05。
在這裡如果寫成 Nud.Increment = 0.05; 會發生錯誤，出現下列訊息：

> readonly struct System.Double
> Represents a double-precision floating-point number.
>
> CS0664: 不可將類型 double 的常值，隱含轉換成類型 'decimal'; 請使用 'M' 後置詞來建立此類型的常值

正確寫法為 Nud.Increment = 0.05M; (參閱本書 2.4 節)。

② 若為不勾選，則 DecimalPlaces 設為 0，無小數；增減值為 1。

2. 在 BtnOK_Click 事件處理函式中，計算秒數的做法為：

① 設 decimal 資料型別變數 temp 來存放秒數，Nud 的 Value 屬性值乘上 60 即得秒數；若設為不顯示小數點，但是 Value 屬性值中可能殘留小數部分，所以用(int)強制轉型來取得整數部分。

② 計算所得的秒數同樣用(int)強制轉型，存放在 timer1.Tag 屬性中。計時器設定為每秒執行一次，最後開啟計時器。

_{Step}(3) 編寫程式碼

FileName : UpDown.sln

```
01 namespace UpDown
02 {
03     public partial class Form1 : Form
04     {
05         public Form1()
06         {
07             InitializeComponent();
08         }
09         private void Chk_CheckedChanged(object sender, EventArgs e)
10         {
11             if(Chk.Checked == true)
12             {
13                 Nud.DecimalPlaces = 2; // 設小數位數值 = 2
14                 Nud.Increment = 0.05M;// 設增減值為 0.05
15             }
16             else
17             {
18                 Nud.DecimalPlaces = 0; // 設小數位數值 = 0
19                 Nud.Increment = 1;          // 設增減值為 1
20             }
21         }
22         private void BtnOK_Click(object sender, EventArgs e)
23         {
24             decimal temp;
25             if (Chk.Checked == true)
26                 temp = Nud.Value * 60;        // Nud.Value 乘上 60 等於秒數
27             else
28                 temp = (int)Nud.Value * 60;    // 取整數部分乘上 60 等於秒數
29             timer1.Tag = (int)temp;        // 秒數以整數型別儲存於計時器的 Tag 中
30             LblMsg.Text = $"倒數：{timer1.Tag}秒";  // 顯示設定秒數
31             timer1.Interval = 1000;        // 計時器時隔為 1 秒
32             timer1.Enabled = true;              // 開啟計時器
33         }
34         private void timer1_Tick(object sender, EventArgs e)
35         {   //計時週期執行項目
```

36	timer1.Tag = (int)timer1.Tag - 1; // 秒數減 1
37	LblMsg.Text = $"倒數：{timer1.Tag}秒";　　　// 顯示秒數
38	if ((int)timer1.Tag <= 0)
39	{
40	System.Media.SystemSounds.Beep.Play();　　　// 發出系統 Beep 聲
41	timer1.Enabled = false;　　　// 關閉計時器
42	}
43	}
44	}
45	}

▶ 馬上練習

使用 NumericUpDown 控制項設計一個兩數(0 ~ 100)的加法程式，其中可以設定小數位數(0 ~ 2)，按　＝　鈕計算兩數相加的結果。

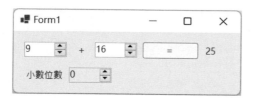 

7.5　MonthCalendar 月曆控制項

　　MonthCalendar 月曆控制項可以快速建立一個月曆，使用者可以自行選擇欲顯示的年份和月份。另外使用者也可以用滑鼠拖曳方式，來選擇一個日期或一段日期。

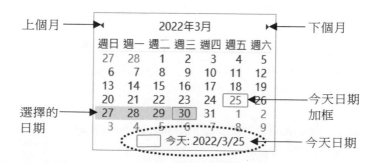

7.5.1 MonthCalendar 控制項的常用屬性

1.   AnnuallyBoldedDates 屬性

可設定一年當中哪些日期要以粗體字顯示,通常適用來設定每年固定的國定假日。在屬性視窗中按 AnnuallyBoldedDates 屬性右邊的 ⌐ 鈕,出現右下圖「DateTime 集合編輯器」對話方塊,在其中加入日期即可。

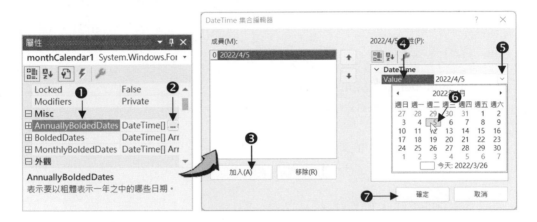

當在表單設計階段設定完畢後,該日期會以粗體字顯現。若在程式執行階段才設定時,由於月曆控制項所顯示的是未設定前的畫面,要切換月份再返回才能看到設定的粗體字日期,或是使用 UpdateBoldedDates()方法來更新控制項。下例將指定的 2022/4/5 和今天日期設成粗體字,寫法如下:

```
monthCalendar1.AddBoldedDate(new DateTime(2022, 4, 5));
monthCalendar1.AddBoldedDate(DateTime.Today);
monthCalendar1.UpdateBoldedDates();
```

2.   MaxDate 屬性(預設值為 9998/12/31)

用來設定可供選擇的最晚日期。若要在程式執行階段設定最晚選取日期為「2021/12/31」,其寫法如下:

```
monthCalendar1.MaxDate = new DateTime(2022, 12, 31);
```

若要設定最晚選取日期為十天後，可以使用 AddDays()方法。如果今天日期為 2022/3/26，會將 MaxDate 設為 2022/4/5。其寫法如下：

```
monthCalendar1.MaxDate = DateTime.Today.AddDays(10) ;
```

3. MinDate 屬性(預設值為 1753/1/1)

設定可供選擇的最早日期。下例若今天日期為 2022/4/1 會將可選取的日期範圍設為 2022/4/1~2022/4/15，其他日期無法點選，被點選的日期會以藍底白字出現：

```
monthCalendar1.MinDate = DateTime.Today;
monthCalendar1.MaxDate = DateTime.Today.AddDays(14) ;
```

4. MaxSelectionCount 屬性(預設值為 7)

可設定最多可框選(反白)的天數。

5. SelectionRange 屬性(預設為今天日期)

可設定框選的日期範圍。要在程式執行階段讀取使用者所選擇日期，可以使用 SelectionRange.Start 和 SelectionRange.End 屬性，程式寫法如下：

```
DateTime start_date = monthCalendar1.SelectionRange.Start;
DateTime end_date = monthCalendar1.SelectionRange.End;
```

6. SelectionStart、SelectionEnd 屬性

在程式執行階段設定或讀取框選日期範圍的起訖日期。要在程式執行階段設定選擇日期為「今日到七天後」，可以使用 SelectionStart 和 Selection End 屬性，程式寫法如下：

```
monthCalendar1.SelectionStart = DateTime.Today;
monthCalendar1.SelectionEnd = DateTime.Today.AddDays(7)
```

7. ShowToday 屬性(預設值為 true)

可設定在月曆控制項下面是否顯示今天日期，true 表顯示今天日期。

8. ShowTodayCircle 屬性

可以設定今天日期是否加框標示，預設值為 true 表示加框。

9. TodayDate 屬性(預設為今天日期)

可以設定月曆控制項中今天的日期。下例先指定的日期 2022/11/25 當今天日期，此時被設定的日期會加框標示，接著再將控制項的今天日期顯示在 label1 標籤控制項上面：

```
monthCalendar1.TodayDate = new DateTime(2022, 11, 25);
label1.Text = monthCalendar1.TodayDate.ToString();
```

10. SetDate 方法

使用 SetDate 方法可以使月曆控制項顯示指定的日期，此時該日期會以灰底顯現。例如指定月曆控制項顯示 2022/1/1，其寫法如下：

```
monthCalendar1.SetDate(new DateTime(2022, 1, 1));
```

7.5.2 MonthCalendar 控制項的常用事件

1. DateChanged 事件

DateChanged 事件是 MonthCalendar 控制項預設的事件，發生在使用滑鼠、鍵盤或程式碼選取日期的同時。

2. DateSelected 事件

DateSelected 事件和 DateChanged 事件類似，但 DateSelected 事件只在使用滑鼠選取日期結束後才會被觸動。

 實作 FileName：Vacation.sln

設計一個度假村會員選擇入住日期的程式，根據會員身份可以挑選不同天數的連續入住日期。

① 會員資格清單中有一般、高級、尊爵和非會員等四個項目，可入住天數分別為 5、12、21 和 0 天。

② 可挑選日期由操作日起至本年度最後一天，挑選天數不能超過可入住天數。

③ 若選非會員時顯示「非會員恕不招待」，月曆和 確定 鈕，無法點選。

④ 按 確定 鈕後會顯示入住日期的起訖，以及選擇的天數。

▶ **輸出要求**

▶ **解題技巧**

Step 1 建立輸出入介面

1. 新增專案並以「Vacation」為新專案名稱。

2. 在表單上建立下列各控制項：

   ① 建立 CboKind 下拉式清單控制項，用來讓使用者選擇會員資格。

   ② 建立 LblDays 標籤控制項，用來顯示各會員的可入住天數。

   ③ 建立 McaDate 月曆控制項，用來圈選連續入住日期。

   ④ 建立 BtnOK 的按鈕控制項，用來做確認輸入。

Step 2 分析問題

1. 在 Form1_Load 事件處理程序中，新增 CboKind 中的清單項目，預設選取第一個項目。另外，設定 McaDate 最早能選擇的日期為今天；最大能選擇日期(MaxDate)為同一年的最後一天(12/31)。

2. 在 CboKind 的 SelectedIndexChanged 的事件程序中，建立一個 days 陣列儲存各種會員可入住天數。根據 SelectedIndex 屬性值就可以對應到 days 陣列中入住的天數，來設定 MaxSelectionCount 屬性值；若選擇「非會員」項目時，就設定 McaDate 和 BtnOK 的 Enabled 為 false。

3. 在 BtnOK 的 Click 的事件程序中，透過 McaDate 月曆控制項的 SelectionStart 和 SelectionEnd 屬性，可以分別得知使用者挑選日期的起訖日期。宣告一個 TimeSpan 時間間隔物件，來取得起訖日期間的間隔時間。另外，再使用 Days 屬性來取得間隔時間的天數，但記得其值要加 1。

Step 3 編寫程式碼

FileName: Vacation.sln
01 namespace Vacation
02 {
03   public partial class Form1 : Form
04   {
05   public Form1()
06   {
07   InitializeComponent();
08   }
09   **private void Form1_Load(object sender, EventArgs e)**
10   {
11   string[] str = new string[] { "一般會員", "高級會員", "尊爵會員", "非會員" };
12   CboKind.DropDownStyle = ComboBoxStyle.DropDownList; //清單不能輸入
13   CboKind.Items.AddRange(str);   //新增項目
14   CboKind.SelectedIndex = 0;   // 預設選取第一個項目
15   McaDate.MinDate = DateTime.Today;   // 設最早的選擇日期為今天
16   McaDate.MaxDate = new DateTime(DateTime.Today.Year, 12, 31);//最大日期
17   }
18   **private void CboKind_SelectedIndexChanged (object sender, EventArgs e)**
19   {
20   McaDate.Enabled = BtnOK.Enabled = true;   // 設月曆和按鈕可使用

21	int[] days = { 5, 12, 21 }; // 記錄各種會員的可住天數
22	int sel = CboKind.SelectedIndex; // 選擇的會員項目註標值
23	if (sel == 3)
24	{
25	LblDays.Text = $"{CboKind.Text}恕不招待";
26	McaDate.Enabled = BtnOK.Enabled = false; //設月曆和確定鈕不可使用
27	}
28	else
29	{
30	LblDays.Text = $"{CboKind.Text}最多可選{days[sel]}天入住";
31	McaDate.MaxSelectionCount = days[sel]; // 設最多入住天數
32	}
33	}
34	**private void BtnOK_Click(object sender, EventArgs e)**
35	{
36	DateTime ds = McaDate.SelectionStart; // ds 記錄入住日期;
37	DateTime de = McaDate.SelectionEnd; // de 記錄退房日期
38	TimeSpan ts = de - ds; // ts 為入住到退房日期的間隔時間
39	int days = ts.Days + 1; // 將時間間隔 ts 轉成天數
40	MessageBox.Show("您選擇" + ds.ToString("yyyy/MM/dd") + " 到 "
41	+ de.ToString("yyyy/MM/dd") + $" 入住,共選{days}天");
42	}
43	}
44	}

▶ 馬上練習

將上例的按鈕控制項移除，增加一個標籤控制項。當使用者拖曳連續休假日期的同時，標籤控制項能立即顯示入住日期的起訖，以及剩餘天數。

7.6 DateTimePicker 日期時間挑選控制項

 日期時間挑選控制項，可以快速建立一個供使用者挑選日期或時間的介面。為節省佔用表單空間 DateTimePicker 控制項右邊有一個下拉鈕，按下後才出現月曆供使用者挑選日期。文字方塊中會顯示使用者挑選的日期，使用者也可以自行用鍵盤輸入日期。MonthCalendar 控制項可以選擇一段日期，但 DateTimePicker 控制項只能挑選一天。

7.6.1 DateTimePicker 控制項的常用屬性

1. Value 屬性(預設值為今天日期)

   可以設定或取得挑選的日期。Value 屬性值的資料型別為 DateTime，其值含日期和時間。雖然將 Format 屬性設為 Short，其屬性值依然會包含時間。若只要部分日期或時間資料，就必須使用日期時間類別或 Format 格式。

   例 使用 Hour 屬性取得使用者挑選的小時。

   ```
   int what_hour = dateTimePicker1.Value.Hour;
   ```

   例 使用 Format 格式取得使用者挑選的日期字串。

   ```
   string what_date = dateTimePicker1.Value.ToString("yyyy/MM/dd");
   ```

2. Format 屬性(預設值為 Long)

   可以設定日期和時間的顯示格式，其屬性值有：

① Long：以長日期格式顯示日期 `2022年 3月28日` 。

② Short：以短日期格式顯示日期 `2022/ 3/28` 。

③ Time：只顯示時間 `下午 12:59:34` 。

④ Custom：配合 CustomFormat 屬性，以自訂的格式顯示日期或時間。

3. CustomFormat 屬性(預設值為空白)

可以自訂日期或時間顯示格式，但必須將 Format 屬性值設為 Custom 才有效。例如：將屬性值設為「西元 yyyy 年 MM 月 dd 日(ddd)」，則會顯示為： `西元2022年03月28日(週一)` 。

例 在程式執行階段設定 dateTimePicker1 為自訂的時間格式，執行結果為： `13點 08分 32秒`

```
dateTimePicker1.Format = DateTimePickerFormat.Custom;
dateTimePicker1.CustomFormat = "HH 點  mm 分  ss 秒";
```

4. ShowCheckBox 屬性(預設值為 false)

可以設定是否顯示核取方塊。若屬性值為 true 時表示顯示。

`☑2022年 3月28日`

5. Checked 屬性(預設值為 true)

當 ShowCheckBox 屬性值為 true 時，Checked 屬性可設定或取得核取方塊是否勾選。

6. ShowUpDown 屬性(預設值為 false)

可以設定日期的挑選方式。

① false：用下拉鈕形式顯示月曆供挑選日期。 `2022年 3月28日`

② true：用上下鈕來挑選日期。使用時先點選項目，然後按上下鈕調整。 `2022年 3月28日`

7.6.2 DateTimePicker 控制項的常用事件

ValueChanged 事件是 DateTimePicker 控制項的預設事件，當控制項的 Value 屬性值改變時，就是當使用者改變挑選日期或時間時就觸動本事件。但是如果使用者所挑選的日期早於 MinDateTime 或晚於 MaxDateTime 的時候，則不會觸動 ValueChanged 事件。

實作 FileName：Alarm.sln

設計一個定時提醒程式。最小提醒時間是操作時的時間加 1 分鐘，最大時間是 7 天後。使用者可以設定提醒時間及提醒字串，設定後按 開啟鬧鈴 鈕開啟鬧鈴。當指定時間到達時，會發出系統音及提示訊息。

▶ **輸出要求**

▶ **解題技巧**

Step 1 建立輸出入介面

1. 新增專案並以「Alarm」為新專案名稱。

2. 在表單上建立下列各控制項：

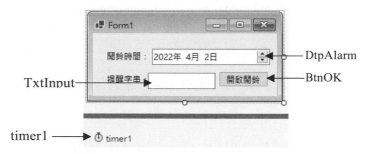

Step 2 分析問題

1. 在 Form1_Load 事件處理程序中，設定 DtpAlarm 控制項以自訂的格式顯示日期和時間，及最小、最大可挑選時間。

2. 在 BtnOK_Click 事件處理程序中，設定計時器啟動，並設定 DtpAlarm 不動作。

3. 計時器啟動後，timer1_Tick 事件會每秒觸動一次，事件中要檢查目前 時間是否大於等於設定時間，如果是的話，就關閉計時器，並使用 Beep.Play()函式發出系統音，最後顯示提示訊息。

Step ③ 編寫程式碼

FileName : Alarm.sln
01 namespace Alarm
02 {
03　　public partial class Form1 : Form
04　　{
05　　　　public Form1()
06　　　　{
07　　　　　　InitializeComponent();
08　　　　}
09
10　　　　**private void Form1_Load(object sender, EventArgs e)**
11　　　　{
12　　　　　　DtpAlarm.CustomFormat = "yyyy-MM-dd HH:mm";　// 自訂格式
13　　　　　　DtpAlarm.Format = DateTimePickerFormat.Custom;　// 顯示自訂格式
14　　　　　　DtpAlarm.MinDate = DateTime.Now.AddMinutes(1);　// 時間加 1 分鐘
15　　　　　　DtpAlarm.MaxDate = DateTime.Now.AddDays(7);　// 目前時間加 7 天
16　　　　}
17
18　　　　**private void BtnOK_Click(object sender, EventArgs e)**
19　　　　{
20　　　　　　timer1.Interval = 1000;　// 每秒啟動計時器一次
21　　　　　　timer1.Enabled = true;　// 啟動計時器
22　　　　　　DtpAlarm.Enabled = false;　// 避免操作者更動時間
23　　　　}
24
25　　　　**private void timer1_Tick(object sender, EventArgs e)**
26　　　　{

27	if (DateTime.Now >= DtpAlarm.Value)	// 時間大於等於設定時間
28	{	
29	timer1.Enabled = false;	// 關閉計時器
30	System.Media.SystemSounds.Beep.Play();	// 發出系統 Beep 聲
31	MessageBox.Show(TxtInput.Text, "提示");	
32	}	
33	}	
34	}	
35	}	

▶ 馬上練習

將上面實作修改成提醒時間可以設定到秒數，並且增加一個 延後提醒 鈕，在顯示提示訊息後，按此鈕會延後 1 分鐘，再次顯示提醒訊息。

CHAPTER **8**

方法（Method）

8.1 方法

方法(Method)是由多行敘述(Statements)所組成，是具有特定功能的程式碼區塊。程式呼叫(Calling)方法時，呼叫方法的敘述可以將引數傳給方法，提供給該方法內的程式區塊使用。Visual C# 程式主要是由方法所組成，而方法都置於類別中。Windows Forms 模式下所編寫的程式，方法預設置於 Form1 類別裡面。

方法是類別(Class)的成員之一，Visual C# 中的「方法」在 Visual Basic 程式語言稱為「函數」或「程序」；在 C 和 C++程式語言則稱為「函式」。所以，方法就是函數、函式或程序，只是在不同的程式語言而有不同稱呼。由於 Visual C# 是屬於物件導向程式語言，為符合物件導向封裝的特性，所以本書以「方法」來代替函式、函數或程序。方法具有下面特點：

1. 方法是類別的成員之一，具有特定功能的程式碼區塊，可重複呼叫使用。

2. 方法擁有自已的名稱，須使用合法的 Visual C# 識別字來命名。但不能和變數、常數或定義在類別內的屬性名稱相同。

3. 方法內所宣告的變數是屬於方法範圍的區域變數，其有效範圍侷限在該方法內，所以在不同的方法內允許使用相同的區域變數名稱。

4. 方法的程式碼功能明確，可以提高程式的可讀性，而且容易除錯和維護。

在 Visual C# 程式語言中，方法依其來源可分成三大類：

1. **系統提供的方法**：系統提供的方法可直接使用，譬如 ToInt32()是 Convert 類別的方法。本書附錄 B 有介紹亂數、數學...等類別的方法供參考。

2. **事件(Event)**：Visual C# 中每個控制項物件都有其事件，預設事件中沒有敘述，程式碼可自行視需要而寫入。應用程式常會使用多個物件，當在某個物件上做動作，就會觸發該物件針對這個動作所指定的事件，而執行事件處理函式內的程式碼。「事件」並不會自動執行，必須在程式執行時透過使用者或由其他程式來觸動。

3. **使用者自定的方法**：使用者依程式需求自己定義的方法稱為「使用者自定方法」，簡稱「自定方法」(或稱自訂方法)。

亂數物件

亂數在生活中常被應用，例如隨機抽題、數學統計、實驗數據和樂透彩的電腦選號…等。Visual C# 可以使用 Random 類別來建立亂數物件，然後就可以使用亂數物件所提供的方法來產生指定範圍的亂數。

8.2.1 如何使用 Random 亂數物件

由於 Random 類別是屬於非靜態類別，所以必須使用 new 敘述來建立一個屬於 Random 類別的亂數物件實體，其語法如下：

語法
Random 物件名稱 = new Random();

例 建立名稱為 rnd 屬於 Random 類別的亂數物件實體。

Random rnd = new Random();

亂數物件建立後,可用 Next()與 NextDouble()方法來產生指定範圍的亂數值。

一、Next()方法

Next 方法可傳回介於指定範圍的整數亂數值。有下列三種語法：

語法
1. 亂數物件.Next();　　　　　　　// 傳回 0 ~ 2,147,483,647 的整數亂數。
2. 亂數物件.Next(max);　　　　　// 傳回 0 ~ (max-1)的整數亂數值。
3. 亂數物件.Next(min, max);　　 // 傳回 min(含)到(max-1)的整數亂數值。

例 產生 3~14 間的五個亂數，並在 LblMsg 標籤控制項顯示。(Rnd1 專案)

```
Random rnd = new Random();
LblMsg.Text = "";
for (int i = 1; i <= 5; i++)
{
```

```
        LblMsg.Text += $"第{i}個亂數: {rnd.Next(3, 15)}\n";
    }
```

結果：

第1個亂數: 10
第2個亂數: 14
亂數值可能重複 ⎰ 第3個亂數: 7
第4個亂數: 14
第5個亂數: 5

產生亂數的步驟：

① 先使用 new Random() 建立一個名為 rnd 的亂數物件。

② 在 for 迴圈內，使用亂數物件的 Next()方法產生介於兩數間的多個整數亂數，產生的亂數可以逐一置入陣列中或直接顯示出來。

例 產生 1~49 間的五個不重複亂數，並在 LblMsg 標籤控制項顯示。(Rnd2 專案)

```
int[] num = new int[5];          // 陣列 num 記錄 5 個整數亂數
Random rnd = new Random();        // 建立 rnd 亂數物件
LblMsg.Text = "";                 // 清空 LblMsg
for (int i = 0; i <= 4; i++)
{
    int r = rnd.Next(49) + 1;     // 產生 1~49 亂數
    bool same = false;            // 檢查亂數是否重複，預設為不重複
    foreach (int n in num)        // 逐一檢查 num 陣列元素
    {
        if (r == n) { same = true; break; } //若相同就設 same=true 並離開迴圈
        if (n == 0) { same = false;break; } //若是 0 表沒亂數設 same=false 離開迴圈
    }
    if (same == false)            // 若 same=false
        num[i] = r;               // 將亂數存入陣列中
    else
        i--;                      //i 減 1 重新產生亂數
}
for (int i = 0; i <= 4; i++)      // 逐一顯示亂數
{
    LblMsg.Text += $"第 {i + 1} 個亂數: {num[i]}\n";
}
```

第 1 個亂數: 32
第 2 個亂數: 1
第 3 個亂數: 7 ⎱ 亂數值
第 4 個亂數: 13   不重複
第 5 個亂數: 34

二、NextDouble() 方法

亂數物件的 NextDouble 方法，可以傳回 0.0 到 1.0 之間的倍精確度亂數。

語法
亂數物件.NextDouble();

例 建立 rnd 亂數物件後，使用 NextDouble 方法傳回 0.0～1.0 間倍精確度亂數，最後再將亂數指定給浮點數變數 d。

```
Random rnd = new Random();
double d = rnd.NextDouble();   // 產生 0.0~1.0 之間的亂數值
```

實作 FileName：Poker1.sln

按 開始 鈕啟動計時器，計時器會以每 0.05 秒用亂數切換 poker1.jpg ～ poker13.jpg 樸克牌圖。當按 停止 鈕後，會顯示點數及對應樸克牌圖。

▶ **輸出要求**

▶ **解題技巧**

Step 1 建立輸出入介面

1. 新增專案並以「Poker1」為新專案名稱。

2. 由輸出要求必須在表單建立下列控制項：

   ① 圖片方塊控制項 PicPoker 用來顯示樸克牌圖，並將 Size 屬性值設為 71, 96，因為樸克牌圖檔大小為 71 x 96。

② 影像列示控制項 ImgPoker 用來存放 poker1 ~ poker13.jpg 樂克牌圖，將 ImageSize 屬性值設為 71, 96，樂克牌圖檔在範例資料夾中請依序加入。

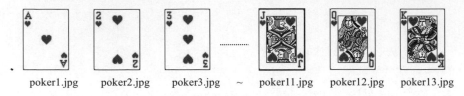

poker1.jpg　　　poker2.jpg　　　poker3.jpg　　~　　poker11.jpg　　poker12.jpg　　poker13.jpg

③ 一個標籤控制項 LblMsg 用來顯示亂數產生的點數。

④ 兩個按鈕控制項 BtnStart、BtnStop，分別為 開始 、 停止 鈕。

⑤ 計時器控制項 TmrRun 用來每 0.05 秒產生一個亂數。

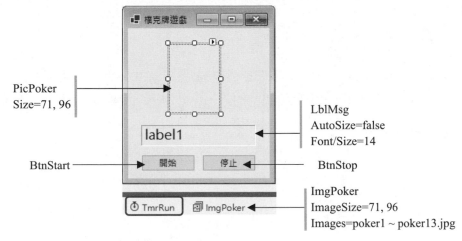

Step 2　分析問題

1. 宣告 point 整數欄位變數用來存放亂數產生的樂克牌點數，此變數在計時器的 TmrRun_Tick 及 停止 鈕的 BtnStop_Click 事件處理函式都會使用。

2. 在 Form1_Load 事件處理函式定 TmrRun 的 Interval 屬性值為 50，當 TmrRun 啟動後每 0.05 秒會執行 TmrRun_Tick 事件處理函式切換樂克牌圖。

3. 按 開始 鈕執行的 BtnStart_Click 事件處理函式，使用 TmrRun 的 Start 方法啟動計時器。

4. 按 停止 鈕執行的 BtnStop_Click 事件處理函式時，將 TmrRun 的 Stop 方法關閉計時器，並將所得到的樂克牌點數(point+1)顯示在 LblMsg 標籤上。

5. 在計時器的 Tick 事件處理函式內，使用 Next(13)方法產生 0 ~ 12 的整數亂數 point，point 值對應到 ImgPoker 控制項的 Image 屬性的註標值，就可以取得 poker1 ~ poker13.jpg 的樸克牌圖。

Step ③ 撰寫程式碼

FileName: Poker1.sln

```
01 namespace Poker1
02 {
03     public partial class Form1 : Form
04     {
05         public Form1()
06         {
07             InitializeComponent();
08         }
09         int point;   // 宣告point整數欄位變數來存放得到的點數
10         // 表單載入時執行
11         private void Form1_Load(object sender, EventArgs e)
12         {
13             TmrRun.Interval = 50; //設每50毫秒(即0.05秒)執行一次TmrRun_Tick事件
14             LblMsg.Text = "";
15         }
16         // 按 <開始> 鈕執行
17         private void BtnStart_Click(object sender, EventArgs e)
18         {
19             TmrRun.Start();     // 啟動TmrRun計時器
20         }
21         // 按 <停止> 鈕執行
22         private void BtnStop_Click(object sender, EventArgs e)
23         {
24             TmrRun.Stop();     // 停止TmrRun計時器
25             LblMsg.Text = $"得到 {point+1} 點 !!";
26         }
27         // 每50毫秒(即0.05秒)執行一次TmrRun_Tick事件
28         private void TmrRun_Tick(object sender, EventArgs e)
29         {
```

30	Random rnd = new Random();
31	point = rnd.Next(13);　　// 產生0~12變數
32	PicPoker.Image = ImgPoker.Images[point];
33	}
34	}
35	}

▶ 馬上練習

將上面實作修改為比大小遊戲，按 開始 鈕會顯示電腦的點數樸克牌(亂數產生)，玩家樸克牌圖會用亂數快速切換。當按 停止 鈕後會顯示比賽結果。

8.2.2 控制項陣列的應用

在上例樸克牌程式只顯示一張樸克牌，若同時出現多張樸克牌時，則都需要寫一段除名稱不同之外，其他都相同的程式碼。如果能像陣列一樣，將圖片控制項物件指定給陣列元素，此時就可以使用迴圈來處理，不但能縮短程式碼，而且可讀性和維護性都提高。這種將控制項存放在陣列中，該陣列就稱為「控制項陣列」。

例如有 Pic1 ~ Pic3 三個圖片方塊控制項要分別載入 poker1 ~ poker3.jpg 圖檔。此時可使用控制項陣列，透過 for 迴圈逐一載入圖檔到陣列中。步驟如下：

Step ① 先建立名稱為 Pic1 ~ Pic3 共三個圖片方塊控制項。

Step ② 建立名稱為 arrPic 的圖片方塊控制項陣列，有 arrPic[0] ~ arrPic[2] 三個陣列元素，用來存放圖片方塊控制項 PictureBox 型別的物件。如果要存放其他控制項例如標籤，宣告時只要指定控制項陣列型別為 Label 即可。

```
PictureBox[] arrPic = new PictureBox[3];
```

Step ③ 將 Pic1 ~ Pic3 圖片方塊控制項，指定給 arrPic[0] ~ arrPic[2] 陣列元素。

> arrPic[0] = Pic1 ； arrPic[1] = Pic2 ； arrPic[2] = Pic3;

Step ④ 使用 for 迴圈改變陣列註標值，將註標值加 1 當作檔名，即可將 poker1 ~ poker3.jpg 圖檔分別指定給 arrPic[0] ~ arrPic[2] 陣列元素的 Image 屬性。

```
for(int i=0 ; i<arrPic.Length; i++)
    arrPic[i].Image = Image.FromFile($"poker{i+1}.jpg");
```

 實作 FileName：Poker2.sln

設計 21 點遊戲，共有五張樸克牌，1~10 點的牌以牌面點數計算，J、Q、K 以 10 點計算。開始時隨機出兩張牌，並顯示總點數。每按一次 發牌 鈕，會由第三張牌起隨機出牌並顯示總點數，若超過 21 點就不能按 發牌 鈕。到第五張若沒有超過 21 點，就顯示「過五關」，按 重新 鈕可重玩。。

▶ **輸出要求**

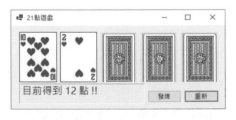

▶ **解題技巧**

Step ① 建立輸出入介面

1. 新增專案並以「Poker2」為新專案名稱。

2. 由輸出要求可知，本實作必須在表單上建立下列各控制項：

① 在表單的標題欄顯示「21 點遊戲」標題。

② 表單上建立五個圖片方塊控制項 Pic1 ~ Pic5 用來顯示樸克牌，並將 Size 屬性設為 71, 96，讓圖片方塊控制項和圖片的大小相等。

③ 建立標籤控制項 LblMsg 用來顯示總點數和相關訊息。

④ 建立兩個名稱為 BtnStart、BtnOpen 的按鈕控制項。

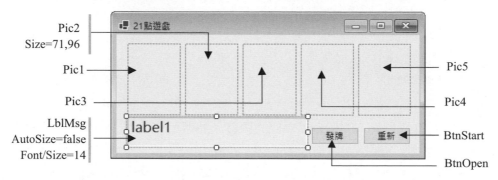

3. 將範例所附 poker1.jpg ~ poker13.jpg 和 pokerbk.jpg(樸克牌背面)圖檔，複製到目前製作專案的 [bin\Debug\net6.0-windows] 子資料夾下。

Step ② 分析問題

1. 本實作需在五個圖片方塊控制項顯示對應的樸克牌圖檔，建立控制項陣列 arrPic(arrPic[0] ~ arrPic[4])存放圖片方塊控制項，程式碼較簡潔且易維護。

2. 建立 rnd 為亂數物件來產生亂數；total 整數變數用來存放樸克牌的總點數；point 整數變數存放亂數產生的點數；times 整數變數存放發牌的次數。上述變數在多個函式皆有參用，因此將變數宣告於事件處理函式之外。

3. 在 Form1_Load 事件處理函式中，將 Pic1 ~ Pic5 圖片方塊控制項指定成為 arrPic[0] ~ arrPic[4]圖片方塊控制項的陣列元素。接著執行 BtnStart_Click 事件，來設定遊戲的初始狀態。

4. 在 BtnStart_Click 事件處理函式中，完成下列動作：

① 使用 for 迴圈設 Pic3 ~ Pic5 的 Image 屬性值為 pokerbk.jpg 來顯示背景圖。

② 使用 for 迴圈產生 1~13 亂數，依 point 值設定 Pic1～Pic2 的 Image 屬性值為對應的圖檔，並設 times 為 2 表發兩張牌。使用三元運算子，當 point 值大於 10 就重設為 10(因 J、Q、K 為十點)，然後加入 total 總點數。

```
total += (point < 10 ? point : 10);
```

③ 在標籤控制項 LblMsg 上顯示總點數。

④ 設定 BtnOpen 的 Enabled 屬性值為 true，讓使用者可以點按。

5. 在 BtnOpen 的 Click 事件處理函式中，完成下列動作：

① times 加 1 表新發一張牌，times-1 就是要處理控制項陣列的註標值。

② 產生 1～13 亂數，在指定控制項陣列用 FromFile 方法載入對應的圖檔。因為本例不用快速顯示圖片，所以使用 FromFile 方法讀檔即可。

③ 計算目前發牌點數，並加到 total 總點數中，

④ 檢查 total 是否超過 21，若超過就顯示「爆掉」訊息。如果 total 未超過 21 且發牌次數為 5，就顯示「過五關」訊息。如果 total 未超過 21 且發牌次數不為 5，就顯示總點數。

⑤ 當爆掉或過五關時，就設 BtnOpen 的 Enabled 屬性為 false 使不能點按。

6. 30~32 和 42~44 行程式碼相同可以抽出成為自定方法，作法在下一節介紹。

Step 3 撰寫程式碼

FileName: Poker2.sln

```
01 namespace Poker2
02 {
03     public partial class Form1 : Form
04     {
05         public Form1()
06         {
07             InitializeComponent();
08         }
09         PictureBox[] arrPic = new PictureBox[5]; // arrPic為圖片方塊陣列大小為5
10         Random rnd = new Random();//rnd為亂數物件
11         int total = 0;        // total整數變數用來存放樸克牌的總點數
```

```
12      int point = 0;      // 亂數產生的點數
13      int times = 0;      // 發牌次數
14      private void Form1_Load(object sender, EventArgs e)
15      { // 將pic1~pic5控制項指定為陣列元素
16          arrPic[0] = Pic1; arrPic[1] = Pic2; arrPic[2] = Pic3;
17          arrPic[3] = Pic4; arrPic[4] = Pic5;
18          BtnStart_Click(sender, e);   //執行BtnStart_Click事件
19      }
20      // 按 <重新> 鈕時
21      private void BtnStart_Click(object sender, EventArgs e)
22      {
23          for (int i = 2; i <= 4; i++)      // pic3~pic5顯示背景圖
24          {
25              arrPic[i].Image = Image.FromFile("pokerbk.jpg");
26          }
27          total = 0;         // 設樸克牌的總點數為0
28          for (int i = 0; i <= 1; i++)         // pic1~pic2顯示亂數樸克牌圖
29          {
30              point = rnd.Next(1, 14);    // 產生1~13變數
31              arrPic[i].Image = Image.FromFile($"Poker{point}.jpg");
32              total += (point < 10 ? point : 10);        // 若>10改為10點，再加入total
33          }
34          times = 2;    // 設發牌次數為2
35          LblMsg.Text = $"目前得到 {total} 點 !!";
36          BtnOpen.Enabled = true; //設 <發牌> 鈕可以使用
37      }
38      // 按 <發牌> 鈕時
39      private void BtnOpen_Click(object sender, EventArgs e)
40      {
41          times++;    //發牌次數加1
42          point = rnd.Next(1, 14);     // 產生1~13變數
43          arrPic[times - 1].Image = Image.FromFile($"Poker{point}.jpg");
44          total += (point < 10 ? point : 10);
45          if (total > 21)            // 若總點數>21
46          {
47              LblMsg.Text = $"共得到 {total} 點，已經爆掉 !!";
```

48	BtnOpen.Enabled = false;　　//設 <發牌> 鈕不可以使用
49	}
50	else
51	{
52	if (times == 5)　　// 如果發牌次數為5，且總點數<=21
53	{
54	LblMsg.Text = $"共得到 {total} 點，過了五關 !!";
55	BtnOpen.Enabled = false;　// 設 <發牌> 鈕不可以使用
56	}
57	else　　// 如果發牌次數不為5，且總點數<=21
58	{
59	LblMsg.Text = $"共得到 {total} 點 !!";
60	}
61	}
62	}
63	}
64	}

▶ **馬上練習**

將上面馬上練習的樸克牌比大小遊戲，試使用控制項陣列改為一次發三張牌。

8.3　自定方法

　　前面介紹的方法，都是由 Visual C# 程式系統所提供。若由程式設計者應程式需求而自行定義編寫的方法，稱為「使用者自定方法」簡稱為「自定方法」。程式中的自定方法，都必須先在程式中定義，然後才能透過呼叫敘述來呼叫使用。

8.3.1 如何定義自定方法

定義自定方法時要先為該方法命名，接著指定要傳入哪些參數，和指定傳回值的資料型別，最後在該方法的{...}主體內編寫相關的程式碼。其語法如下：

> **語法**
>
> [private | public | protected] [static] 傳回值型別 方法名稱([參數串列])
> {
>   ⋮
>   [return 運算式 ;]
> }

▶ **説明**

1. 方法必須擁有專屬的名稱，不能和類別內的變數、常數或屬性同名。方法可以使用合法的識別字來命名，但建議使用描述功能的英文單字組成，通常第一個單字為動詞，且每個單字的第一個字母大寫，例如 SetValue。

2. 在自定方法中，不允許再定義另一個自定方法。

3. 在自定方法前面可依需求加下列關鍵字，定義該方法存取範圍的層級。如果未加任何關鍵字時，則預設該方法屬於 private 私有層級。

　① **private**：宣告為私有層級自定方法，只允許所屬類別內的程式呼叫使用。

> **private** void Add(.........) {...}

　② **public**：宣告為公開層級自定方法，此方法在存取上沒有限制。

　③ **protected**：宣告為保護層級自定方法，此方法只允許所屬類別的父類別，或是繼承自父類別的子類別才可使用。

　④ **static**：宣告為靜態方法，靜態方法不要用 new 建立物件即可使用。例如 ToString()方法是靜態方法，所以可以直接使用。而 Random 亂數物件的 Next()方法不是靜態方法，必須先建立亂數物件後才能使用。Add()方法宣告為靜態方法的寫法如下：

> **public static** void Add(.........) {...}

4. 在方法名稱之前加上「傳回值型別」，用來設定該方法執行完畢時傳回值的資料型別。若該方法沒有傳回值，則加上 void。

例 定義 Add 自定方法傳回的資料是整數，其寫法如下：

```
private int Add(………) {…}
```

例 定義 GetMsg 自定方法傳回的資料是字串，其寫法如下：

```
private string  GetMsg(………) {…}
```

例 定義 Show 自定方法沒有傳回值，其寫法如下：

```
private void  Show(………) {…}
```

5. 參數串列：用來接收呼叫方法敘述所傳入指定型別的資料。

① 參數(Parameter)是指小括號()內的資料，多個參數就稱為「參數串列」(Parameter List)。參數個數可以為零或一個以上，參數間以逗號隔開。參數可為變數、常數、陣列、物件或自定資料型別，但不能為運算式。

② 每一個參數是該方法內部的區域變數。

③ 參數傳遞的方式預設為傳值呼叫，即不將參數值傳回；若宣告為 ref，則表示為參考呼叫會將參數值傳回給引數。例如下面方法將 vPrice 變數設為傳值呼叫，vSum 變數設為參考呼叫。

```
private int Add(int vPrice, ref float vSum) {…}
```

6. 方法可用 return 敘述傳回結果或跳離方法主體，若方法有傳回值，就要用 return 敘述將結果傳回，資料型別必須和傳回值的定義相同。語法如下：

```
return 運算式;   //將結果傳回
 或
return ;  //若自定方法傳回值為 void，可使用 return 離開自定方法
```

8.3.2 如何呼叫自定方法

程式中已經定義(編寫)好的自定方法，可視需求使用下面兩種呼叫敘述來呼叫(執行)此自定方法：

> 語法 1
>
> 語法 1：方法名稱([引數串列]);   //呼叫並執行自定方法
>
> 語法 2：變數 = 方法名稱([引數串列]);   //執行方法後,將傳回值指定給變數

▶ **說明**

1. 語法 1 的呼叫方法可能沒有傳回值，或直接使用傳回值不指定給變數。語法 2 會將方法執行的結果傳回，並指定給原呼叫程式的變數。

2. 引數(Argument)是指呼叫方法敘述中，緊接在方法名稱後小括號()內的資料，若有多個引數就稱為「引數串列」(Argument List)。可以將方法本身的參數想像成為停車位，而將呼叫方法的引數當做汽車，呼叫方法時會將引數(汽車)指定給(停入)被呼叫方法的參數(停車位)。

3. 呼叫自定方法的敘述與被呼叫方法兩者的名稱必須相同，引數、參數的名稱可以不相同，但引數和參數的個數以及對應的資料型別必須相同。

4. 呼叫敘述的引數可以是常數、變數、運算式、陣列、物件或自定資料型別。

例 定義名稱為 Add()的自定方法，有 a 和 b 兩個整數參數。當呼叫此自定方法時，會透過呼叫方法敘述，將兩個引數值傳給方法的參數。在 Add()方法中進行兩數相加，並將兩數相加的結果，由 return c 敘述傳回並指定給 total 變數。寫法如下：(Add1 專案)

```
int x = 15, total = 0;
total = Add(x + 1, 20);      // 呼叫程式並將傳回值指定給 total 變數
                                引數串列：(x+1 , 20)


// Add 方法                       參數串列：(a , b)
private int Add(int a , int b ) {
    int c = a + b;
    return c;    // 傳回兩數相加運算後的結果 c
}
```

▶ **說明**

① 當上述程式執行到「total = Add(x + 1, 20);」敘述時，會先執行等號右邊的 Add(x + 1, 20) 方法，將第一個引數 x+1 的結果 16 傳給被呼叫自定方法的第一個參數 a；再將第二個引數 20 傳給第二個參數 b。

② 接著進入 private int Add(…) 自定方法內執行兩數相加，將相加結果指定給 c，最後透過「return c」敘述，將自定方法的結果 c 傳回給原呼叫處的 total 變數，接著繼續執行下一行敘述。

例 定義一個名稱為 Add()的自定方法，此方法傳回值設為 void 表示沒有傳回值，有 a 和 b 兩個參數。Add()自定方法的程式碼主體，會透過訊息對話方塊顯示兩數相加的結果。其方法呼叫與定義寫法如下：(Add2 專案)

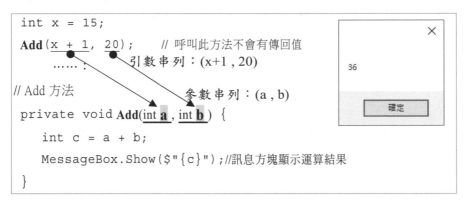

實作 FileName：Sum1.sln

設計 CountSum(n, m)使用者自定方法，其中 n 為起始值、m 為終值，會傳回 n + (n + 1) + (n + 2) + … + m 的相加結果。以 CountSum(1, 10)和 CountSum (5, 12)連續呼叫自定方法，分別將連加後的結果顯示出來。

▶ **輸出要求**

🖳 Sum1 — □ ×
1加到10的總和為：55
5加到12的總和為：68

► **解題技巧**

Step 1 建立輸出入介面

1. 新增專案並以「Sum1」為新專案名稱。

2. 在表單內建立一個名稱為 LblMsg 的標籤控制項，字型大小設為 12。

Step 2 編輯名稱為「CountSum」的自定方法

1. 執行功能表的【檢視(V)/程式碼(C)】指令切換到程式碼編輯模式。

2. 在 class Form1 類別內其他函式外，定義名稱為 CountSum 的自定方法，傳回值為整數型別，傳入初值(n)和終值(m)兩個整數引數。在自定方法內用 for 迴圈計算由初值到終值累加的總和到 total 變數。方法執行完畢後，會將 total 變數以 return 方式傳回給原呼叫敘述。程式碼如下：

```
namespace Sum1
{
    3 個參考
    public partial class Form1 : Form
    {
        1 個參考
        public Form1()
        {
            InitializeComponent();
        }

        0 個參考
        private int CountSum(int n, int m)
        {
            int total = 0;
            for (int i = n; i <= m; i++)
            {
                total += i;
            }
            return total;      // 傳迴原呼叫處
        }
```

在撰寫程式碼時，自定方法的定義寫在 class Form1 {...} 類別內，可置於呼叫程式最前面、最後面或中間都不會影響程式的偵錯與執行。本例是將自定方法 CountSum() 置於 Form1_Load 事件處理函式的前面。

Step 3 在 Form1_Load 事件處理函式內，用兩種語法呼叫 CountSum 自定方法，並將結果顯示於 LblMsg 上。

Step **4** 撰寫程式碼

FileName: Sum1.sln

```
01 namespace Sum1
02 {
03     public partial class Form1 : Form
04     {
05         public Form1()
06         {
07             InitializeComponent();
08         }
09         // CountSum方法用來傳回n累加到m的結果
10         private int CountSum(int n, int m)
11         {
12             int total = 0;
13             for (int i = n; i <= m; i++)
14                 total += i;
15             return total;        // 傳回total，並返回原呼叫處
16         }
17         private void Form1_Load(object sender, EventArgs e)
18         {
19             int tot = 0;
20             tot = CountSum(1, 10) ;//呼叫CountSum方法進行1累加到10，傳回值指定給tot
21             LblMsg.Text = $"1加到10的總和為 ： {tot}\n\n";
22             // 呼叫CountSum方法進行5累加到12，傳回值直接顯示不指定給變數
23             LblMsg.Text += $"5加到12的總和為 ： {CountSum(5, 12)}\n";
24         }
25     }
28}
```

▶ 馬上練習

將上面實作修改為 CountSum(n, m, s)三個參數的方法，第三個參數 s 為增值。呼叫方法時，傳回 n + (n + s) + (n + s*2) + ⋯ + m 的相加結果。

■ Form1	— □ ×
1加到10增值為2的總和為 ：25	
5加到12增值為3的總和為 ：24	

 **實作** FileName：Sum2.sln

將上面實作會傳回整數的 CountSum(n, m)的自定方法，改成為不傳回值的方式，呼叫此方法時會將計算的結果直接以訊息方塊顯示。

▶ **輸出要求**

1 加到 10 的總和為：55

確定

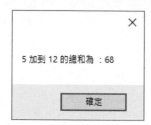

5 加到 12 的總和為：68

確定

▶ **解題技巧**

Step 1 建立輸出入介面

1. 新增專案並以「Sum2」為新專案名稱。

2. 表單內不用建立任何控制項。

Step 2 分析問題

1. 建立名稱為 CountSum 的自定方法，由於沒有傳回值，所以名稱前面需加上 void。在自定方法中，使用 MessageBox.Show()訊息方塊顯示總和。

2. 在 Load 事件處理函式中呼叫 CountSum(1, 10)和 CountSum(5, 12)。

Step 3 編寫程式碼

FileName: Sum2.sln
01 namespace Sum2
02 {
03　　public partial class Form1 : Form
04　　{
05　　　public Form1()
06　　　{
07　　　　InitializeComponent();
08　　　}
09　　　// CountSum方法用來顯示n累加到m的結果
10　　　**private void CountSum(int n, int m)**
11　　　{

12	int total = 0;
13	for (int i = n; i <= m; i++)
14	total += i;
15	MessageBox.Show($"{n} 加到 {m} 的總和為 ：{total}");
16	}
17	
18	**private void Form1_Load(object sender, EventArgs e)**
19	{
20	CountSum(1, 10); // 呼叫CountSum方法進行1累加到10
21	CountSum(5, 12); // 呼叫CountSum方法進行5累加到12
22	Application.Exit(); // 關閉程式
23	}
24	}
25	}

▶ 馬上練習

將上一個馬上練習中的 CountSum(n, m, s)自定方法改為無傳回值。

8.4　傳值呼叫與參考呼叫

自定方法的引數傳遞機制，有傳值呼叫(Call By Value)與參考呼叫(Call By Reference，或稱傳址呼叫)兩種，本節將探討這兩種引數傳遞機制的使用方式。

8.4.1 傳值呼叫

若程式在呼叫自定方法時，只將引數值傳給參數，而不將參數值回傳給原呼叫程式時，就可使用「傳值呼叫」。如果沒有特別宣告，引數傳遞方式預設為傳值呼叫。資料傳遞採傳值呼叫時，呼叫敘述的引數與被呼叫方法的參數會分別占用不同的記憶體位址。因此傳值呼叫方法主體內參數值若改變，返回原呼叫處時不會改變引數值，所以不會造成變數值的交互影響(side effect)，減少除錯的困難。

 實作 FileName：Pass1.sln

假設 a=10、b=15，主程式將 a 和 b 引數以傳值呼叫方式傳給 PassValue() 方法的 x 和 y 參數。在 PassValue()方法內，分別將 x 和 y 加上 3 和 2。然後用標籤控制項，顯示呼叫前、中、後，引數與參數的變化情形。

▶ **輸出要求**

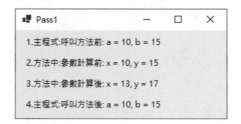

```
Pass1                    —    □    ×

1.主程式:呼叫方法前: a = 10, b = 15

2.方法中:參數計算前: x = 10, y = 15

3.方法中:參數計算後: x = 13, y = 17

4.主程式:呼叫方法後: a = 10, b = 15
```

▶ **解題技巧**

Step ① 建立輸出入介面

新增專案並以「Pass1」為新專案名稱，然後在表單內建立一個名稱為 LblMsg 的標籤控制項。

Step ② 分析問題

1. 傳值呼叫前 a=10、b=15，兩變數各占一個記憶體位址(以下位址僅為舉例)。

變數	記憶體位址	記憶體內容
a	10000	10
b	10004	15

2. 呼叫 PassValue()自定方法時，會將引數 a 及 b 的值傳給 PassValue()方法的 x、y 參數。

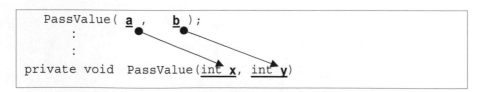

```
PassValue( a ,    b );
      :
      :
private void  PassValue(int x,  int y)
```

PassValue()方法預設為傳值呼叫，因此呼叫 PassValue()時，引數會將引數值傳遞給 PassValue()的參數，而引數與參數分別占用不同的記憶體位址。

變數	記憶體位址	記憶體內容	
a	10000	10	將引數的內容傳給參數，
b	10004	15	此時引數值與參數值會相同
x	10008	10	
y	1000C	15	

1. 在 PassValue()方法將傳入的參數值進行運算，變更參數的內容值，如下：

```
x += 3;
y += 2;
```

離開方法前 x=13、y=17：

變數	記憶體位址	記憶體內容		
a	10000	10		
b	10004	15		
x	10008	~~10~~	13	← x += 3 之後 x=13
y	1000C	~~15~~	17	← y += 2 之後 y=17

2. 結束 PassValue 方法，返回原呼叫處的下一行敘述，顯示傳值呼叫後的結果，引數值沒有改變(a=10、b=15)，而 x、y 會自動從記憶體中移除。

變數	記憶體位址	記憶體內容
a	10000	10
b	10004	15

Step ③ 編寫程式碼

FileName: Pass1.sln
01 namespace Pass1
02 {
03　　public partial class Form1 : Form
04　　{
05　　　　public Form1()
06　　　　{

07	InitializeComponent();
08	}
09	// 以傳值方式呼叫PassValue方法
10	**private void PassValue(int x, int y)**
11	{
12	LblMsg.Text += $"2.方法中:參數計算前: x = {x}, y = {y}\n\n";
13	x += 3; // 參數x加3
14	y += 2; // 參數y加2
15	LblMsg.Text += $"3.方法中:參數計算後: x = {x}, y = {y}\n\n";
16	}
17	private void Form1_Load(object sender, EventArgs e)
18	{
19	int a = 10, b = 15;
20	LblMsg.Text = $"1.主程式:呼叫方法前: a = {a}, b = {b}\n\n";
21	**PassValue(a, b);**
22	LblMsg.Text += $"4.主程式:呼叫方法後: a = {a}, b = {b}\n\n";
23	}
24	}
25	}

8.4.2 參考呼叫

　　呼叫方法敘述的引數和被呼叫方法中的參數,前面若加上 ref 來宣告,表示此引數和所對應參數的傳遞方式是採「參考呼叫」。參考呼叫是呼叫敘述的引數與被呼叫方法的參數,兩者占用同一位址的記憶體。也就是說引數傳遞時,呼叫敘述中的引數是將本身的記憶體位址傳給被呼叫方法的參數。採用參考呼叫傳遞引數的好處,是被呼叫方法的參數值改變時,呼叫敘述的引數會同時改變。當需要將方法內多個參數的處理結果,傳回給呼叫的程式時使用。但要注意變數間的交互影響,以避免造成執行結果錯誤。

實作　FileName:Pass2.sln

　　主程式將 a=10、b=15 引數,以參考呼叫方式傳給 PassRef()方法的 x 和 y 參數。在 PassRef()方法內,分別將 x 和 y 加上 3 和 2。然後使用標籤控制項,顯示呼叫前、中、後,引數與參數的變化情形。

▶ **輸出要求**

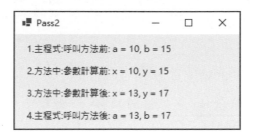

▶ **解題技巧**

Step 1 建立輸出入介面

新增專案並以「Pass2」為新專案名稱，在表單內建立名稱為 LblMsg 的標籤控制項。

Step 2 分析問題

1. 傳值呼叫前 a=10、b=15，兩個變數各占一個記憶體位址。

變數	記憶體位址	記憶體內容
a	10000	10
b	10004	15

2. 呼叫 PassRef()方法時，將 a 及 b 引數傳給 PassRef()自定方法的 x、y 參數。

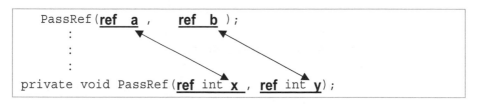

PassRef()方法引數與參數都以 ref 宣告，表示為參考呼叫。呼叫 PassRef()時，會將引數的記憶體位址傳遞給 PassRef()的參數，此時引數與參數會占用相同的記憶體位址，所以參數值改變時會影響到引數。

變數	記憶體位址	記憶體內容	變數	
a	10000	10	x	← a、x 占用相同記憶體位址
b	10004	15	y	← b、y 占用相同記憶體位址

3. 在 PassRef()方法內,運算後變更了參數的內容,如下:

```
x += 3;
y += 2;
```

離開自定方法前的結果為 x=13、y=17:

變數	記憶體位址	記憶體內容	變數
a	10000	~~10~~ 13	x
b	10004	~~15~~ 17	y

4. 結束 PassRef()方法,返回原呼叫處的下一行敘述,顯示參考呼叫後的結果 a=13、b=17,發現引數值會隨參數值而一起改變。

Step 3 撰寫程式碼

FileName: Pass2.sln

```
01 namespace Pass2
02 {
03     public partial class Form1 : Form
04     {
05         public Form1()
06         {
07             InitializeComponent();
08         }
09         // 以參考呼叫PassRef方法
10         private void PassRef(ref int x, ref int y)
11         {
12             LblMsg.Text += $"2.方法中:參數計算前: x = {x}, y = {y}\n\n";
13             x += 3;    // 參數x加3
14             y += 2;    // 參數y加2
15             LblMsg.Text += $"3.方法中:參數計算後: x = {x}, y = {y}\n\n";
16         }
17         private void Form1_Load(object sender, EventArgs e)
18         {
19             int a = 10, b = 15;
20             LblMsg.Text = $"1.主程式:呼叫方法前: a = {a}, b = {b}\n\n";
21             PassRef(ref a, ref b);
```

22	LblMsg.Text += $"4.主程式:呼叫方法後: a = {a}, b = {b}\n\n";
23	}
24	}
25	}

 實作 FileName:：Swap.sln

設計一個可以將兩整數交換的 Swap 自定方法，並顯示呼叫 Swap()方法前後引數和參數值的變化情形。

▶ **輸出要求**

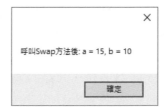

▶ **解題技巧**

Step **1** 建立輸出入介面

新增專案並以「Swap」為新專案名稱。

Step **2** 分析問題

因為傳入的兩數交換後都要傳回原呼叫處，所以引數要使用參考呼叫。

Step **3** 編寫程式碼

FileName: Swap.sln
01 namespace Swap
02 {
03 　　public partial class Form1 : Form
04 　　{
05 　　　　public Form1()
06 　　　　{
07 　　　　　　InitializeComponent();
08 　　　　}
09 　　　　// Swap 自定方法
10 　　　　**private void Swap(ref int n1, ref int n2)**
11 　　　　{
12 　　　　　　int temp = n1;

13	n1 = n2;
14	n2 = temp;
15	}
16	**private void Form1_Load(object sender, EventArgs e)**
17	{
18	int a = 10, b = 15;
19	MessageBox.Show($"呼叫 Swap 方法前: a = {a}, b = {b}");
20	**Swap(ref a, ref b);** // 呼叫 Swap 方法
21	MessageBox.Show($"呼叫 Swap 方法後: a = {a}, b = {b}");
22	Application.Exit(); // 關閉程式
23	}
24	}
25	}

▶ 馬上練習

設計 Large 自訂方法,可以將兩整數的最大值存入第一個整數,最小值存入第二個整數中,並顯示引數呼叫前後的值。

8.5 共用事件

若多個控制項的事件處理函式(或稱事件處理方法)的程式碼都相同時,將這些控制項設成共用一個事件處理函式,此事件處理函式就是共用事件或稱共享事件。

8.5.1 如何使用屬性視窗加入共用事件

在表單設計階段,可以點選「屬性視窗」工具列的 ⚡ 事件圖示鈕來建立共用事件。例如:欲將 Btn2、Btn3 兩個按鈕的 Click 事件,共用 Btn1 按鈕的 Btn1_Click() 事件處理函式,其操作步驟如下:

在程式編碼視窗撰寫 Btn1_Click()事件處理函式的程式碼，當作共用事件。

```
private void Btn1_Click(object sender, EventArgs e)
{
    .
    .
    .
    .
    .
}
```

Step 2 **將 Btn2 的 Click 事件指向 Btn1_Click()事件處理函式：**

先點選 Btn2 按鈕成為作用控制項，接著在「屬性」視窗中點選 ⚡ 事件
圖示鈕，切換到事件清單。點選 Click 事件後，由下拉清單選取 Btn1_Click
事件處理函式當作共用事件。

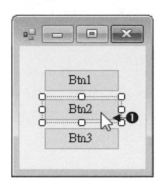 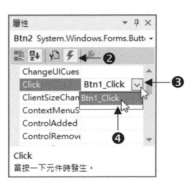

Step 3 操作方式同上步驟，將 Btn3 的 Click 事件也指向 Btn1_Click 事件處理函式。

8.5.2 如何在程式執行階段加入共用事件

若要在程式執行過程中，將物件的事件指向共用事件，其語法有兩種方式。
由於後者語法的 EventHandler 關鍵字會因事件類型而不同，所以建議使用前者語
法較為簡便。語法如下：

> **語法**
>
> 物件.事件 += 事件處理函式;
>   或
> 物件.事件 += new EventHandler(事件處理函式);

例 設 Btn2 及 Btn3 按鈕的 Click 事件，使用 Btn1_Click 的事件處理函式。

```
Btn2.Click += Btn1_Click ;
Btn3.Click += Btn1_Click ;
    或
Btn2.Click += new EventHandler(Btn1_Click) ;
Btn3.Click += new EventHandler(Btn1_Click) ;
```

8.5.3 如何使用 sender 物件

事件處理函式的參數串列中有「sender」參數，其代表觸發此事件的來源物件。例如：按下 Btn1 按鈕控制項時，sender 就是代表 Btn1；按下 Btn2 按鈕控制項時，sender 就代表 Btn2。若多個控制項共用一個事件時，要知道是哪一個物件觸動共用事件，就可以利用 sender.Equals 方法來判斷。

例 BtnChi 和 BtnEng 兩按鈕控制項的 Click 事件，共用 BtnChi_Click 事件處理函式。按 BtnChi 按鈕控制項時，LblMsg 標籤控制項顯示「快樂」。按 BtnEng 按鈕控制項時，則會顯示「Happy」。(Happy 專案)

```
private void BtnChi_Click(object sender, EventArgs e)
{
    if (sender.Equals(BtnChi))        // 按 BtnChi 按鈕時
        LblMsg.Text = "快樂";
    else                              // 按 BtnEng 按鈕時
        LblMsg.Text = "Happy";
}
```

例 BtnOn 和 BtnOff 的 Click 事件，共用 BtnOn_Click 事件處理函式。BtnOn 按鈕的 Text 屬性為『開啟』，BtnOff 的 Text 屬性為『關閉』，當按下按鈕時，會將該按鈕的文字顯示在 LblMsg 標籤控制項。(OnOff 專案)

```
private void BtnOn_Click(object sender, EventArgs e)
{
    // 將 sender 來源物件轉型成 Button 類別物件，接著指定給 btnHit 按鈕
    // 此時 btnHit 即代表使用者所按下的按鈕
```

```
    Button btnHit = (Button)sender ;
    // 將所按下按鈕上的文字顯示在 LblMsg 標籤上
    LblMsg.Text = btnHit.Text;
}
```

實作 FileName：Guess.sln

設計一個猜拳遊戲，使用者可選按「剪刀」、「石頭」、「布」按
鈕，當按其中一個按鈕後，電腦會隨機出拳，並顯示勝負的訊息。

▶ **輸出要求**

 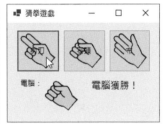 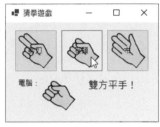

▶ **解題技巧**

Step ① 建立輸出入介面

1. 新增專案並以「Guess」為新專案名稱。

2. 在表單上建立下面輸出入介面：

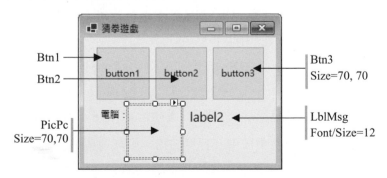

3. 將書附範例 [ch08/images] 資料夾內的 ✌剪刀.gif、✊石頭.gif、✋布.gif
   三張圖檔，複製到目前專案的 [bin\Debug\net6.0-windows] 資料夾下，使
   得圖檔與執行檔置於相同路徑。

分析問題

1. 由於 Btn1、Btn2 和 Btn3 按鈕控制項的內容大致相同,所以將這三個按鈕設成按鈕控制項陣列。另外,這三個按鈕 Click 事件所執行的程式碼都相同,所以設定為共用自定 MyClick 事件處理函式。

```
Button[] arrBtn = new Button[3];
arrBtn[0] = Btn1; arrBtn[1] = Btn2; arrBtn[2] = Btn3;
arrBtn[i].Click += MyClick;   // i = 0~2 共用 MyClick 事件
```

2. 宣告 pName 字串陣列,用來存放剪刀、石頭、布等圖檔名稱,因為有多個事件處理函式使用,所以宣告在事件處理函式外成為欄位變數。

```
string[] pName = new string[] { "剪刀", "石頭", "布" };
```

3. 在 Form1_Load 事件處理函式內做下列事情:

   ① 建立 arrBtn 為 Button 控制項陣列,陣列元素為 Btn1、Btn2 和 Btn3。

   ② 使用 for 迴圈,設定 Btn[0]~Btn[2] 的 Text 和 Image 屬性值,以及共用 MyClick 事件處理函式。如果不是共用自定的事件函式,而是共用 Btn1_Click 事件時,因為系統已經指定共用,所以只能再指定 Btn2 和 Btn3,不然按 Btn1 按鈕時會觸發事件兩次,造成程式執行結果錯誤。

4. MyClick 自定事件處理函式為 Btn1、Btn2 和 Btn3 的 Click 事件的共用事件,在函式內做下列事情:

   ① 建立亂數物件並產生 0~2 亂數指定給變數 p,p 作為 pName 陣列的註標值,在 PicPc 上顯示電腦的出拳。

   ② 宣告 Button 類別物件 btnHit,來由 sender 引數取得目前的按鈕。

   ③ 呼叫 GetWinner 方法,引數分別為 btnHit.Text(使用者出拳)、pName[p](電腦出拳)來判斷誰獲勝,並將傳回值在 LblMsg 上顯示。

5. 在 GetWinner 方法中使用 if 選擇結構,根據傳入的使用者出拳 user、電腦出拳 pc 的情況,來傳回誰獲勝的字串。雖然 GetWinner 方法中程式碼也可以直接寫在 MyClick 事件中,但是獨立出來成自定方法,具有程式易閱讀、易維護,以及可分工合作的優點。

Step ③ 撰寫程式碼

FileName: Guess.sln

```
01 namespace Guess
02 {
03     public partial class Form1 : Form
04     {
05         public Form1()
06         {
07             InitializeComponent();
08         }
09         string[] pName = new string[] { "剪刀", "石頭", "布" };
10         private void Form1_Load(object sender, EventArgs e)
11         {
12             Button[] arrBtn = new Button[3];
13             arrBtn[0] = Btn1; arrBtn[1] = Btn2; arrBtn[2] = Btn3;
14             for (int i = 0; i < 3; i++)
15             {
16                 arrBtn[i].Text = pName[i];        // 設定文字內容
17                 arrBtn[i].Image = new Bitmap(arrBtn[i].Text + ".gif");    //顯示對應圖檔
18                 arrBtn[i].Click += MyClick;    //共用MyClick事件
19             }
20             LblMsg.Text = "請按鈕出拳！";
21         }
22         // Btn1、Btn2、Btn3的Click事件共用事件
23         private void MyClick(object sender, EventArgs e)
24         {
25             Random rnd = new Random();
26             int p = rnd.Next(0, 3);//產生0~2變數
27             PicPc.Image = Image.FromFile(pName[p] + ".gif");    // 顯示電腦出拳
28             Button btnHit = (Button)sender;                     // 取得目前的按鈕
29             //呼叫GetWinner方法來判斷誰獲勝
30             LblMsg.Text = GetWinner(btnHit.Text, pName[p]);
31         }
32         // GetWinner方法可以傳回誰獲勝
33         private string GetWinner(string user, string pc)
34         {
```

35	string msg = "";
36	if (user == pc)
37	msg = "雙方平手！";
38	else if (user == "剪刀")
39	msg = (pc == "石頭" ? "電腦獲勝！" : "你獲勝！");
40	else if (user == "石頭")
41	msg = (pc == "布" ? "電腦獲勝！" : "你獲勝！");
42	else
43	msg = (pc == "剪刀" ? "電腦獲勝！" : "你獲勝！");
44	return msg;
45	}
46	}
47	}

▶ **馬上練習**

將上面實作增加使用者和電腦獲勝次數的顯示。

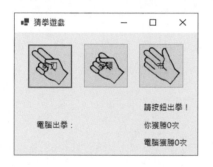
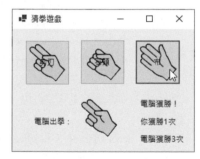

8.6　方法間陣列的傳遞

　　欲將整個陣列透過呼叫敘述的引數，傳給被呼叫方法的參數時，就必須使用參考呼叫。可以在自定方法參數的資料型別前加上 ref ，並在該資料型別之後加上 [ ] 中括號和陣列名稱，但中括號內不要設定陣列大小。至於在呼叫敘述的引數內，只要在陣列名稱前面加上 ref 即可，陣列名稱後面不必接 [ ] 中括號。由於陣列名稱即代表陣列的起始位址，因此引數及參數內陣列名稱前面的 ref 可同時省略。但是引數或參數若只有一方寫 ref，則程式編譯時會發生錯誤。

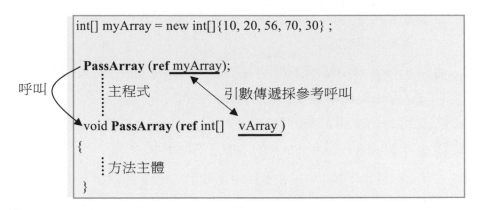

```
int[] myArray = new int[]{10, 20, 56, 70, 30} ;


PassArray (ref myArray);
        主程式            引數傳遞採參考呼叫

void PassArray (ref int[]    vArray )
{
    方法主體
}
```

呼叫

實作 FileName：：RndArray.sln

試設計一個有三個引數(陣列、最小亂數值、最大亂數值)的 SetRndNum 方法，會根據傳入的陣列大小，產生指定範圍內的亂數，分別指定給陣列元素中。另外，再設計一個 ShowArray 方法可以將傳入的整數陣列的所有陣列元素值逐一顯示。請宣告一個大小為 4 的整數陣列 arrRnd，然後指定最小值為 1、最大值為 49 呼叫 SetRndNum 方法。最後，呼叫 ShowArray 方法來顯示 arrRnd 陣列內所有的陣列元素值。

▶ **輸出要求**

20 ,20 ,41 ,19 ,

▶ **解題技巧**

Step **1** 建立輸出入介面

1. 新增專案並以「RndArray」為新專案名稱。

2. 本實作以 MessageBox 顯示資料，不用建立控制項。

Step **2** 分析問題

1. 定義 SetRndNum(int[] arrNum, int n1, int n2)自定方法，並完成以下動作：

   ① 建立亂數物件 r。

② 使用 for 迴圈由 0 到 arrNum.Length - 1，逐一使用 Next(n1, n2+1)方法產生亂數到陣列元素中。

2. 定義 ShowArray(ref int[] arr)自定方法，然後在方法中完成以下動作：

① 宣告字串變數 msg，定預設初值為空字串。

② 使用 foreach 迴圈逐一將陣列元素值加入 msg 字串中。

③ 使用 MessageBox 的 Show 方法顯示 msg 字串。

3. 在 Form1_Load 事件中，在事件中完成以下動作：

① 建立大小為 4 的整數陣列 arrRnd。

② 使用 SetRndNum(arrRnd, 1, 49) 敘述呼叫 SetRndNum 方法，產生 1～49 的亂數到陣列 arrRnd 中。雖然引數 arrRnd 陣列沒有指定使用參考呼叫，但預設陣列引數就是參考呼叫，所以陣列值會傳回 Form1_Load 事件中。

③ 使用 ShowArray(ref rnd)敘述呼叫 ShowArray 方法，來顯示陣列元素值。

Step ③ 編寫程式碼

FileName: RndAry.sln
01 namespace RndArray
02 {
03   public partial class Form1 : Form
04   {
05   public Form1()
06   {
07   InitializeComponent();
08   }
09   // 根據陣列大小產生n1到n2範圍內的亂數值
10   **private void SetRndNum(int[] arrNum, int n1, int n2)**
11   {
12   Random r = new Random();   // 建立r亂數物件
13   for (int i = 0; i <= arrNum.Length - 1; i++) // 逐一產生亂數
14   arrNum[i] = r.Next(n1, n2 + 1);   // 產生n1~n2亂數
15   }
16   //顯示傳入整數陣列內的元素值
17   **private void ShowArray(ref int[] arr)**
18   {

19	string msg = "";
20	foreach (int a in arr)　　　　　　// 逐一讀取陣列元素值
21	msg += a.ToString() + " ,";　　// 將元素值加入msg字串中
22	MessageBox.Show(msg);
23	}
24	
25	private void Form1_Load(object sender, EventArgs e)
26	{
27	int[] arrRnd = new int[4];　　　// 宣告整數陣列arrRnd大小為4
28	SetRndNum(arrRnd, 1, 49);　　// 呼叫SetRndNum方法產生1~49的亂數
29	ShowArray(ref arrRnd);　　　// 呼叫ShowArray方法來顯示陣列元素值
30	Application.Exit();
31	}
32	}
33	}

▶ 馬上練習

將上面實作的 SetRndNum()方法，修改為 SetDifRndNum()方法可以產生範圍內不重複的亂數值。

8.7 方法多載

　　所謂的「方法多載」(Overloads Method)，就是在同一類別內允許使用多個同名稱的自定方法。藉由使用不同數量的參數串列，或是不同的資料型別來區隔同名稱的方法。所以同性質方法透過方法多載，可以避免使用多個不同方法名稱的缺點，降低程式的複雜度和提高程式的執行效率。同名稱的方法，定義時必須是不同的參數個數、或不同的參數資料型別，才能符合方法多載的條件。

例　定義四個名稱都是 Add 的自定方法，分別來計算不同資料型別的數值相加。(檔名：AddOverloads.sln)

```
① private int Add(int a, int b)
   {
      return a + b;
   }
```

```
② private int Add(int a, int b, int c)      //參數個數不同
  {
      return a + b + c;
  }
③ private string Add(string a, string b)      //參數資料型別不同
  {
      return a + b;
  }
④ private int Add(int[] a)      //參數個數和型別不同
  {
      int sum = 0;
      foreach (int x in a)
          sum += x;
      return sum;
  }
```

當使用不同的引數來呼叫 Add()方法時：

① 若執行 Add(5, 6)會呼叫①含兩個參數為整數型別的 Add()方法。

② 若執行 Add(5, 6, 7)會呼叫②含三個參數為整數型別的 Add()方法。

③ 若執行 Add("A", "B")會呼叫③含兩個參數為字串型別的 Add()方法。

④ 若 int[] ary = new int[] { 1, 3, 8, 4, 9 }; 執行 Add(ary)時，會呼叫④參數為整數型別陣列的 Add()方法。

實作 FileName：：Overloads.sln

使用方法多載撰寫 GetMin 自定方法，第一個方法用來取得兩個 int 數值中的最小值；第二個方法用來取得 double 數值陣列元素中的最小值。

▶ **輸出要求**

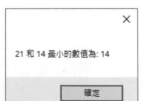

21 和 14 最小的數值為: 14

確定

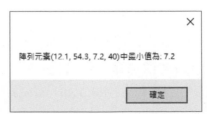

陣列元素(12.1, 54.3, 7.2, 40)中最小值為: 7.2

確定

▶ 解題技巧

Step ① 建立輸出入介面

新增專案並以「Overloads」為新專案名稱。

Step ② 分析問題

1. 定義第一個 GetMin 自定方法，可傳回兩個 int 數值中的較小值。呼叫時，例如：GetMin(21, 14)，則傳回較小值為『14』。

2. 定義第二個 GetMin 自定方法，可從 double 陣列元素中傳回最小值。呼叫時，例如：有一 double 型別的 ary 陣列，陣列元素值依序為 12.1, 54.3, 7.2, 40，若呼叫 GetMin(ref ary)，則傳回最小值為『7.2』。

Step ③ 編寫程式碼

FileName: Overload.sln

```
01 namespace Overloads
02 {
03      public partial class Form1 : Form
04      {
05          public Form1()
06          {
07              InitializeComponent();
08          }
09          //取兩個整數的最小數
10          private int GetMin(int x, int y)
11          {
12              if (x < y)
14                  return x;
16              else
18                  return y;
20          }
21          //取浮點數陣列的最小數
22          private double GetMin(ref double[] vArray)
23          {
24              double min = vArray[0];
```

25	for (int i = 1; i <= vArray.GetUpperBound(0); i++)
26	{
27	if (vArray[i] < min)
29	min = vArray[i];
31	}
32	return min;
33	}
34	
35	**private void Form1_Load(object sender, EventArgs e)**
36	{
37	int a, b;
38	a = 21; b = 14;
39	double[] ary = new double[] { 12.1, 54.3, 7.2, 40 };
40	MessageBox.Show($"{a} 和 {b} 最小的數值為: {**GetMin(a, b)**}");
41	MessageBox.Show($"陣列元素(12.1, 54.3, 7.2, 40)中最小值為: {GetMin(ref ary)}");
42	Application.Exit();
43	}
44	}
45	}

▶ 馬上練習

在上面實作中再新增兩個 GetMin 自定方法，一個是可以傳回整數陣列元素中的最小值，另一是傳回三個整數的最小值。

CHAPTER **9**

功能表與工具列

- ✧ 學習 MenuStrip 功能表控制項
- ✧ 學習 ContextMenuStrip 快顯功能表控制項
- ✧ 學習 ToolStrip 工具列控制項

9.1 MenuStrip 功能表控制項

在視窗應用程式中，若要將同性質的功能做有系統的分類，功能表是非常便利的介面，例如 Word、Excel 等大型的應用程式都有使用功能表。Visual C# 提供 [MenuStrip] 功能表工具，可以在表單上快速建立有多層功能項目的功能表列。本章將介紹如何建立功能表，以及如何使功能表項目運作的操作方法。

9.1.1 如何建立功能表的項目

一般功能表大都在表單設計階段事先建立，然後在程式執行時做部分的設定，例如使部分項目不能使用，預設勾選項目...等。

Step 1 在工具箱中 [MenuStrip] 功能表工具上快按兩下(或拖曳到表單中)，功能表列會顯示在表單標題欄下方。因為該控制項是屬於幕後控制項，所以控制項物件會置於表單的下方，預設名稱為 menuStrip1。

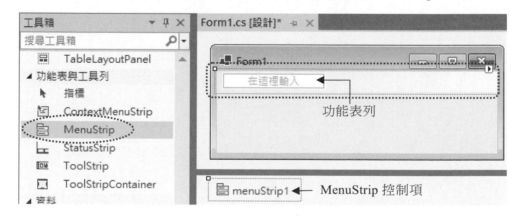

Step 2 當選取表單 Form1 下方的 menuStrip1 控制項，或表單上的功能表列，都會出現 [在這裡輸入] 的輸入方塊。在輸入方塊上按一下，會出現插入點游標，便可以鍵入功能表項目的文字。例如右下圖輸入「檔案」主功能項目，此時在該項目的下方及右邊也會出現 [在這裡輸入] 輸入方塊，如果在右邊輸入那就是同層次的項目；若是在下方輸入那將是該項目的下一層子功能項目，建立的子功能項目是該項目的 DropDownItems 屬性。

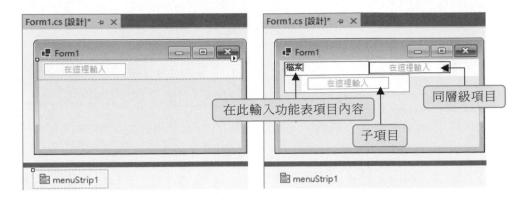

按 　在這裡輸入　▼ 右邊的下拉鈕，可以選擇功能項目的種類。主功能
項目有「MenuItem」(功能項目)、「ComboBox」(下拉式清單)和「TextBox」
(文字方塊)。如果是子功能項目則有「MenuItem」、「ComboBox」、
「Separator」(分隔線)和「TextBox」。

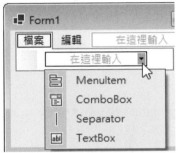

Step ③ 在第一層輸入「檔案」主功能項目後，接著如左下圖往下(即第二層功能
表)輸入『新增檔案』、『開啟檔案』、『儲存檔案』等三個子功能項目。
建立的功能表項目都是屬於 ToolStripMenuItem 控制項物件。

完成如上圖設定後，menuStrip1 功能表控制項在主功能項目與各子功能項目，都會是個別的控制項物件，而這些物件的 Name 屬性值依序預設為「檔案 ToolStripMenuItem」、「新增檔案 ToolStripMenuItem」、「開啟檔案 ToolStripMenuItem」和「儲存檔案 ToolStripMenuItem」。

Step 4 接著如左下圖在「檔案」主功能項目的右側，再建立『編輯』主功能項目(即第一層功能項目)，以及正下方建立『複製』、『貼上』、『剪下』三個「編輯」的第二層子功能項目。並在「貼上」項目往右邊輸入第三層子功能項目：『貼成物件』、『貼入選取區』、『貼成新影像』。輸入完畢在「貼上」子項目的右邊會自動出現向右箭頭 ▸，表示該項目尚有子功能表。完成的功能表項目，如右下圖所示。

9.1.2 如何新增、刪除、移動功能項目

本節將介紹如何在表單設計階段，對已建立的功能表進行功能項目增加、刪除和調整等工作。

Step 1 新增功能項目

在表單設計階段，對已建立好的功能表新增一個功能項目，例如：如下圖在「複製」功能項目上方插入「復原」功能項目。先在「複製」功能項目上按滑鼠右鍵，由快顯功能表中選用【插入 / MemuItem】指令。

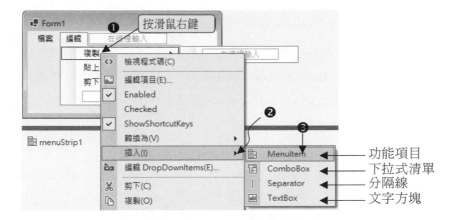

此時，會在「複製」功能項目上方會增加一個項目，預設文字為「toolStrip MenuItem1」，再將這個項目文字更改為『復原』即可。

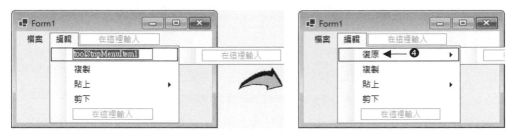

Step 2 移動功能項目順序

如果要在功能表上變更功能項目的順序，只要按住項目拖曳到適當的位置即可。如下圖中將「復原」項目向下移到「剪下」項目處。結果，「復原」項目會被置放在「剪下」項目的上方。

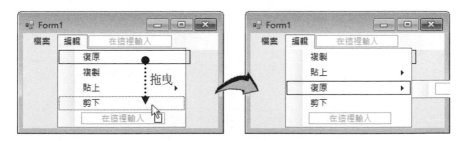

Step 3 刪除項目

若要刪除某個功能項目，只要選定該功能項目後直接按鍵盤 Del 鍵，或按滑鼠右鍵由快顯功能表選擇【刪除(D)】指令，即可刪除該功能項目。

9.1.3 如何設定功能表項目的屬性

　　功能表項目屬於 ToolStripMenuItem 控制項物件，常用的屬性有：Enabled、Checked、ShowShortcutKeys、ShortcutKeys 及 Image 等，設定這些屬性可提高功能項目的實用性。

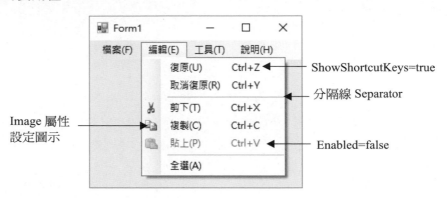

1. Enabled 屬性 (預設值：true)

　　用來設定該功能項目是否允許被點選。

　　① 若設為 true，表示該功能項目允許被點選(有效)。

　　② 若設為 false，該功能項目呈現淡灰色，表示不允許被點選(無效)。

　　如何在表單設計時設定此屬性值，可透過屬性視窗或在該功能項目上按滑鼠右鍵，由快顯功能表中點選「Enabled」項目來切換 Enabled 屬性值。若 Enabled 屬性前出現 ☑ 勾號表示設為 true。

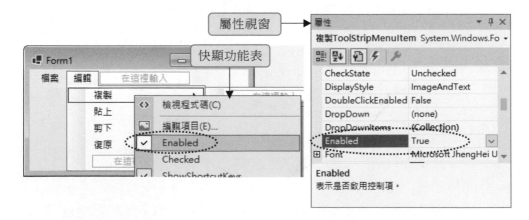

例　在程式執行中將名稱為「MItmCopy」的功能項目設為無效：

```
MItmCopy.Enabled = false;
```

2.　Checked 屬性 (預設值：false)

用來標示該功能項目是處於使用中或關閉狀態，當該功能項目前面出現 ☑ 勾號表示該屬性值為 true，代表該功能項目正在使用中。在表單設計階段時，可透過屬性視窗或在該功能項目上按滑鼠右鍵，由快顯功能表中點選「Checked」項目來切換 Checked 屬性值。當 Checked 屬性為 true 時，該項目前有打勾符號，代表該功能項目正在使用中。

例　在程式執行中設「MItmPaste」功能項目前面加上核取記號：

```
MItmPaste.Checked = true;
```

3.　ShortcutKeys、ShowShortcutKeys (快速鍵、顯示快速鍵)屬性

功能表的功能項目可以指定組合鍵(如 Ctrl + C)來當作快速鍵，程式執行時操作者可藉由按鍵方式取代滑鼠點選，可以提升操作速度。在表單設計階段設定功能項目的快速鍵操作方式如下：

①　**設定 ShortcutKeys 屬性**：先選定功能項目後，在屬性視窗中按 ShortcutKeys 屬性欄的下拉式清單，從清單中選取所提供的鍵，快速鍵是由 Ctrl 、 ⇧ Shift 或 Alt 等鍵(可以複選)，再加上單一按鍵組成。例如下圖所示，將「複製」項目設定了一個快速鍵 Ctrl + C 組合按鍵。

②　**設定 ShowShortcutKeys 屬性**：當功能項目設定快速鍵後，可在屬性視窗更改 ShowShortcutKeys 屬性，設定該功能項目是否顯示快速鍵。若設為 true 會顯示(預設值)；false 不顯示快速鍵。也可直接在功能項目上按滑鼠右鍵，由快顯功能表中勾選或不勾選「ShowShortcutKeys」選項，來設定顯示或不顯示快速鍵。

③ **設定 Text 屬性**：功能項目名稱後面可以加上一個字母，來提示該功能項目的快速鍵。例如將 Text 屬性值設為「複製(&C)」，會顯示為「複製(C)」。

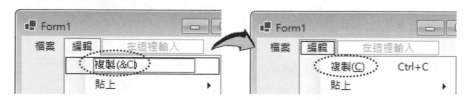

4. **Image 屬性(小圖示)**

   功能表項目的前面可以利用 Image 屬性設定一個小圖示，以增加功能表的視覺效果。選取功能項目後，在屬性視窗中點選 Image 屬性，按欄位右邊的 ⋯ 鈕出現「選取資源」對話方塊，選擇適當圖案。Image 屬性可接受的圖形檔格式有 gif、jpg、bmp、wmf 及 png 幾種，雖然圖形檔會自動縮放到適當的大小，但是建議將圖片縮小以減少專案檔的大小。

5. **分隔線**

   分隔線可將性質相近的功能項目區隔在一起，讓功能表的項目容易區別。設計時可以在項目名稱鍵入「-」字元，該項目位置就會形成一條分隔線。

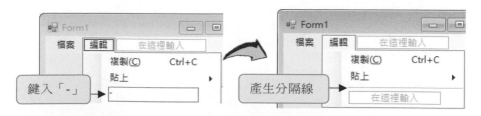

也可以選取要放置分隔線的下一個功能項目,然後按滑鼠右鍵,由快顯功能表中選擇【插入/Separator】指令,就會在該功能項目上面增加一條分隔線。或是按 在這裡輸入 右邊的下拉鈕,點選【Separator】指令,就產生一條分隔線。

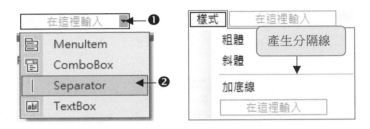

6. Items 屬性

Items 屬性是 MenuStrip 功能表列中所有項目的集合,在屬性視窗中點按屬性值的下拉鈕,會開啟「項目集合編輯器」。利用項目集合編輯器,也可以建立、設定和調整項目。

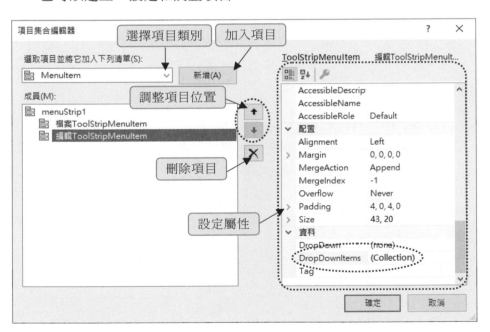

另外，功能項目也有 DropDownItems 屬性，是該項目的子功能項目集合，在屬性視窗中點按屬性值的下拉鈕，也會開啟「項目集合編輯器」。下圖為「編輯」功能項目的下一層子功能項目集合。

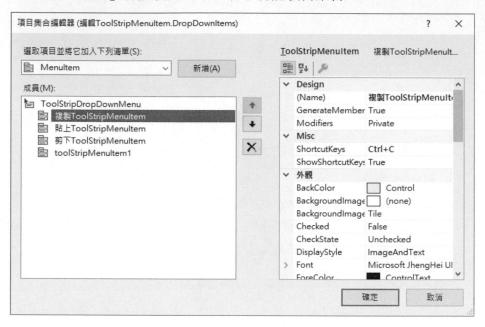

實作 FileName：MenuStrip.sln

設計一個含有「字型」和「樣式」兩個主功能項目的功能表。其中「字型」主功能項目用來更改字型種類，包含有「細明體」、「標楷體」、「微軟正黑體體」等子功能項目。「樣式」主功能項目用來設定字體樣式，包含有「粗體」、「斜體」、「加底線」等子功能項目，樣式項目可多選，選用時該項目前會勾選標示。所有的字型樣式設定，會在標籤控制項上面顯示。

▶ **輸出要求**

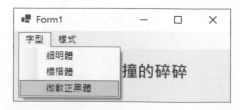
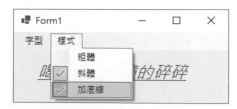

▶ 解題技巧

Step 1 建立輸出入介面

1. 新增專案，新專案名稱為「MenuStrip」。

2. 依輸出要求，在表單建立下列控制項：

   ① 建立 LblMsg 標籤控制項。

   ② 建立 menuStrip1 功能表控制項，並建立如下功能表項目。

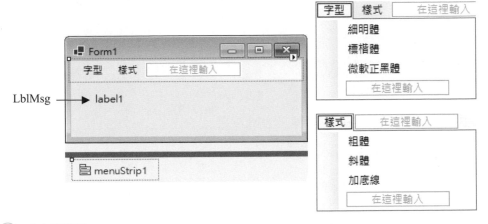

Step 2 分析問題

1. 表單載入時，相關屬性設定值寫在表單的 Form1_Load()事件處理函式：

   ① 在 LblMsg 標籤控制項上顯示「喝的醉醉，撞的碎碎」。

   ② 將 LblMsg 標籤控制項的前景色設為紅色。

   ③ 將 LblMsg 標籤控制項的字型預設為細明體，樣式為粗體字。

   ④ 預設樣式的粗體項目為勾選狀態。

2. 分別在「細明體」、「標楷體」、「微軟正黑體」的子功能項目的 Click 事件處理函式內，撰寫設定對應字型的功能。例如：按「標楷體」的功能項目時，將 LblMsg 標籤的字型種類設為標楷體，但是字型樣式維持原樣式。

   ```
   LblMsg.Font = new Font("標楷體", 16, LblMsg.Font.Style);
   ```

3. 分別在粗體、斜體、加底線的子功能選項的 Click 事件處理函式內，撰寫設定對應樣式的功能。例如：按「粗體」的功能項目時，將 LblMsg 原字型樣式和粗體樣式作「互斥(^)」運算，若原為粗體作 ^ 運算後會改為非粗體。另外將 Checked 屬性作「非(!)」運算，若原為勾選，作「!」運算後會改為不勾選。

LblMsg.Font = new Font(LblMsg.Font, **LblMsg.Font.Style ^ FontStyle.Bold**);

粗體 ToolStripMenuItem.Checked = ! (粗體 ToolStripMenuItem.Checked);

Step 3 編寫程式碼

```
FileName : MenuStrip.sln
01 namespace MenuStrip
02 {
03     public partial class Form1 : Form
04     {
05         public Form1()
06         {
07             InitializeComponent();
08         }
09
10         private void Form1_Load(object sender, EventArgs e)
11         {
12             LblMsg.Text = "喝的醉醉，撞的碎碎";
13             LblMsg.ForeColor = Color.Red;                // 設前景色為紅色
14             LblMsg.Font = new Font("細明體", 16, FontStyle.Bold);
15             粗體 ToolStripMenuItem.Checked = true;        // 預設粗體項目被勾選
16         }
17
18         private void 細明體 ToolStripMenuItem_Click(object sender, EventArgs e)
19         {
20             // 設字型為細明體、大小為 16、原字型樣式
21             LblMsg.Font = new Font("細明體", 16, LblMsg.Font.Style);
22         }
23
24         private void 標楷體 ToolStripMenuItem_Click(object sender, EventArgs e)
25         {
26             LblMsg.Font = new Font("標楷體", 16, LblMsg.Font.Style);
27         }
```

28	
29	private void 微軟正黑體 ToolStripMenuItem_Click(object sender, EventArgs e)
30	{
31	LblMsg.Font = new Font("微軟正黑體", 16, LblMsg.Font.Style);
32	}
33	
34	private void 粗體 ToolStripMenuItem_Click(object sender, EventArgs e)
35	{
36	LblMsg.Font = new Font(LblMsg.Font, LblMsg.Font.Style ^ FontStyle.Bold);
37	粗體 ToolStripMenuItem.Checked = !(粗體 ToolStripMenuItem.Checked);
38	}
39	
40	private void 斜體 ToolStripMenuItem_Click(object sender, EventArgs e)
41	{
42	LblMsg.Font = new Font(LblMsg.Font, LblMsg.Font.Style ^ FontStyle.Italic);
43	斜體 ToolStripMenuItem.Checked = !(斜體 ToolStripMenuItem.Checked);
44	}
45	
46	private void 加底線 ToolStripMenuItem_Click(object sender, EventArgs e)
47	{
48	LblMsg.Font = new Font(LblMsg.Font, LblMsg.Font.Style ^ FontStyle.Underline);
49	加底線 ToolStripMenuItem.Checked = !(加底線 ToolStripMenuItem.Checked);
50	}
51	}
52	}

▶ 馬上練習

修改上面範例在「樣式」主功能項目中，加上「顏色」子功能項目。在「顏色」項目下新建「紅色」、「綠色」、「藍色」等下一層子功能項目。按顏色的子功能項目時，就將標籤的文字設為指定的顏色。

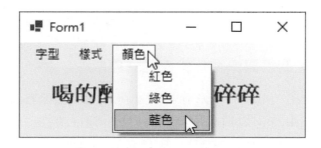

9.2　ContextMenuStrip 快顯功能表控制項

在視窗應用程式中，會將某物件常用的功能置於快顯功能表中。當滑鼠在該物件上點按滑鼠右鍵時，會馬上跳出快顯功能表以方便選取功能項目。Visual C# 所提供的　ContextMenuStrip　快顯功能表控制項，允許將一個快顯功能表控制項同時指定(連結)給表單上多個控制項共用。

9.2.1　如何建立快顯功能表的項目

在工具箱中　ContextMenuStrip　快顯功能表工具上快按兩下，或是拖曳到表單中，快顯功能表會自動置於表單標題欄或功能表的下方。因為該控制項是屬於幕後控制項，所以控制項物件會在表單的下方，預設名稱為 contextMenuStrip1。快顯功能表項目的設定方式與功能表控制項一樣，屬性的設定也大致一樣，相同的部分將不再贅述。

Step 1　在表單中先建立 contextMenuStrip1 控制項，如左下圖所示。

Step 2　在 contextMenuStrip1 內輸入快顯功能表的項目，如右上圖所示輸入「剪下」、「複製」、「貼上」三個功能項目。

Step 3　點選功能項目(如「剪下」)，就可以到屬性視窗中設定屬性值。

9.2.2　如何將控制項與快顯功能表建立連結

當快顯功能表建立功能項目完畢後，執行時會發現並沒有功能表出現。因為快顯功能表必須藉由表單或控制項的 ContextMenuStrip 屬性，來連結快顯功能表控制項才會產生作用，大都的控制項都擁有 ContextMenuStrip 屬性。先點選需要快顯功能表的控制項，接著在該控制項的 ContextMenuStrip 屬性下拉鈕清單中，選取使用哪個快顯功能表控制項。下圖的操作步驟是將 textBox1 文字方塊與 contextMenuStrip1 快顯功能表控制項建立連結，當在 textBox1 控制項上按滑鼠右鍵時，就會如右下圖出現 contextMenuStrip1 快顯功能表。

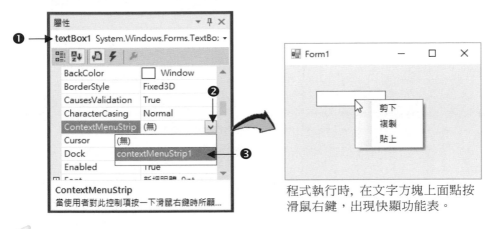

程式執行時，在文字方塊上面點按滑鼠右鍵，出現快顯功能表。

實作 FileName: ContextMenuStrip.sln

延續上例新增一個快顯功能表。在 LblMsg 標籤上按右鍵，可由快顯功能表中「字型」、「樣式」項目下的子選項，設定標籤文字的字型種類和樣式。

▶ **輸出要求**

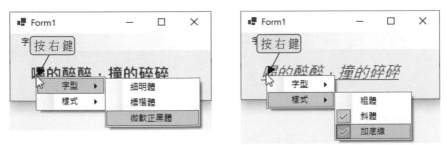

▶ **解題技巧**

Step 1 建立輸出入介面

1. 新增專案，新專案名稱為「ContextMenuStrip」。

2. 建立下面控制項以及設定相關屬性：

① 建立 menuStrip1 功能表控制項，如上例建立功能項目。

② 建立 contextMenuStrip1 功能表控制項，如下圖建立快顯功能表項目。

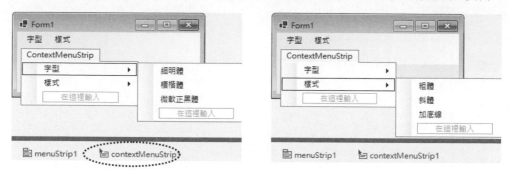

③ 建立 LblMsg 標籤控制項，並將 LblMsg 的 ContextMenuStrip 屬性設
為 contextMenuStrip1，使得標籤控制項與此快顯功能表產生連結。

3. 設定 contextMenuStrip1 功能項目共用 menuStrip1 的事件處理函式：
由於 menuStrip1 與 contextMenuStrip1 的功能項目的程式碼都一樣，所
以可以共用事件。以「細明體」功能項目為例，依下圖所示的步驟操作，
讓 contextMenuStrip1 的「細明體 ToolStripMenuItem1」的 Click 事件共
用 menuStrip1 的「細明體 ToolStripMenuItem_Click」事件處理函式。

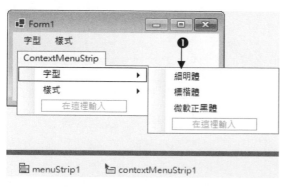
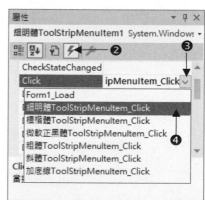

Step 2 分析問題

在 menuStrip1「粗體」、「斜體」、「加底線」功能項目的 Click 事件處理
函式內，增加 contextMenuStrip 快顯功能表各項目的勾選狀態程式。以
「粗體」功能項目為例，程式碼寫法如下：

LblMsg.Font = new Font(LblMsg.Font, LblMsg.Font.Style ^ FontStyle.Bold);

// 設定功能表列中粗體功能項目的勾選狀態

粗體 **ToolStripMenuItem**.Checked = !(粗體 **ToolStripMenuItem**.Checked);

// 設定快顯功能表列中粗體功能項目的勾選狀態

粗體 **ToolStripMenuItem1**.Checked = !(粗體 **ToolStripMenuItem1**.Checked);

Step ③ 編寫程式碼 (粗體字部分的程式是與上例不同處)

FileName : ContextMenuStrip.sln
01 namespace ContextMenuStrip
02 {
03　　public partial class Form1 : Form
04　　{
05　　　　public Form1()
06　　　　{
07　　　　　　InitializeComponent();
08　　　　}
09
10　　　　private void Form1_Load(object sender, EventArgs e)
11　　　　{
12　　　　　　LblMsg.Text = "喝的醉醉，撞的碎碎";
13　　　　　　LblMsg.ForeColor = Color.Red;　　　　　// 設前景色為紅色
14　　　　　　LblMsg.Font = new Font("細明體", 16, FontStyle.Bold);
15　　　　　　粗體 ToolStripMenuItem.Checked = true;　// 預設粗體項目被勾選
16　　　　　　**粗體 ToolStripMenuItem1.Checked = true;** // 預設粗體項目被勾選
17　　　　}
18
19　　　　private void 細明體 ToolStripMenuItem_Click(object sender, EventArgs e)
20　　　　{
21　　　　　　// 設字型為細明體、大小為 16、原字型樣式
22　　　　　　LblMsg.Font = new Font("細明體", 16, LblMsg.Font.Style);
23　　　　}
24
25　　　　private void 標楷體 ToolStripMenuItem_Click(object sender, EventArgs e)
26　　　　{
27　　　　　　LblMsg.Font = new Font("標楷體", 16, LblMsg.Font.Style);
28　　　　}
29
30　　　　private void 微軟正黑體 ToolStripMenuItem_Click(object sender, EventArgs e)
31　　　　{

32	LblMsg.Font = new Font("微軟正黑體", 16, LblMsg.Font.Style);
33	}
34	
35	private void 粗體 ToolStripMenuItem_Click(object sender, EventArgs e)
36	{
37	LblMsg.Font = new Font(LblMsg.Font, LblMsg.Font.Style ^ FontStyle.Bold);
38	//設定功能表中粗體功能項目的勾選狀態
39	粗體 ToolStripMenuItem.Checked = !(粗體 ToolStripMenuItem.Checked);
40	//設定快顯功能表中粗體功能項目的勾選狀態
41	**粗體 ToolStripMenuItem1.Checked = !(粗體 ToolStripMenuItem1.Checked);**
42	}
43	
44	private void 斜體 ToolStripMenuItem_Click(object sender, EventArgs e)
45	{
46	LblMsg.Font = new Font(LblMsg.Font, LblMsg.Font.Style ^ FontStyle.Italic);
47	斜體 ToolStripMenuItem.Checked = !(斜體 ToolStripMenuItem.Checked);
48	**斜體 ToolStripMenuItem1.Checked = !(斜體 ToolStripMenuItem1.Checked);**
49	}
50	
51	private void 加底線 ToolStripMenuItem_Click(object sender, EventArgs e)
52	{
53	LblMsg.Font = new Font(LblMsg.Font, LblMsg.Font.Style ^ FontStyle.Underline);
54	加底線 ToolStripMenuItem.Checked = !(加底線 ToolStripMenuItem.Checked);
55	**加底線 ToolStripMenuItem1.Checked = !(加底線 ToolStripMenuItem1.Checked);**
56	}
57	}
58	}

▶ 馬上練習

修改上面實作增加「顏色」快選功能
項目，其下有「紅色」、「綠色」、
「藍色」子功能項目。例如當按下「綠
色」功能項目，則將標籤的字型顏色
設為綠色。

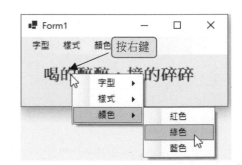

9.3 ToolStrip 工具列控制項

在 Windows 環境下的應用程式，會將常用的功能項目以按鈕圖示組合成一個工具列，掛在功能表的下方以方便快速選取，譬如 Visual Studio 整合開發環境的「標準」工具列即是。

9.3.1 如何建立自訂工具列的項目

透過在工具箱中的 ▦ ToolStrip 工具，可以輕易地依需求自訂一個工具列。ToolStrip 控制項預設放在表單的正上方。ToolStrip 和表單一樣亦是一個控制項容器，它是由一些按鈕、標籤、下拉鈕、文字方塊...等控制項所組成的集合。至於建立 ToolStrip 工具列控制項的操作方式如下：

Step 1 建立 ToolStrip 工具列控制項

在工具箱的 ▦ ToolStrip 工具上快按兩下，或是拖曳到表單上，會在表單標題欄的正下方產生一個空白的工具列。

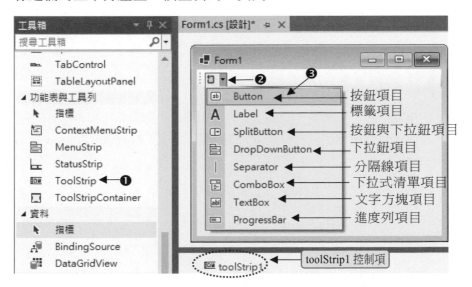

Step 2 建立工具列的項目

ToolStrip 可使用的工具項目如上圖所示。在工具列的 ▣▾ 下拉鈕按一下，由清單中選取需要的項目。如上圖選取 ⓐ Button 按鈕工具項目(屬 ToolStripButton 控制項物件)，表示使用按鈕當工具列的第一個項目。

Step 3 設定項目屬性

先點選要設定的工具項目，屬性視窗就會顯示該項目的屬性。例如 Image 屬性可設定工具項目中顯示的圖示、Text 屬性可以設定顯示的文字。

9.3.2 ToolStrip 工具列控制項常用的屬性

1. Items 屬性：是 ToolStrip 控制項中工具列項目的集合。

2. Dock 屬性：設定工具列在表單顯示的位置，預設值為 Top(在表單的上方)。

   例 設定 toolStrip1 工具列控制項安置在表單下方，程式碼寫法如下：

   ```
   toolStrip1.Dock = DockStyle.Bottom;
   ```

9.3.3 工具列項目常用的屬性

ToolStrip 是一個控制項容器，其中可以安置各種不同類型的工具項目。不同的工具項目的屬性不同，本書只介紹 ⓐ Button ToolStripButton 控制項物件的常用屬性：

1. Text 屬性：設定工具項目上顯示的文字。

2. Image 屬性：設定工具項目上顯示的圖示。

3. DisplayStyle 屬性：設定文字和圖示的顯示狀態，其值有 None、Text、Image(預設值)和 ImageAndText。

4 TextImageRelation 屬性：設定文字和圖示的相對位置，預設值為 ImageBeforText 表示圖示在文字前面。

5. ToolTipText 屬性：設定當使用者滑鼠移到工具項目時，所顯示的提示文字。

實作 FileName：RunWord.sln

製作一個文字跑馬燈程式，執行時文字會每隔 0.1 秒移動 10 點。工具列中含有兩個按鈕工具，和一個文字方塊項目。當在工具列按 ▶ 鈕文字會由左向右移動、按 ◀ 鈕則會改為由右向左移動。文字方塊項目文字預設為「經驗是良師」，並允許使用者改變跑馬燈的文字。

▶ **輸出要求**

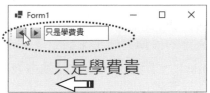

▶ **解題技巧**

Step ① 建立輸出入介面

1. 新增專案並以「RunWord」為新專案名稱。

2. 建立輸出入介面及設定相關屬性：

① 建立 toolStrip1 控制項，並在其中新增兩個按鈕工具項目(Image 屬性分別設為 left、right.jpg，圖檔在書附範例的 ch9/images 資料夾)和一個文字方塊工具項目。

② 建立 TmrRun 計時器控制項每隔 0.1 秒來移動標籤控制項上面設定的跑馬燈文字。

Step 2 分析問題

1. 宣告 move_d 為表單 Form1 的成員(全域)變數,以便讓所有事件處理函式共用。move_d 變數用來記錄跑馬燈文字移動方向,其資料型別為 Boolean,初值設為 true 表示目前跑馬燈方向是由左向右移動。若設為 false 表示跑馬燈方向是由右向左移動。

2. 在 Form1_Load 事件處理函式中設 TmrRun 的 Interval 屬性值為 100,使每 0.1 秒觸動計時器一次。另外將 Enabled 屬性設為 true 來啟動計時器。

3. 在 TmrRun_Tick 事件處理函式中,根據 move_d 布林變數值判斷跑馬燈文字的移動方向,來設定 LblMsg 的 Left 屬性值。LblMsg 每次移動 10 pixels,若跑出表單邊界就由表單另一端邊界跑入。程式碼寫法如下:

```
if (move_d == true)        // true 由左向右移
{
    LblMsg.Left += 10;
    if (LblMsg.Left >= this.Width)    LblMsg.Left = -LblMsg.Width;
}
else                       // false 由左向右移
{
    LblMsg.Left -= 10;
    if (LblMsg.Left <= -LblMsg.Width)    LblMsg.Left = this.Width;
}
```

4. 程式執行中當在 toolStripTextBox1 工具列上的文字方塊上更改文字會觸動該項目的 TextChanged 事件,在該事件處理函式中將文字方塊上更改的跑馬燈文字指定給 LblMsg 標籤控制項。

```
LblMsg.Text = toolStripTextBox1.Text;
```

Step 3 編寫程式碼

FileName : RunWord.sln
01 namespace RunWord
02 {
03　　public partial class Form1 : Form
04　　{
05　　　　public Form1()

```
06              {
07                  InitializeComponent();
08              }
09
10          bool move_d = true;      // 記錄跑馬燈文字移動方向
11
12          private void Form1_Load(object sender, EventArgs e)
13              {
14                  TmrRun.Interval = 100;
15                  TmrRun.Enabled = true;
16                  toolStripTextBox1.Text = "經驗是良師";
17              }
18
19          private void TmrRun_Tick(object sender, EventArgs e)
20              {
21                  if (move_d == true)        // true 由左向右移
22                  {
23                      LblMsg.Left += 10;
24                      if (LblMsg.Left >= this.Width) LblMsg.Left = -LblMsg.Width;
25                  }
26                  else                        //false 由左向右移
27                  {
28                      LblMsg.Left -= 10;
29                      if (LblMsg.Left <= -LblMsg.Width) LblMsg.Left = this.Width;
30                  }
31              }
32
33          private void toolStripButton1_Click(object sender, EventArgs e)
34              {
35                  move_d = false;
36              }
37
38          private void toolStripButton2_Click(object sender, EventArgs e)
39              {
40                  move_d = true;
41              }
42
43          private void toolStripTextBox1_TextChanged(object sender, EventArgs e)
44              {
```

45	LblMsg.Text = toolStripTextBox1.Text;
46	}
47	}
48	}

▶ 馬上練習

修改上面實作，增加一個 DropDownButton 工具項目(DisplayStyle 屬性設為 Text，來顯示文字)，其中有紅色、綠色、藍色三個子項目，可以設定跑馬燈文字的顏色。

CHAPTER 10

常用對話方塊

◇ 學習使用 FontDialog 對話方塊

◇ 學習使用 ColorDialog 對話方塊

◇ 學習使用 OpenFileDialog、SaveFileDialog
  檔案對話方塊

◇ 學習使用 RichTextBox 豐富文字方塊

10.1 FontDialog 字型對話方塊

　　FontDialog「字型」對話方塊控制項執行時會顯示字型對話方塊,可以用來設定字型的大小、樣式、顏色、效果…等功能。FontDialog 字型對話方塊控制項是屬於幕後執行的控制項,所以當在工具箱 [⚙ FontDialog] 工具快按兩下或拖曳到表單上,控制項會置於表單下方,控制項名稱預設值為『 fontDialog1 』。

一、開啟字型對話方塊

　　程式執行時可以使用 FontDialog 控制項的 ShowDialog()方法,來開啟如下圖的「字型」對話方塊。

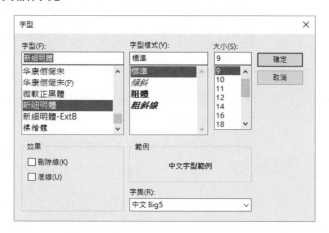

　　使用者所設定的字型種類、樣式、大小、刪除線、底線等格式,會存在字型對話方塊的 Font 屬性中。當使用者點按 [確定] 鈕離開對話方塊時,ShowDialog()方法會傳回 DialogResult.OK;若按 [取消] 鈕時,則會傳回 DialogResult.Cancel 表示取消相關字型設定。

例 若在 fontDialog1 字型對話方塊按 [確定] 鈕,就將使用者指定的文字格式設定給 textBox1 控制項。

```
if (fontDialog1.ShowDialog() == DialogResult.OK)
{
    textBox1.Font = fontDialog1.Font ;
}
```

二、設定字型顏色

　　字型對話方塊預設沒有設定控制項內文字顏色的功能，利用字型對話方塊的 ShowEffecs 和 ShowColor 屬性，可以分別設定是否顯示 [效果]、[色彩(C)] 項目。使用者所設定的色彩值，會存在字型對話方塊的 Color 屬性中。

屬　性	說　　明
ShowEffecs	設定字型對話方塊是否顯示 [效果] 選項。 true：顯示(預設值) ； false：不顯示。
ShowColor	設定是否顯示 [色彩(C)] 選項，可用來設定文字前景色。 true：顯示 ； false：不顯示(預設值)。

　　若這兩個屬性皆設 true，則所開啟的字型對話方塊如下圖所示：

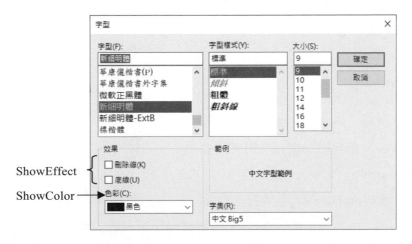

例　顯現 fontDialog1 字型對話方塊，來設定 textBox1 控制項的文字前景色。

```
if (fontDialog1.ShowDialog() == DialogResult.OK)
{
    textBox1.ForeColor = fontDialog1.Color ;
}
```

實作　FileName：FontDialog.sln

　　設計一個按 字型 鈕可以設定文字方塊內文字的字型格式的程式。

▶ **輸出要求**

按 [字型] 鈕會顯示字型對話方塊,在對話方塊中可設定字體格式。若按 [確定] 鈕完成文字方塊內文字的字型設定;若按 [取消] 鈕取消目前的設定,維持原文字字型格式。

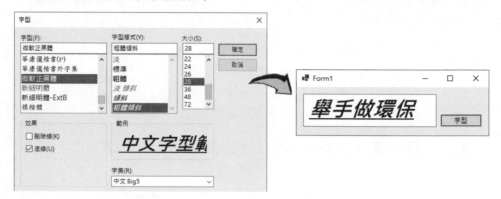

▶ **解題技巧**

Step **1** 建立輸出入介面

1. 新增專案並以「FontDialog」為新專案名稱。

2. 由輸出要求,在表單上建立下列各控制項:

 ① 使用 TxtShow 文字方塊來顯示文字。

 ② 建立一個 fontDialog1 字型對話方塊控制項,來設定字型。

 ③ 建立一個 BtnFont 按鈕控制項,用來打開字型對話方塊。

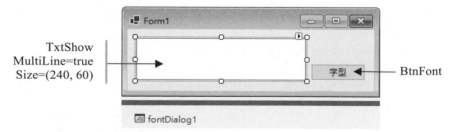

Step **2** 分析問題

1. 在 Form1_Load 事件處理函式中,設定 TxtShow 文字方塊控制項的 Text 屬性值為"舉手做環保"。

2. 在 BtnFont_Click 事件處理函式中，用 fontDialog1 的 ShowDialog()方法
   顯示字型對話方塊。如果傳回值為 DialogResult.OK，就將 fontDialog1
   的 Font 屬性值，指定給 TxtShow 文字方塊控制項的 Font 屬性。

```
if (fontDialog1.ShowDialog() == DialogResult.OK)
{
    TxtShow.Font = fontDialog1.Font;
}
```

Step 3 編寫程式碼

FileName : FontDialog.sln

```
01 namespace FontDialog
02 {
03     public partial class Form1 : Form
04     {
05         public Form1()
06         {
07             InitializeComponent();
08         }
09
10         private void Form1_Load(object sender, EventArgs e)
11         {
12             TxtShow.Text = "舉手做環保";
13         }
14
15         private void BtnFont_Click(object sender, EventArgs e)
16         {   //如果按確定鈕，就將字型設定值指定給文字方塊
17             if (fontDialog1.ShowDialog() == DialogResult.OK)
18             {
19                 TxtShow.Font = fontDialog1.Font;
20             }
21         }
22     }
23 }
```

▶ **馬上練習**

修改上面實作，字型對話方塊會顯示色彩項目，使用者可指定文字顏色。

10.2 ColorDialog 色彩對話方塊

 色彩對話方塊控制項的建立及使用方式，和 FontDialog 字型對話方塊控制項大同小異。使用 ColorDialog 控制項的 ShowDialog()方法，可以開啟色彩對話方塊。使用者可透過色彩對話方塊來設定顏色，然後將設定值指定給某個控制項。下表是 ColorDialog 色彩對話方塊控制項常用屬性的說明：

ColorDialog 屬性	說明
Color	設定或取得在色彩對話方塊中所指定的顏色。
AllowFullOpen	設定 定義自訂色彩(D) >> 按鈕是否啟用。屬性值： ① true：啟用(預設值)，可使用自訂色彩對話方塊。 ② false：不啟用，按鈕無效。

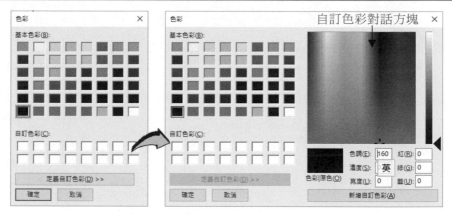

實作 FileName：ColorDialog.sln

設計可以使用色彩對話方塊，設定四個圖片方塊背景色的程式。

▶ **輸出要求**

在圖片方塊上按一下，會開啟色彩對話方塊。若按 確定 鈕，會將色彩值指定給該圖片方塊的背景色；若按 取消 鈕則維持原背景色。

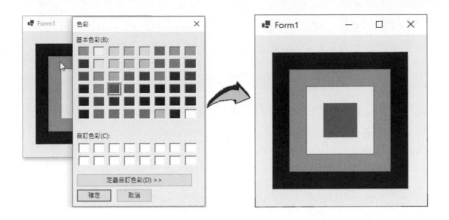

▶ **解題技巧**

Step ① 建立輸出入介面

1. 新增專案並以「ColorDialog」為新專案名稱。

2. 由輸出要求，在表單上建立 Pic1~Pic4 四個圖片方塊和 colorDialog1 色彩對話方塊控制項。

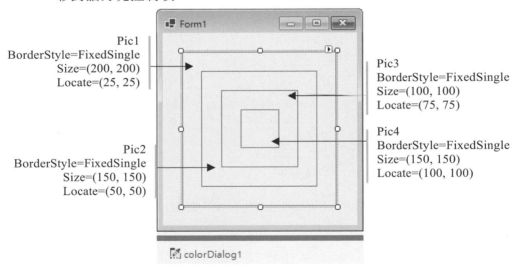

Step ② 分析問題

1. 在 Form1_Load 事件處理函式中，設定 Pic2、Pic3、Pic4 的 Click 事件，共用 Pic1_Click 事件，來精簡程式碼。

```
Pic2.Click += Pic1_Click;   …
```

2. 當按 Pic1 圖片方塊控制項時，觸動 Click 事件處理函式。函式中將 sender 轉型為 PictureBox 控制項型別，以便取得哪個圖片方塊被按下。

```
PictureBox hitPic = (PictureBox)sender;
```

使用 ShowDialog()方法顯示色彩對話方塊，若傳回值為 DialogResult.OK，就將 Color 屬性值指定給圖片方塊的 BackColor 屬性。

```
if (colorDialog1.ShowDialog() == DialogResult.OK)
{
    hitPic.BackColor = colorDialog1.Color;
}
```

Step 3 編寫程式碼

FileName : ColorDialog.sln
```
01 namespace ColorDialog
02 {
03     public partial class Form1 : Form
04     {
05         public Form1()
06         {
07             InitializeComponent();
08         }
09
10         private void Form1_Load(object sender, EventArgs e)
11         {   //設定 Pic2~4 的 Click 事件，共用 Pic1_Click 事件
12             Pic2.Click += Pic1_Click;
13             Pic3.Click += Pic1_Click;
14             Pic4.Click += Pic1_Click;
15         }
16         private void Lbl1_Click(object sender, EventArgs e)
17         {
18             PictureBox hitPic = (PictureBox)sender;      //取得哪個圖片方塊被按下
19             if (colorDialog1.ShowDialog() == DialogResult.OK)
20             {   //如果按確定鈕，就將顏色值指定給圖片方塊
21                 hitPic.BackColor = colorDialog1.Color;
22             }
23         }
24     }
25 }
```

► **馬上練習**

修改上面實作，增加在表單上按一下也可以設定表單背景色。

【提示】在程式中要用 this 來代表表單物件。

10.3 檔案對話方塊

Visual C# 工具箱提供 🖻 OpenFileDialog 和 🔲 SaveFileDialog 工具，可以快速建立開檔對話方塊和存檔對話方塊。兩個和檔案相關的對話方塊控制項，其常用的屬性如下：

屬　性	說　　明
Filter	設定或取得檔案對話方塊的檔案類型清單顯示的檔案篩選字串。篩選字串寫法為 "項目文字 1 | 篩選規則 1 | 項目文字 2 | 篩選規則 2 ..."，文字和規則必須兩個一組，其間以分隔號 | 區隔。如下寫法開檔對話方塊的檔案清單會依下圖顯示： openFileDialog1.Filter = "文書檔 (*.txt) | *.txt | 所有檔案 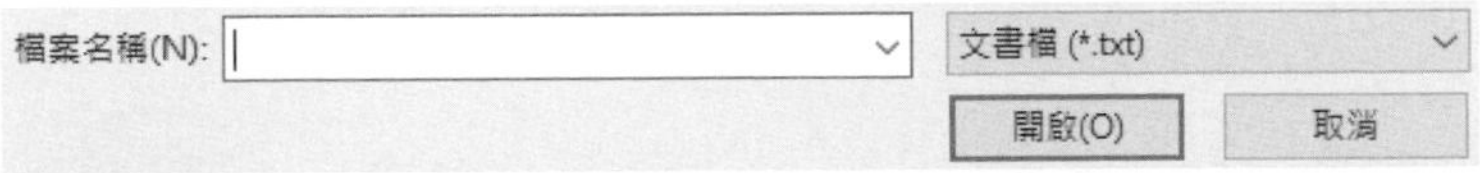  (*.*) | *.*" ; 檔案名稱(N)： ▽　文書檔 (*.txt) ▽ 　　　　　　　　　　　　　　　開啟(O)　　取消 檔案名稱(N)： ▽　文書檔 (*.txt) ▽ 　　　　　　　　　　　　　　　文書檔 (*.txt) 　　　　　　　　　　　　　　　所有檔案 (*.*)
DefaultExt	設定或取得檔案對話方塊的預設副檔名。
FileName	設定或取得檔案對話方塊所選取或輸入的檔案名稱字串。
FileIndex	設定或取得目前選取 Filter 檔案清單項目的註標值。
Title	設定或取得檔案對話方塊的標題欄名稱。
InitialDirectory	設定或取得檔案對話方塊啟始的檔案目錄(資料夾)。
RestoreDirectory	設定或取得檔案對話方塊是否為上一次作業的目錄(資料夾)路徑。

OpenFileDialog 或 SaveFileDialog 控制項也擁有 ShowDialog()方法，可以用來開啟所對應的對話方塊。

例 將 openFileDialog1 開檔對話方塊指定的圖檔，指定給 pictureBox1 控制項的 Image 屬性值。

```
if (openFileDialog1.ShowDialog() == DialogResult.OK)
{
    pictureBox1.Image = Image.FormFile(openFileDialog1.FileName) ;
}
```

實作 FileName：OpenFileDialog.sln

設計可以讀取.jpg 圖檔並顯示圖片的程式。

▶ 輸出要求

在 ▢ 開檔 ▢ 按鈕上按一下，會顯示開檔對話方塊。若在開檔對話方塊中選取需要的圖檔後按下 ▢ 確定 ▢ 鈕，就會將該圖檔名稱指定給圖片方塊顯示。

▶ 解題技巧

Step 1 建立輸出入介面

1. 新增專案並以「OpenFileDialog」為新專案名稱。

2. 依輸出要求，在表單上建立 PicShow 圖片方塊、BtnOpen 按鈕和 openFileDialog1 開檔對話方塊控制項。

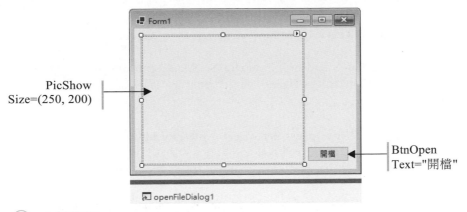

Step **2** 分析問題

1. 在 Form1_Load 事件處理函式中,設定 PicShow 的 SizeMode 屬性值為 StretchImage,使圖片會縮放成控制項大小。接著再設定 openFileDialog1 的 Filter 屬性值為="圖檔(*.jpg)|*.jpg",使開檔對話方塊只列出 JPG 格式圖檔。

    ```
    PicShow.SizeMode = PictureBoxSizeMode.StretchImage;
    openFileDialog1.Filter = "圖檔(*.jpg)|*.jpg";
    ```

2. 在 BtnOpen_Click 事件處理函式中,使用 ShowDialog()方法顯示開檔對話方塊,若傳回值為 DialogResult.OK,就將 FileName 屬性值指定給圖片方塊的 Image 屬性,來顯示指定的圖片。

    ```
    if (openFileDialog1.ShowDialog()==DialogResult.OK)
    {
        PicShow.Image = Image.FromFile(openFileDialog1.FileName);
    }
    ```

Step **3** 編寫程式碼

FileName : OpenFileDialog.sln
01 namespace OpenFileDialog
02 {
03　　　public partial class Form1 : Form
04　　　{
05　　　　　public Form1()
06　　　　　{
07　　　　　　　InitializeComponent();

08	}
09	**private void Form1_Load(object sender, EventArgs e)**
10	{
11	PicShow.SizeMode = PictureBoxSizeMode.StretchImage;
12	openFileDialog1.Filter = "圖檔(*.jpg)|*.jpg";//只顯示.jpg 圖檔
13	}
14	
15	**private void BtnOpen_Click(object sender, EventArgs e)**
16	{ //如果按確定鈕，就將檔案名稱指定給圖片方塊的 Image 屬性
17	if (openFileDialog1.ShowDialog()==DialogResult.OK)
18	{
19	PicShow.Image = Image.FromFile(openFileDialog1.FileName);
20	}
21	}
22	}
23	}

▶ 馬上練習

修改上面實作，增加一個有存檔功能的按鈕 存檔 。

【提示】存檔的敘述寫法如下：

```
PicShow.Image.Save(saveFileDialog1.FileName);
```

10.4 RichTextBox 豐富文字方塊控制項

RichTextBox 豐富文字方塊控制項是一個加強功能的文字方塊，其功能類似 WordPad。它能對控制項內所選取的文字，做字型、顏色、字體大小或段落縮排等設定，它也可將文字設定為項目符號。甚至能辨識 URL 連結文字，可以超連結到指定的網頁。

10.4.1 RichTextBox 控制項常用的屬性

1. Text 屬性

   設定 RichTextBox 控制項的文字內容，通常會利用 OpenFileDialog 開檔對話方塊來載入文字檔案，或直接指定路徑名稱來載入檔案內的資料。

2. Mutiline 屬性 (預設值 ture)

設定是否以多行來顯示文字，true 是允許多行顯示，false 關閉多行顯示。這個屬性必須配合 WordWrap 屬性，如 WordWrap 屬性設為 false，即使 Mutiline 設為 true 也無法多行顯示文字。

3. WordWrap 屬性 (預設值 true)

用來設定文字是否允許換行。設為 true 時，當一行的文字長度超過該控制項寬度時，會自動跳到下一行顯示。這個屬性需要跟 Mutiline 屬性配合使用，需兩者同時設為 true 時，換行顯示才有效。

① WordWrap = false

文字不會自動換行，超出範圍的文字會向右延伸，直到分行符號為止。此時 ScrollBars 屬性必須設為顯示水平捲軸，以方便查看超出範圍的文字。

② WordWrap = true

允許文字超出範圍時配合控制項寬度自動換行。當這個屬性設為 true 時(自動換行)，就一定不會顯示水平捲軸。

4. ScrollBars 屬性

用來設定 RichTextBox 控制項是否允許使用捲軸：

① None：永遠不會顯示任何類型的捲軸。

② Horizontal：在文字超出控制項的寬度時顯示水平捲軸，垂直捲軸不會出現。水平捲軸必須當 WordWrap 屬性為 false 時才會顯示。

③ Vertical：只在文字超出控制項高度時顯示垂直捲軸，水平捲軸不會出現。

④ Both (預設值)：當文字超出控制項的寬度時會顯示水平捲軸，文字長度超過控制項高度時，會顯示垂直捲軸。

⑤ ForcedHorizontal：強制顯示水平捲軸，但當文字未超出控制項的寬度時，捲軸會以灰色呈現 (無法使用)。

⑥ ForcedVertical：強制顯示垂直捲軸。但當文字未超出控制項的高度時，捲軸會以灰色呈現。

⑦ ForcedBoth：強制顯示垂直及水平捲軸，但當文字未超出控制項的寬度或長度時，捲軸會以灰色呈現。

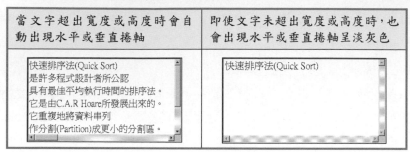

當文字超出寬度或高度時會自動出現水平或垂直捲軸	即使文字未超出寬度或高度時，也會出現水平或垂直捲軸呈淡灰色
快速排序法(Quick Sort) 是許多程式設計者所公認 具有最佳平均執行時間的排序法。 它是由C.A.R Hoare所發展出來的。 它重複地將資料串列 作分割(Partition)成更小的分割區。	快速排序法(Quick Sort)

5. SelectionFont 屬性

    用來指定被選取文字的字型，如下面的敘述將 richTextBox1 中選取的文字設定為「標楷體、字體大小 14、粗體」。

    ```
    richTextBox1.SelectionFont = new Font("標楷體", 14, FontStyle.Bold);
    ```

6. SelectionColor 屬性

    用來指定被選取文字的顏色，如下面敘述將 richTextBox1 中被選取的文字設為紅色。

    ```
    richTextBox1.SelectionColor = Color.Red;
    ```

7. SelectionBackColor 屬性

    用來指定被選取文字的背景顏色。

8. SelectionBullet 屬性

    用來指定被選取文字是否加上項目符號。當屬性值為 true 時，文字加上項目符號；屬性值為 false 時，取消項目符號。

9. DetectUrls(超連結偵測)屬性

    可設定 RichTextBox 控制項是否能判斷符合 URL 的文字，例如「http://」或「mailto:」開頭的文字，用來連結到指定的網頁或電子郵件。當這個屬性設為 true 時，會將符合標準 URL 的文字以藍色加底線的方式顯示，如果設定為 false，則不會對這些文字做特別處理。

    當 DetectUrls 屬性設定為 true 時，只是將 URL 文字以藍色加底線標示而已。如果想要按下這些文字，會有效執行超連結的動作時，還必須在 RichTextBox 控制項的 LinkClicked 事件處理程序中加入一段程式碼，如下粗體字所示：

```
private void richTextBox1_LinkClicked(object sender, LinkClickedEventArgs e)
{
    System.Diagnostics.Process.Start(e.LinkText);
}
```

事件處理函式中有 sender 及 e 參數，sender 參數是代表來源物件，e 參數是代表物件的相關資訊。若要在 richTextBox1 中取得目前正按下的超連結文字，可透過 e.LinkText 屬性來取得。所以加入這段事件敘述後，當在 richTextBox1 按下超連結文字時，會自動執行瀏覽器開啟該超連結的網頁，或執行預設電子郵件軟體開啟新信件。

10.4.2 RichTextBox 控制項常用的方法

1. Copy 方法
    將 RichTextBox 內所選取的文字，複製到剪貼簿。

2. Cut 方法
    將 RichTextBox 內所選取的文字刪除，並複製到剪貼簿。

3. Paste 方法
    將目前剪貼簿的內容，貼到 RichTextBox 內插入點的位置。

4. LoadFile 方法
    將指定的文字檔案的內容，載入 RichTextBox 控制項中顯示，其寫法：

    ```
    richTextBox1.LoadFile( datafile, fileType )
    ```

▶ 說明
  ① datafile 引數：要載入 RichTextBox 控制項中的資料檔名稱(含路徑)。
  ② fileType 引數：指定載入檔案的格式，常用的有：

   - RichTextBoxStreamType.PlainText (純文字)

   - RichTextBoxStreamType.RichText(RichText 格式檔)

   - RichTextBoxStreamType.UnicodePlainText(以 Unicode 編碼的文字)

例 將檔案類型為純文字的 Readme.txt 文字檔,載入到 richTextBox1 豐富
文字方塊控制項上面。

```
richTextBox1.LoadFile("Readme.txt", RichTextBoxStreamType.PlainText);
```

5. SaveFile 方法

將 RichTextBox1 的內容寫入到指定的檔案,用法與 LoadFile 方法類似,
寫法如下:

```
richTextBox1.SaveFile( datafile, fileType );
```

 實作　FileName: WordPad.sln

使用 RichTextBox 豐富文字方塊與 MenuStrip 功能表列控制項,製
作可設定文字格式的簡易文書編輯應用程式。

▶ **輸出要求**

1. 執行功能表的【檔案/開檔】指令,
會顯示「開啟」對話方塊,可開啟
指定的文書檔案,例如「demo.rtf」
(WordPad 文件)。

2. 執行功能表的【檔案/存檔】指令,
會顯示「另存新檔」對話方塊,可
以指定欲儲存的檔案路徑。

3. 透過「編輯」主功能表的「複製」、「貼上」的子功能項目,可以編輯
RichTextBox 內的內容。

4. 透過「項目符號」主功能表的「設定」和「取消」子功能項目,可設定
RichTextBox 內所選取文字是否為項目符號。

5. 透過「字型」主功能表可顯示「字型」檔對話方塊,來設定所選取文字
的字型樣式。

6. 透過「顏色」主功能表的「前景色」和「背景色」子功能項目,可設定 RichTextBox 內所選取文字的前景色與背景色。

▶ **解題技巧**

Step ① 建立輸出入介面

1. 新增專案並以「WordPad」為新專案名稱。

2. 建立下面控制項以及設定相關屬性:

① 表單內放置名稱為 RtxtNote 豐富文字方塊控制項。

② 在表單上建立 saveFileDialog1、openFileDialog1、fontDialog1、colorDialog1 等四個對話方塊控制項。

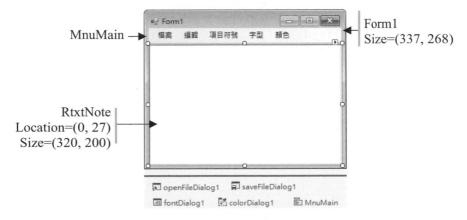

③ 在表單內放置 MnuMain 功能表控制項,並建立下圖各功能表項目。

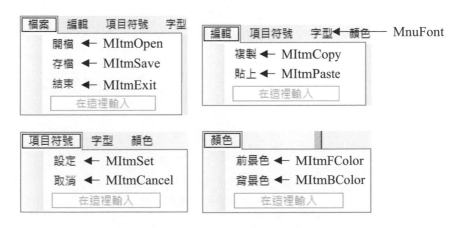

Step ② 分析問題

1. 執行功能表的【檔案/開檔】指令時，可將開檔對話方塊所指定的檔案名稱，然後使用 RtxtNote.LoadFile()方法載入內容到 RtxtNote。

```
if (openFileDialog1.ShowDialog() == DialogResult.OK)
{
    filename = openFileDialog1.FileName;
    RtxtNote.LoadFile(filename, RichTextBoxStreamType.RichText);
}
```

2. 執行功能表的【檔案/存檔】的指令時，可透過存檔對話方塊將 RtxtNote 的內容用 SaveFile()方法寫回指定的檔案。

3. 在功能表的各個功能選項撰寫相對應的工作。例如執行功能表的【項目符號/設定】指令，即將 RtxtNote 所選取的文字範圍設定項目符號。

Step ③ 編寫程式碼

FileName : WordPad.sln
01 namespace WordPad
02 {
03　　　public partial class Form1 : Form
04　　　{
05　　　　　public Form1()
06　　　　　{
07　　　　　　　InitializeComponent();
08　　　　　}
09　　　　　//執行功能表 [檔案/開檔] 時執行
10　　　　　**private void MItmOpen_Click(object sender, EventArgs e)**
11　　　　　{
12　　　　　　　String filename;
13　　　　　　　openFileDialog1.Filter = "文書檔 (*.rtf)|*.rtf|所有檔案 (*.*)|*.*";
14　　　　　　　openFileDialog1.FilterIndex = 1;
15　　　　　　　openFilcDialog1.RestoreDirectory = true;
16　　　　　　　openFileDialog1.DefaultExt = ".rtf";
17　　　　　　　if (openFileDialog1.ShowDialog() == DialogResult.OK)
18　　　　　　　{
19　　　　　　　　　filename = openFileDialog1.FileName;
20　　　　　　　　　RtxtNote.LoadFile(filename, RichTextBoxStreamType.RichText);
21　　　　　　　}

```
22          }
23          //執行功能表 [檔案/存檔] 時執行
24          private void MItmSave_Click(object sender, EventArgs e)
25          {
26              String filename;
27              saveFileDialog1.Filter = "文書檔 (*.rtf)|*.rtf|所有檔案 (*.*)|*.*";
28              saveFileDialog1.FilterIndex = 1;
29              saveFileDialog1.RestoreDirectory = true;
30              saveFileDialog1.DefaultExt = ".rtf";
31              if (saveFileDialog1.ShowDialog() == DialogResult.OK)
32              {
33                  filename = saveFileDialog1.FileName;
34                  RtxtNote.SaveFile(filename, RichTextBoxStreamType.RichText);
35              }
36          }
37          //執行功能表 [檔案/結束] 時執行
38          private void MItmExit_Click(object sender, EventArgs e)
39          {
40              Application.Exit();
41          }
42          //執行功能表 [編輯/複製] 時執行
43          private void MItmCopy_Click(object sender, EventArgs e)
44          {
45              RtxtNote.Copy();      //將選取的範圍複製到剪貼簿
46          }
47          //執行功能表 [編輯/貼上] 時執行
48          private void MItmPaste_Click(object sender, EventArgs e)
49          {
50              RtxtNote.Paste();     //將剪貼簿的內容貼到目前的插入點
51          }
52          // 執行功能表的 [項目符號/設定] 時執行
53          private void MItmSet_Click(object sender, EventArgs e)
54          {
55              RtxtNote.SelectionBullet = true;     //選取範圍設定項目符號
56          }
57          //執行功能表的 [項目符號/取消項目符號] 時執行
58          private void MItmCancel_Click(object sender, EventArgs e)
59          {
60              RtxtNote.SelectionBullet = false;    //選取範圍取消項目符號
61          }
62          //執行功能表的 [字型] 時執行
63          private void MnuFont_Click(object sender, EventArgs e)
```

64	{
65	if (fontDialog1.ShowDialog() == DialogResult.OK)
66	{
67	RtxtNote.SelectionFont = fontDialog1.Font;
68	}
69	}
70	//執行功能表的 [顏色/前景色] 時執行
71	**private void MItmFColor_Click(object sender, EventArgs e)**
72	{
73	if (colorDialog1.ShowDialog() == DialogResult.OK)
74	{
75	RtxtNote.SelectionColor = colorDialog1.Color;
76	}
77	}
78	// 執行功能表的 [顏色/前景色] 時執行
79	**private void MItmBColor_Click(object sender, EventArgs e)**
80	{
81	if (colorDialog1.ShowDialog() == DialogResult.OK)
82	{
83	RtxtNote.SelectionBackColor = colorDialog1.Color;
84	}
85	}
86	}
87	}

▶ **馬上練習**

修改上面實作,增加【檔案/清除】指令,可將 RichTextBox 的內容全部清除。再增加【編輯/剪下】指令,可以將選取的文字剪下到剪貼簿中。

【提示】使用 Clear()方法可以清除 RichTextBox 的全部內容。

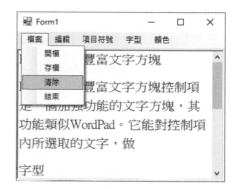

CHAPTER 11

檔案與多媒體

- ✧ 認識檔案與串流
- ✧ 認識 System.IO 命名空間
- ✧ 學習目錄與檔案類別的操作
- ✧ 學習文字檔案的資料存取
- ✧ 學習語音檔案的播放操作

▶ 11.1　檔案與串流

　　前面章節設計程式時，都將欲處理的資料(例如變數或陣列)和程式碼放在一起，或是由鍵盤輸入資料。當資料少時很容易處理，但是資料多時，每次修改資料時得進入程式中修改，或是重新執行程式由鍵盤再輸入資料，很不方便。若能將程式檔與資料檔獨立分開存檔，將欲處理的資料另外存成資料檔。當資料有異動時，透過程式開啟指定的資料檔，修改完畢再回存資料檔，如此不用修改程式，而且同一程式也可處理多個格式相同的資料檔。例如：一個公司的人事薪資管理系統可以同時處理不同部門的人事薪資。

　　檔案可分類為文字檔(Text File)與二進位檔(Binary File)兩種。文字檔是採文字資料流，以字串形成儲入檔案中，可透過純文字編輯器開啟閱讀，其內容是我們可看得懂的資料。如：程式的原始碼、HTML 程式碼。至於二進位檔是採二元資料流，與儲存在記憶體相同格式來儲入檔案中。二進位檔存取速度較快，但檔案內容需透過程式轉譯才能閱讀，無法直接閱讀，必須透過指定程式才能開啟。如：圖形檔、語音檔、編譯後的類別檔。

　　Visual C# 是以串流(Stream)的方式來處理輸入與輸出的資料。所謂的「串流」就好比一條水管，只要水管輸入端有足夠的水量，輸出端就可以流出同等的水量。資料串流就好比是一串具有順序且無法得知長度的位元組，輸出端可以選擇將資料接收儲存或流失，不管接收或不接收都不能再回頭處理剛才處理過的字元，得由資料輸入端重新傳送同樣的資料串流一次才可以。

　　資料的輸出入端可以是各式不同的輸出入裝置。將各輸入裝置所輸入不同格式的資料，轉譯換成統一格式的「輸入串流」，送入到主記憶體內經程式處理。處理完畢的資料便成為「輸出串流」，經輸出裝置將輸出串流轉譯自己裝置的資料格式輸出。所以，透過串流的概念提供一套統一的資料輸出入方法，讓程式設計人員不用深入了解輸出入裝置的資料格式，便能輕易地解決資料的輸出入問題。

11.2 System.IO 命名空間

由於 System.IO 命名空間包含允許讀寫檔案和資料串流類別，且提供基本的檔案和目錄類別支援，所以使用資料串流來處理資料檔時，在程式的開頭需要加入 System.IO 命名空間，其寫法如下：

```
using System.IO;
```

下表是 System.IO 命名空間提供處理資料夾與檔案較常用的類別：

類別	說明
DirectoryInfo	提供建立、刪除、搬移資料夾等方法，必須先建立物件實體才能使用該類別提供的方法成員與屬性。
FileInfo	提供建立、開啟、刪除、搬移檔案…等方法，必須先建立物件實體才能使用該類別提供的方法成員與屬性。
FileStream	檔案串流類別，提供與檔案相關的操作處理，支援同步及非同步的讀取和寫入作業。
StreamWriter	文字資料串流的檔案內容寫入器。
StreamReader	文字資料串流的檔案內容讀取器。

11.3 目錄與檔案類別

在 Windows 系統內「目錄」常被稱為「資料夾」。Visual C# 可使用 DirectoryInfo 類別來建立、刪除、搬移目錄，以及取得目錄名稱；也可使用 FileInfo 類別來存取資料檔案。至於 DirectoryInfo 類別與 FileInfo 類別所提供的方法成員必須使用 new 來建立物件實體，才能進一步呼叫其建構式、屬性與方法。

11.3.1 DirectoryInfo 類別

DirectoryInfo 類別常用的成員如下：

1. DirectoryInfo(String) 建構式

    用來宣告目錄(資料夾)路徑的使用物件名稱，呼叫時會代入字串引數，此引數即是目錄(資料夾)的完整路徑。執行此建構式時尚未建立指定目錄(資料夾)的物件實體，只是告知程式中若參用到該物件即代表參用到所設定的目錄路徑。

    例 宣告「c:\aaa\test\」目錄路徑的物件名稱為「dirInfo」。

    ```
    DirectoryInfo dirInfo = new DirectoryInfo("c:\\aaa\\test\\");
    ```

    目錄路徑 "c:\\aaa\\test\\" 為字串資料，但倒斜線「\」視為逸出字元，所以目錄路徑字串間的倒斜線必須用雙倒斜線「\\」來區隔。目錄路徑可用另外一種方式來表示，即在路徑字串前加上『@』字元，上面目錄路徑 "c:\\aaa\\test\\" 字串可改寫為 @"c:\aaa\test\"。

2. Create() 方法

    用來建立已宣告的目錄物件路徑實體，若路徑含有多層目錄時，父、子目錄會一併建立。

    例 在 c: 磁碟機根目錄下的「aaa」目錄再建立「test」子目錄。

    ```
    DirectoryInfo dirInfo = new DirectoryInfo("c:\\aaa\\test\\");
    dirInfo.Create();
    ```

3. Delete(bool) 方法

    刪除物件實體的目錄(資料夾)路徑。其中 bool 引數若設為 true 時，一併刪除所含的子目錄與檔案；若 bool 引數設為 false 或空白，子目錄與檔案無法刪除。

    例 刪除 c: 磁碟機根目錄下的 aaa 目錄，包含子目錄與檔案。

    ```
    DirectoryInfo dirInfo = new DirectoryInfo(@"c:\aaa");
    dirInfo.Delete(true);
    ```

4. Exists 屬性

   檢查物件實體的目錄路徑是否存在？傳回值為 true 或 false。

   例 檢查「c:\aaa」目錄路徑是否存在？若不存在，則在 c: 磁碟根目錄下建立「aaa」資料夾。

   ```
   DirectoryInfo dirInfo = new DirectoryInfo(@"c:\aaa");
   if (! dirInfo.Exists)          // 若目錄不存在
       dirInfo.Create();          // 建立指定的目錄
   ```

5. MoveTo(String) 方法

   將物件實體(來源目錄)內的所有檔案或子目錄，搬移到 String 引數所指定的目的目錄內。但目的目錄不能事先建立，必須在此方法執行時用程式來建立。搬移完畢時來源目錄會自動刪除。

實作　FileName：MoveDir.sln

　　先建立「c:\aaa」目錄路徑，再將「c:\aaa」目錄內容全部搬移至「c:\bbb」目錄內路徑。

▶ **輸出要求**

1. 若來源目錄路徑不存在，則建立該目錄路徑並顯示『c:\aaa 目錄建立成功!』訊息；若來源目錄路徑事先已經存在 c: 根目錄內，則顯示『c:\aaa 目錄已存在!』訊息。

2. 點按上圖的 ［ 確定 ］ 鈕，則顯示『來源目錄內容已成功搬移到 c:\bbb 目錄！』訊息。此時來源目錄路徑 c:\aaa 會自動刪除。

▶ 解題技巧

Step ① 新增專案並以「MoveDir」為新專案名稱。

Step ② 分析問題

1. 本程式使用 DirectoryInfo 類別處理目錄與檔案,在程式碼開頭必須匯入 System.IO 命名空間。

2. 用 new 建立 DirectoryInfo 類別的目錄物件 sdInfo,並將該目錄物件指向「c:\aaa」路徑。

3. sdInfo 目錄物件要建立實體路徑之前,先用 sdInfo.Exists 屬性檢查該目錄是否存在。若存在,則屬性值為 true;若不存在,則屬性值為 false。當 sdInfo.Exists 屬性值為 false 時,才需要建立 sdInfo 物件的實體路徑。

4. 要放置搬移資料的目的目錄「c:\bbb」必須由程式執行時建立,不能事先建立否則會出現錯誤。故搬移資料前先檢查目的目錄「c:\bbb」是否已存在?若已存在,先將之刪除。

5. 當「c:\aaa」目錄內的檔案及子目錄搬移至「c:\bbb」目錄後,系統會自動刪除「c:\aaa」來源目錄。

Step ③ 編寫程式碼

FileName : MoveDir.sln
01 **using System.IO;**　　　　　　//引用 System.IO 命名空間
02 namespace MoveDir
03 {
04 　　　 public partial class Form1 : Form
05 　　　 {
06 　　　　　 public Form1()
07 　　　　　 {
08 　　　　　　　 InitializeComponent();

```
09              }
10
11          private void Form1_Load(object sender, EventArgs e)
12          {
13              string sourceDir = @"c:\aaa";
14              DirectoryInfo sdInfo = new DirectoryInfo(sourceDir);
15              string msg;
16              if (sdInfo.Exists)                    // 若指定的來源目錄路徑存在
17                  msg = " 目錄已存在！";
18              else                                  // 當指定的來源目錄路徑不存在
19              {
20                  sdInfo.Create();                  // 建立來源目錄路徑
21                  msg = " 目錄建立成功！";
22              }
23              MessageBox.Show($"{sourceDir}{msg}", "CreateDir");
24
25              string destDir = @"c:\bbb";
26              DirectoryInfo destInfo = new DirectoryInfo(destDir);
27              if (destInfo.Exists)                  // 若指定的目的目錄路徑存在
28                  destInfo.Delete(true);            // 刪除目的目錄路徑
29              sdInfo.MoveTo(destDir);
30              msg = $"來源目錄內容已成功搬移到 {destDir} 目錄！";
31              MessageBox.Show(msg, "MoveDir");
32          }
33      }
34 }
```

11.3.2 FileInfo 類別

FileInfo 類別常用的成員如下：

1. FileInfo(String) 建構式

    用來宣告檔案路徑的使用物件名稱，呼叫時會代入 String 字串引數，此引數即是檔案的完整路徑(含目錄和檔名)。執行此建構式時尚未建立指定檔案路徑的物件實體，只是告知程式中若參用到該檔案物件即代表參用所指定的檔案路徑。

例 宣告「c:\aaa\disco.txt」檔案路徑的物件名稱為「fInfo」。

```
FileInfo fInfo;
fInfo = new FileInfo("c:\\aaa\\disco.txt");
    或
FileInfo fInfo = new FileInfo("c:\\aaa\\disco.txt");
    或
FileInfo fInfo = new FileInfo(@"c:\aaa\disco.txt");
```

2. Create() 方法

用來建立已宣告的檔案物件路徑實體。若檔案的路徑中有指定目錄,該目錄必須事先建立;若檔案路徑未指定目錄路徑只有檔名,該檔案實體預設放在專案的「\bin\Debug\net6.0-windows\」子目錄內。

例 在專案的「\bin\Debug\」子目錄內建立「disco.txt」檔案實體。

```
FileInfo fInfo = new FileInfo("disco.txt");
FileStream fs = fInfo.Create();          //建立檔案
```

使用 finfo.Create()方法建立 finfo 指定路徑的資料檔,須透過檔案串流物件 fs 來存取該資料檔。

3. Close() 方法

用來關閉檔案串流物件已開啟的檔案。檔案串流在同一個事件或函式中,不再使用時要關閉。否則在別的事件或函式宣告會出現錯誤。

例 關閉檔案串流物件 fs 所指向的檔案。

```
fs.Close();
```

4. CopyTo(String, bool) 方法

將檔案物件指定的檔案複製到 String 引數所指定的目的檔案,複製完畢後來源資料檔仍存在。第一個引數 String 為目的檔名,檔名前可指定路徑,如「c:\bbb\chacha.txt」,目的檔的目錄路徑「c:\bbb\」記得要事先建立。若目的檔名未加目錄路徑,會複製到該專案的預設子目錄「\bin\Debug

\net6.0-windows\」內。第二個引數 bool 若設為 true 時，表示允許覆蓋已存在之檔案；若設為 false，表示不允許覆蓋。

例 將目前檔案物件 fInfo 所指定的檔案複製到「c:\bbb\chacha.txt」。

```
fInfo.CopyTo ("c:\\bbb\\chacha.txt" , true);
```

5. MoveTo(String) 方法

將檔案物件所指定的檔案搬移到 String 引數所指定的檔案，搬移完畢後來源檔案自動移除。

例 將目前檔案物件 fInfo 所指定的檔案搬移到「c:\ccc\waltz.txt」。

```
fInfo.MoveTo(@"c:\ccc\waltz.txt");
```

6. Delete() 方法

刪除檔案物件所指定的檔案。

例 將目前檔案物件 finfo 指定的檔案「c:\\ccc\\waltz.txt」刪除。

```
fInfo.Delete();
```

7. Exists 屬性

檢查檔案物件實體的路徑是否存在？傳回值為 true 或 false。

8. FullName 屬性

取得檔案物件完整的檔案名稱，包含檔案的目錄路徑。

9. DirectoryName 屬性

取得檔案物件所指定檔案的目錄路徑。

10. Name 屬性

取得檔案物件含有副檔名的檔案名稱。

11. Extension 屬性

取得檔案物件所指定檔案的副檔名。

12. Length 屬性

取得檔案物件所指定檔案的檔案大小。

11.4 **字元串流的存取**

　　字元串流用來處理 16 位元(bit)的 UTF-8 或 Unicode 資料，即雙位元組資料，放置雙位元組資料的檔案一般稱為文字檔。

11.4.1 文字資料檔的寫入

　　Visual C# 使用 StreamWriter 類別建立的物件做為資料串流寫入器，用來處理文字資料檔的寫入工作。該物件建立時，還需要由 FileInfo 類別物件的 CreateText()方法或 AppendText()方法來指定處理的檔案。

例　先用 FileInfo 類別產生檔案物件 fInfo，其檔案路徑指向「c:\bbb\hello.txt」，再用 StreamWriter 類別產生 sw 物件，做為 fInfo 物件資料串流寫入器。

```
FileInfo fInfo = new FileInfo(@"c:\bbb\hello.txt");   //產生檔案物件
StreamWriter sw = fInfo.CreateText();                //產生串流寫入器物件
```

注意

　　檔案路徑中的目錄路徑必須事先建立；若檔案路徑未指定目錄路徑只有檔名，該檔案實體預設放在專案的「\bin\Debug\net6.0-windows\」子目錄內。

一、FileInfo 類別常用的方法

1. CreateText() 方法
   用來開啟檔案物件所指定新的文字檔案，並透過 StreamWriter 類別建立寫入串流物件。若檔案已存在，會將檔案內容清空；若檔案不存在，建立空白新檔案。

2. AppendText() 方法
   用來開啟檔案物件指定的已存在文字檔案，透過 StreamWriter 類別物件將新增的資料加入指定文字檔的檔尾。若檔案不存在，會建立一個空白新檔。

二、StreamWriter 類別常用的方法

1. Write(String) 方法

    將存放在 String 引數的資料串流進行寫入動作，並將插入點游標停留在寫入資料的尾部，使得下一個資料寫入時會緊接在後面。

2. WriteLine(String) 方法

    將存放在 String 引數資料串流進行寫入動作，並在寫入資料的尾部加上換行字元，使得插入點游標停留在下一行開頭，下一個資料寫入便從下一行開始寫入。

3. Flush() 方法

    清空緩衝區內的資料串流，若緩衝區內有資料串流先寫入檔案中再清空。

4. Close() 方法

    關閉目前的 StreamWriter 類別物件和資料串流，即關閉檔案。

例 將 "Good morning! 早安" 字串資料寫入已建立的檔案「c:\bbb\hello.txt」內，寫入完畢關閉文字檔案。(參考 CreateText 專案)

```
sw.WriteLine("Good morning! 早安");   //將資料寫入
sw.Flush();                           //清空緩衝區
sw.Close();                           //關閉檔案
```

此時若使用 Windows 提供的「記事本」應用程式來開啟「c:\bbb\hello.txt」文字檔案，其檔案內容如下圖所示：

例 將 "互道一聲早，事事都美好" 字串資料，新增到上例的「c:\bbb\hello.txt」文字檔案內，資料新增完畢關閉文字檔案。(參考 AppendText 專案)

```
FileInfo f2Info = new FileInfo(@"c:\bbb\hello.txt");      //產生檔案物件
StreamWriter sw2 = f2Info.AppendText();                  //產生串流寫入物件
sw2.Write("互道一聲早，事事都美好");                      //將資料寫入
sw2.WriteLine();                                         //使下一個資料從下一行開始
sw2.Flush();                                             //清空緩衝區
sw2.Close();                                             //關閉檔案
```

使用「記事本」應用程式開啟「c:\bbb\hello.txt」文字檔案，內容如下：

11.4.2 文字資料檔的讀取

　　Visual C# 使用 StreamReader 類別建立的物件做為資料串流的讀取器，用來處理文字資料檔的讀取工作。讀取時可一次讀取一個字元，也可以一次讀取一行字串，更可以一次讀取整篇文字。物件建立時，需要指定存放資料的檔案路徑，透過串流讀取器讀取置入 sr 串流讀取物件，以便對讀取出的資料做處理。

例 用 StreamReader 類別產生資料串流讀取物件 sr，資料讀取來源為 path 所指定的文字檔「c:\bbb\hello.txt」。

```
string path = @"c:\bbb\hello.txt";
StreamReader sr = new StreamReader(path);        //產生串流讀取物件
```

path 所指定的文字檔案必須存在。

一、StreamReader 類別常用的方法

1. Peek() 方法

   用指標檢查要讀取的下一個字元，若是已到檔案結尾，則傳回值是 -1。當 StreamReader 類別的資料串流讀取物件開檔成功，則檔案指標指到檔案的第一個資料上。若有讀取動作檔案指標會往下移。

2. Read() 方法

從文字檔案中讀取一個字元(或一個中文字)。

例 使用迴圈透過 Read()方法讀取 sr 物件指定的資料檔內容,將讀取出的字元合併成字串,再用 MessageBox 顯示出來。(參考 Read 專案)

```
do
{
    ch = (char)sr.Read();          // 每次讀取一個字元
    if (sr.Peek() == -1)           // 確認指標是否檔案結尾
        break;                     // 若是,則離開迴圈
    msg += ch;                     // 讀取的字元合併成字串
} while (true);
MessageBox.Show(msg);              // 顯示讀取的資料
```

結果:

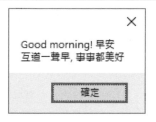

3. ReadLine()

從文字檔中讀取一行字串,注意不含換行字元。若要多行顯示讀取的文字資料時,必須在每讀取一行資料時再補上換行字元 "\r\n"。當讀取到檔案尾端時,會傳回 null。

例 使用迴圈用 ReadLine()方法讀取 sr 物件指定的資料檔內容,讀取出的資料再用 MessageBox 顯示出來。(參考 ReadLine 專案)

```
do
{
    data = sr.ReadLine();          // 每次讀取一行字串
    if (data == null) break;       // 若是檔案結尾,則離開迴圈
    msg += data + "\r\n";          // 讀取的字串合併並加換行字元
} while (true);
MessageBox.Show(msg);              // 顯示讀取的資料
```

4. ReadToEnd() 方法

讀取 sr 物件指定的檔案資料，從目前指標所在位置開始讀取，直到檔案尾端。讀取出的資料再用 MessageBox 顯示出來。(參考 ReadToEnd 專案)

```
msg = sr.ReadToEnd();
MessageBox.Show(msg);            // 顯示讀取的資料
```

 實作 　FileName：CalAvg.sln

由指定文字檔「in.txt」讀入資料，再進行讀入資料求平均值的運算處理，程式執行後產生一個輸出的文字檔「out.txt」，其檔案文件是處理結果的平均值資料。

① 「in.txt」文字檔的資料格式：

第一列的數字代表有幾組資料要測試(相加運算)，最多 4 組。第二列起為每組的測試資料，每組測試資料以「,」分隔幾個數字，最多 5 個數字。如下：

【檔名：in.txt】
```
3
8,2.5
-11,22,34
26,-20,-37, 9
```

上例「in.txt」文字檔代表有 3 組資料，第 1 組資料為 8, 2.5；第 2 組資料為 -11, 22, 34；第 3 組資料為 26, -20, -37, 9。

② 在處理過程中依序用 MessageBox 顯示如下訊息：

③「out.txt」文字檔的資料格式：

每組測試資料結果輸出一列。對照上列「in.txt」文字檔，則產生的「out.txt」文字檔如下：

【檔名：out.txt】
5.25
15
-5.5

▶ 解題技巧

Step 1 分析問題

1. 在程式開頭引用 System.IO 命名空間。(第 1 行)

2. 撰寫自定方法 string Reader(string path)，從文字檔(path)中讀取資料。

   ① 建立 StreamReader 類別的串流讀取物件 sr。並指定資料檔名(由 path 引數傳入)。path 若未指定目錄路徑，則使用專案的「\bin\Debug\net6.0-windows\」預設子目錄。(第 15 行)

   ② 使用 ReadToEnd 方法，讀取資料檔全部資料到字串 str。除了 ReadToEnd 方法外，Read 方法可以一次讀取一個字元，ReadLine 方法可以一次讀取一行字串。(第 16 行)

   ③ 使用 Close()方法關閉資料檔。(第 17 行)

   ④ 用字串 str 傳回呼叫本自定方法所讀取的文字檔內容。(第 18 行)

3. 用「記事本」編輯「in.txt」文字檔，儲存到本專案的「\bin\Debug\net6.0-windows\」子目錄中。

4. 在 Form1_Load 事件處理函式中，宣告 dada 字串陣列呼叫 Reader("in.txt") 自定方法。

   ① 使用 Split 內建方法將呼叫 Reader("in.txt")方法所傳回的字串分割。分割時指定分隔字元為分列的字元 '\r'。(第 35 行)

   ② 用 dada 字串陣列元素逐一存放已分割的字串。其中
   data[0]　存放題目的測試題數

data[1]　存放第一題的測試數據資料

data[2]　存放第二題的測試數據資料

　　　　：

5. 在 Form1_Load 事件處理函式中，宣告 ans 浮點數陣列，用來存放每一測試題的答案。

　① ans 陣列的陣列大小(整數)由 data[0]決定。(第 39 行)

　② ans 陣列元素所存放的值(浮點數答案)，取自呼叫 Calculate(string) 自定方法的傳回值。(第 42 行)

6. 撰寫自定方法 double Calculate(string st)，處理測試數據平均值運算。

　① 使用 Split 內建方法將傳入引數 st 字串的測試數據資料做分割，分割時指定分隔字元為分列的字元 ','。(第 23 行)

　② 用 stNum 字串陣列元素一一存放已分割的文數字。其中

　　 stNum[0]　存放測試數據的第一個文數字

　　 stNum[1]　存放測試數據的第二個文數字

　　　　　：

　③ 用 sum 累計 stNum 字串陣列元素轉成浮點數的總和。(第 27 行)

　④ 用 sum/stNum.Length 敘述傳回數據的浮點數平均值。(第 29 行)

7. 在 Form1_Load 事件處理函式中，將 ans 陣列元素值(答案)寫入文字檔 "out.txt"。

　① 用 FileInfo 類別建立檔案物件 fInfo，指定檔名"out.txt"。(第 46 行)

　② 建立 StreamWriter 類別的串流寫入物件 sw。並用 CreateText 方法開啟寫入的資料檔。CreateText 方法開啟資料檔時會清空資料，如果要保留舊資料則要使用 AppendText 方法。(第 47 行)

　③ 使用 foreach 結構將 ans 陣列中的資料，用 WriteLine 方法逐一寫入串流中。WriteLine 方法會一次寫入一行資料，如果資料要緊接在同一列後面則要用 Write 方法。(第 49~50 行)

　④ 使用 Flush()方法將串流內的資料寫入資料檔。(第 52 行)

　⑤ 使用 Close()方法關閉資料檔。(第 53 行)

8. 程式執行結束後，會在本專案的「\bin\Debug\net6.0-windows\」子目錄中產生一個輸出的文字檔「out.txt」。

Step **2** 編寫程式碼

FileName : CalSum.sln

```
01 using System.IO;                          //引用 System.IO 命名空間
02
03 namespace CalAvg
04 {
05     public partial class Form1 : Form
06     {
07         public Form1()
08         {
09             InitializeComponent();
10         }
11
12         private static string Reader(string path)
13         {
14             // 建立串流讀取物件 sr，資料檔路徑由 path 引數傳入
15             StreamReader sr = new StreamReader(path);
16             string str = sr.ReadToEnd();         // 讀取檔案全部資料到 str 字串
17             sr.Close();                          // 關閉資料檔
18             return str;                          // 傳回資料檔全部資料
19         }
20
21         private static double Calculate(string st)
22         {
23             string[] stNum = st.Split(',');
24             double sum = double.Parse(stNum[0]);
25             for (int i = 1; i <= stNum.Length - 1; i++)
26             {
27                 sum += double.Parse(stNum[i]);
28             }
29             return sum/stNum.Length;
30         }
31
32         private void Form1_Load(object sender, EventArgs e)
```

33	{
34	// 宣告 dada 字串陣列存放 in.txt 檔案中的資料
35	string[] data = Reader("in.txt").Split('\r'); // 呼叫自定方法
36	MessageBox.Show($"題目共有 {data[0]} 題");
37	
38	// 宣告 ans 整數陣列,用來放置每一測試題的答案
39	double[] ans = new double[int.Parse(data[0])];
40	for (int n = 0; n <= double.Parse(data[0]) - 1; n++)
41	{
42	ans[n] = Calculate(data[n + 1]); // 呼叫自定方法
43	MessageBox.Show($"第 {n + 1} 題 答案是 {ans[n]}");
44	}
45	
46	FileInfo fInfo = new FileInfo("out.txt"); // 產生檔案物件
47	StreamWriter sw = fInfo.CreateText(); // 產生串流寫入器物件
48	//將 ans 陣列中的資料逐一寫入串流中
49	foreach (double a in ans)
50	sw.WriteLine(a);
51	
52	sw.Flush(); // 將緩衝區資料移入檔案
53	sw.Close(); // 關閉資料檔
54	}
55	}
56	}

▶11.5 語音檔案的播放

在 Visual C# 程式中可以使用 SoundPlayer 類別來處理 .wav 格式的語音檔,當宣告建立 SoundPlayer 類別的播放器物件以後,可以呼叫該物件的操控音效方法,即載入音效、播放音效、停止播放…等方法。撰寫程式時,在程式的開頭需要加入 System.Media 命名空間,寫法如下:

```
using System.Media;
```

SoundPlayer 類別常用的成員如下:

1. SoundPlayer() 建構式

   宣告建立 SoundPlayer 類別的播放器物件，建立後需要再用該物件的 SoundLocation 屬性來指定播放語音檔的完整路徑和檔名。

   例 宣告建立播放器物件 player，物件建立後指定要播放的音效檔路徑檔 名為「c:\cs2022\ch11\sound.wav」。(參考 wav 專案)

   ```
   string fname = @"c:\cs2022\ch11\sound.wav";   //語音檔路徑
   SoundPlayer player = new SoundPlayer();       //建立播放器物件 player
   player.SoundLocation = fname;                 //指定要播放的語音檔
   ```

2. SoundPlayer(String) 建構式

   宣告建立 SoundPlayer 類別的播放器物件，建立的同時指定播放語音檔完整路徑。

   例 宣告建立播放器物件 player，物件建立的同時，指定播放的音效檔路 徑檔名為「c:\cs2012\ch11\sound.wav」。

   ```
   SoundPlayer player;                           //宣告播放器物件
   player = new SoundPlayer(@"c:\cs2022\ch11\sound.wav");
      或
   string fname = @"c:\cs2022\ch11\sound.wav";   //語音檔路徑
   SoundPlayer player = new SoundPlayer(fname);  //建立播放器物件
   ```

3. Load() 方法：播放器物件將指定要播放的語音檔資料載入主記憶體中。

4. Play() 方法

   播放器物件播放已載入主記憶體的語音資料，一次只播放一回。

   例 播放器物件 player 播放已載入主記憶體內的語音資料。

   ```
   player.Load();      //將語音檔案資料載入記憶體
   player.Play();      //播放已載入主記憶體的音效一次
   ```

5. Stop() 方法：停止語音的播放。

6. PlayLooping() 方法：重複播放主記憶體中的語音資料，直到執行 Stop() 方法為止。

實作：ListenTest.sln

設計一個英語聽力練習(水果篇)程式，聽英語發音寫出英語的單字：

① 一開始 重聽 、 對答 鈕與文字方塊設成失效。

② 先按 播放 鈕，電腦亂數播放水果英語發音，同時將 播放 鈕設成失效， 重聽 、 對答 鈕與文字方塊設成有效，此時可在文字方塊內輸入所聽到的英語單字。

③ 若聽不清楚，可以按 重聽 鈕重聽。

④ 當按 對答 鈕，檢查輸入的英語單字是否正確？若正確會顯示『答對了!』；若錯誤則顯示『答錯了!』。此時，回到啟始狀態， 重聽 鈕設成失效、 播放 鈕變有效，即可進行下一個亂數產生的水果英語單字發音練習。

⑤ 當按 結束 鈕，會結束程式執行。

⑥ 亂數產生的水果英語單字有 8 個：orange、mango、tomato、strawberry、apple、banana、watermelon、pear。

▶ **輸出要求**

一開始 重聽 、 對答 鈕與文字方塊失效。可按 播放 鈕，進行亂數產生的水果英語單字發音播放。

按 播放 鈕後， 播放 鈕失效， 重聽 、 對答 鈕與文字方塊有效。可按 重聽 鈕重複聽已產生的英語單字發音，也可直接做答。

在文字方塊做答鍵入英語的單字後，按
對答 鈕會根據答題狀況，顯示『答對了!』
或『答錯了!』。此時回到啟始狀態。

▶ 解題技巧

Step 1 建立輸出入介面

1. 新增專案並以「ListenTest」為新專案名稱。

2. 由輸出要求可知，本範例必須在表單上建立下列各控制項：

   ① 三個標籤控制項，兩個用來當提示訊息，LblMsg 標籤控制項用來顯示『答對了!』或『答錯了!』訊息。

   ② 四個按鈕控制項分別表示「播放」、「重聽」、「對答」、「結束」。

   ③ 一個用來輸入英文單字的文字方塊 TxtInput。

   ④ 聲音檔存放在書附範例的 [ch11\多媒體檔\聲音檔] 資料夾下的 fruit1.wav~fruit8.wav，分別為水果英語單字 orange、mango、tomato、strawberry、apple、banana、watermelon、pear 的聲音檔。

Step 2 分析問題

1. 宣告本表單內多個事件處理函式共同參用的變數與物件，如下：

   ① 宣告 pathName 字串變數，存放語音檔路徑名稱。

② 宣告 testNum 整數變數，存放隨機產生的亂數值。

③ 宣告 player 為 SoundPlayer 類別物件，用來播放語音檔。

2. 建立啟始狀態的方法 start()，設定 ▢播放▢ 有效，而 ▢重聽▢、▢對答▢ 鈕與文字方塊設成失效。提供 Form1_Load() 事件處理函式呼叫使用，以及按完 ▢對答▢ 鈕回到啟始狀態時呼叫使用。

3. 在 Form1_Load() 事件處理函式中，將顯示正確與否的 LblMsg 提示訊息標籤清成空白，以及呼叫 start()方法。

4. 當按 ▢播放▢ 鈕即觸發 BtnPlay_Click() 事件處理函式，在此事件處理函式需做下列事情：

① 先將輸入單字的 TxtInput 文字方塊設成有效並清成空白，以免下次重按 ▢播放▢ 鈕時，舊資料還存在。使 TxtInput 文字方塊取得焦點，等待輸入水果英語的單字。

② 使用亂數產生 1~8 的數字，若產生數字 2，則合併字串為"fruit2.wav"。

③ 建立 player 播放器物件，將水果英語語音檔載入再進行播放。

④ 設 ▢播放▢ 鈕失效，▢重聽▢、▢對答▢ 鈕有效

5. 當按 ▢重聽▢ 鈕即觸發 BtnReplay_Click() 事件處理函式，在此事件處理函式需做下列事情：

① 使用 player.Play(); 敘述重播剛才亂數產生的水果英語語音檔。

② 使 TxtInput 文字方塊取得焦點，等待輸入水果英語的單字。

6. 當按 ▢對答▢ 鈕即觸發 BtnCheck_Click() 事件處理函式，在此事件處理函式需做下列事情：

① 宣告一個陣列存放水果的小寫英語單字當答案。

② 檢查輸入的單字與對應陣列元素內正確的單字比較是否相同？若相同，就顯示『答對了!』；否則顯示『答錯了!』。由於陣列中的水果單字是小寫，比較前先將輸入的單字轉成小寫，陣列註標是由零開始，也就是說水果答案是由註標零開始算起，所以要將產生的亂數減一，才能得到陣列中正確的水果單字。

③ 呼叫 start()方法，回到啟始狀態。

7. 按 結束 鈕即觸發 BtnEnd_Click()事件處理函式，結束程式執行。

Step 3 編寫程式碼

Filename : ListenTest.sln

```
01 using System.Media;                      //引用 System. Media 命名空間
02
03 namespace ListenTest
04 {
05      public partial class Form1 : Form
06      {
07           public Form1()
08           {
09                InitializeComponent();
10           }
11
12           // 共用欄位成員變數
13           string pathName;                //檔案路徑與檔名
14           int testNum;                    //存放亂數出來的數值
15           SoundPlayer player;             //宣告播放器物件
16
17           // 啟始狀態
18           private void start()
19           {
20                BtnPlay.Enabled = true;
21                BtnReplay.Enabled = false;
22                BtnCheck.Enabled = false;
23                TxtInput.Enabled = false;
24           }
25
26           private void Form1_Load(object sender, EventArgs e)
27           {
28                LblMsg.Text = "";
29                start();
30           }
31
32           private void BtnPlay_Click(object sender, EventArgs e)
33           {
34                TxtInput.Enabled = true;
35                TxtInput.Text = "";
36                TxtInput.Focus();                       //將游標移到輸入文字方塊
37                LblMsg.Text = "";
```

```
38              Random rnd = new Random();          //產生亂數物件 rnd
39              testNum = rnd.Next(1, 9);           //產生 1~8 的亂數
40              pathName = $"fruit{testNum}.wav";        //合併成數字語音檔
41              player = new SoundPlayer(pathName);       //播放數字語音檔
42              player.Load();
43              player.Play();
44              BtnPlay.Enabled = false;            //播放按鈕無效
45              BtnReplay.Enabled = true;           //重聽按鈕有效
46              BtnCheck.Enabled = true;            //對答按鈕有效
47          }
48
49      private void BtnReplay_Click(object sender, EventArgs e)
50          {
51              player.Play();
52              TxtInput.Focus();                   //將游標移到輸入文字方塊
53          }
54
55      private void BtnCheck_Click(object sender, EventArgs e)
56          {
57              string[] ary = new string[] {"orange", "mango", "tomato", "strawberry",
                                    "apple", "banana", "watermelon", "pear"};
58              if ((TxtInput.Text).ToLower() == ary[testNum - 1])    // 對答案
59              {
60                  LblMsg.Text = "答對了!";
61              }
62              else
63              {
64                  LblMsg.Text = "答錯了!";
65              }
66              start();
67          }
68
69      private void BtnEnd_Click(object sender, EventArgs e)
70          {
71              Application.Exit();
72          }
73      }
74 }
```

CHAPTER 12

物件導向程式設計
與多表單

- ✧ 學習物件導向程式設計觀念
- ✧ 學習物件與類別的建立
- ✧ 學習表單類別檔的架構
- ✧ 學習多表單的程式設計

12.1 物件導向程式設計觀念

物件導向程式設計就是將真實世界的狀態，以電腦世界的方式來描述的一種撰寫程式方法。物件導向程式設計可以使用類別(Class)建構出各個物件(Object)的實體(Instances)，每一個物件可以被識別和描述，而且每一個物件都擁有自己的屬性、欄位和方法。

12.1.1 物件(Object)

真實世界中無論是具體或抽象的東西都可視為一個物件，譬如：書本、狗、車子。多個小物件可組成一個大物件，例如：車子是一個大物件，它是由輪子、車門、方向盤…等其他小物件所組成的。以電腦世界來說，程式中的按鈕、文字方塊、功能表、視窗…等都是物件，如右圖的「計算機」應用程式視窗可視為一個大物件，是由多個按鈕、文字方塊、功能表項目…等小物件所組成的。

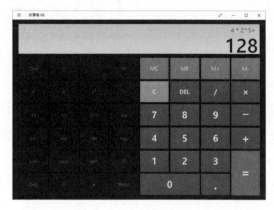

12.1.2 屬性(Property)

屬性是用來表示物件所擁有的外觀、狀態或特質。例如：小明(物件)的身高(屬性)是『170 公分』(屬性值)、衣服(物件)顏色(屬性)是『紅色』(屬性值)。若以上圖「計算機」應用程式視窗來說， 9 按鈕是物件，按鈕上面文字的顏色(ForeColor 屬性)是『白色』(ForeColor 屬性值)，按鈕上的文字(Text 屬性)是『9』(Text 屬性值)。

12.1.3 方法(Method)

　　方法是用來表示物件所能表現的行為(動作)，例如：人(物件)會跑步(方法)、鳥(物件)會飛(方法)。物件與物件之間可以透過方法來達成互動，例如：車子(物件)撞到(方法)小明(物件)。下面敘述是以 Visual C# 程式語言來表示 int 陣列物件 score，以及使用該物件所擁有的屬性和方法。

```
int[] score = new int[3];      //用 new 關鍵字建立 int 陣列物件實體 score
//使用 score 物件的 GetUpperBound()方法傳回 score 第 1 維度註標值上界
int n = score.GetUpperBound(0);
int a = score.Length;   //使用 score 物件的 Length 屬性取得陣列元素的個數
```

12.1.4 類別(Class)

　　類別是物件的設計方法就像是模板(Template)一樣，而物件是根據類別的設計方法(模板)所製作出來的成品。簡言之，類別就是用來建構某些相似物件的藍圖，物件為依照類別的描述所建構出來的實體(Instances，或稱實例)。類別只是用來描述這些類似物件的屬性、方法，類別本身並不是實際的物件。

　　例如腳踏車、越野車、三輪車、轎車、公車…等都是實際存在的物件實體，都屬於「車子」這個類別，它們都有共同的屬性(顏色、輪子數、長度…)和方法 (移動、剎車、轉彎…)。「車子」類別只是描述腳踏車、越野車…等實體的統稱，定義含有哪些屬性和方法。但是「車子」類別無法執行方法，因為它只是一種描述，實際上並不存在。由「車子」類別所建立(衍生)的物件(腳踏車、越野車…等)，才能執行類別所提供的方法。從程式設計的觀點來看，類別只是一種抽象的資料型別，而物件則是屬於該種資料型別的實體變數。例如：在 Visual C# 中的 int 是屬於整數類別，無法直接用 int 類別來做加、減運算(方法)。

例 以物件的觀點，A、B 為 int 類別所建立的物件實體，所以才能做運算。

```
int A, B;        //宣告變數 A、B 是整數，即為 int 類別的實體
A = 10;          //正確
B = A + 5;       //正確
int = 20;        //錯誤因為 int 為類別
```

12.2 類別的定義與物件的建立

12.2.1 類別的定義

在 Visual C# 中使用 class{...} 敘述區塊來定義一個類別，要注意類別的定義可以放在 namespace{...}範圍內的任何地方，但是不能放在方法(函式)及事件處理函式裡面。在類別內可定義欄位、屬性和方法，而類別檔的副檔名為 *.cs，一個類別檔內可存放多個類別。定義類別的語法如下：

```
[類別存取修飾詞] class 類別名稱
{
    [成員存取修飾詞] 資料型別 欄位 ;
    [成員存取修飾詞] 資料型別 屬性 ;
    [成員存取修飾詞] 資料型別 方法(引數串列) { ... };
}
```

▶ 說明

1. **類別存取修飾詞**(Class Access Modifier)有四種：

   ① **public**：表示該類別的存取沒有限制，所以專案內或跨專案都能存取。

   ② **internal**(預設)：只能允許在自己類別與同一個專案(組件)內的其他類別存取。若省略類別修飾詞，預設為 internal。在同一個專案內 public 和 internal 看不出差別，若程式有跨專案，public 表示該類別可跨專案，internal 表示該類別只限在同專案存取。

   ③ **private**：只允許在自己的類別內存取，適用該類別內的成員方法。

   ④ **proptected**：只允許在自己類別和子 (衍生) 類別內存取。

上圖中有兩個專案，類別 C 和 D 繼承至類別 A。當類別 A 使用不同的存取修飾詞時，類別 A 可被存取範圍如上圖所示。

2. **類別名稱**：類別名稱跟隨在 class 關鍵字之後。接在類別名稱之後是類別的主體，是由大括號 {...} 括住的程式區塊，主體內是用來定義欄位、屬性和方法等類別成員 (Class Member)。

3. **成員存取修飾詞**(Member Access Modifier)：可用來定義類別內的成員(即欄位、屬性、方法) 的存取權限：

   ① **public**：public 成員的存取沒有限制，可在類別、子類別內或建立的物件內使用 public 成員，是屬於公開層級。

   ② **private**(預設)：private 成員只能在自身類別內部做存取的動作，是屬於私有層級，無法給外界直接呼叫。類別的成員若沒使用成員修飾詞來宣告，預設為 private 私有層級。

   ③ **protected**：protected 成員除可讓自身類別存取外，也讓子類別存取，是屬於保護層級。

4. **欄位**(Field)：欄位是來描述類別中所包含的值，就像一般的變數。欄位可用一般的資料型別或類別宣告，來表示物件的狀態。欄位通常宣告為 private，並建議以小寫字母或前面加底線開頭命名。若欄位宣告為 public 則具備有可直接存取的意義，建議以大寫字母開頭並設定預設值。

5. **屬性**(Property)：屬性提供存取或計算私有欄位機制的成員。在 Visual C# 稱為存取子(Accessor)，它是一種特殊方法，通常會將屬性當成公開 (public)的資料成員，使用 get、set 存取子來存取屬性值。屬性名稱常以大寫字母開頭，例如 Name，欄位名稱則為 name 或 _name 來做區別。

6. **方法**(Method)：在類別內定義的方法，用來表示物件所擁有的行為。

例 下面簡例定義 Student 學生公開類別，類別有 public 層級的 Name 姓名欄位、Score 成績欄位，和會用對話方塊顯示姓名和成績的 ShowMsg()方法。

```
public class Student              //定義 Student 類別
{
    public string Name = "";      //Name 姓名公開欄位，並預設為空字串
```

```
public int Score = 0;          //Score 成績公開欄位，並預設為 0 分
public void ShowMsg() {         //顯示姓名與成績的公開方法 ShowMsg()
    MessageBox.Show($"{Name}同學分數: {Score}");
}
}
```

12.2.2 物件的宣告與建立

類別定義完成後可以先宣告物件，再使用 new 關鍵字建立物件實體。上例已定義好 Student 學生類別，便可使用下面敘述宣告 Jennifer 是屬於 Student 類別的物件，接著用 new 關鍵字建立 Jennifer 屬於 Student 類別的物件實體：

```
Student Jennifer;                //宣告 Jennifer 屬於 Student 類別的物件
Jennifer = new Student();        //建立 Jennifer 屬於 Student 類別的物件實體
```

可將宣告和建立物件的兩行敘述合併成一行，宣告物件時一併建立實體：

```
Student Jennifer = new Student();
 或
Student Jennifer = new ();       //new 關鍵字後可以省略類別名稱
```

Jennifer 物件建立完成後，接著便可使用『物件名稱.』後面接欄位、屬性或方法，來設定或取得欄位變數、屬性的內容或執行方法。其寫法如下：

```
Jennifer.Name = "珍妮佛";   //設定 Jennifer 物件的學生姓名
Jennifer.Score = 98;        //設定 Jennifer 物件的學生成績
Jennifer.ShowMsg();         //呼叫 ShowMsg()方法顯示學生姓名和分數
```

另外，也可以將物件的建立，和設定物件的欄位值、屬性值同時完成，其寫法如下：

```
Student Jennifer = new Student()  ⇐ 此行可以再簡化為 Student Jennifer = new()
{
    Name = "珍妮佛",  ⇐ 注意中間以逗號,區隔
    Score = 98
};  ⇐ 注意最後有;分號
```

實作 FileName：FirstClass.sln

將上面定義的 Student 類別撰寫成完整的類別程式。表單載入時使用 Student 類別建立 Jennifer 和 Bruce 兩個物件實體，並指定該物件的姓名(Name)及分數(Score)的欄位值。最後再呼叫 ShowMsg()方法，透過對話方塊分別顯示 Jennifer 和 Bruce 的姓名和分數。

▶ **輸出要求**

▶ **解題技巧**

Step 1 定義 Student 類別

1. 新增專案並以「FirstClass」為新專案名稱。

2. 執行功能表【專案(P)/加入新項目(W)...】指令開啟「新增項目」視窗，請依下圖步驟新增「Student.cs」類別檔，預設檔名為「Class1.cs」。

3. 接著在 Student.cs 類別檔內定義 Student 類別，該類別擁有 Name 姓名欄位、Score 分數欄位以及 ShowMsg()方法。程式碼如下：

```
FileName : Student.cs
01 using System;
.....
06
07 namespace FirstClass
08 {
09      internal class Student      //定義 Student 類別
10      {
11          public string Name = "";        // Name 姓名欄位
12          public int Score = 0;           // Score 成績欄位
13          // 顯示姓名與成績的方法 ShowMsg()
14          public void ShowMsg()
15          {
16              MessageBox.Show($"{Name}同學的分數是 {Score}");
17          }
18      }
19 }
```

▶ 說明

1. Student 預設的類別存取修飾詞為 internal，因為沒有跨專案所以不修改。

Step 2 撰寫 Form1 表單的程式碼

在 Form1_Load 事件處理函式內，建立屬於 Student 類別的兩個物件實體，設定兩物件的 Name、Score 欄位值，並呼叫 ShowMsg()方法顯示學生資料。

```
FileName : Form1.cs
01 namespace FirstClass
02 {
03      public partial class Form1 : Form
04      {
05          public Form1()
06          {
07              InitializeComponent();
08          }
09          // 表單載入時執行
10          private void Form1_Load(object sender, EventArgs e)
11          {
12              Student Jennifer = new Student();    // 建立 Student 類別的 Jennifer 物件
13              Jennifer.Name = "珍妮佛";            // 設定 Jennifer 物件的學生姓名
14              Jennifer.Score = 98;                // 設定 Jennifer 物件的學生成績
15              Jennifer.ShowMsg();                 // 呼叫 ShowMsg()方法顯示姓名和分數
```

16	**Student Bruce = new Student()** // 建立 Student 類別的 Bruce 物件
17	{
18	Name = "布魯斯",
19	Score = 85
20	};
21	Bruce.ShowMsg();
22	}
23	}
24	}

▶ 馬上練習

定義 Car 類別，其中有 Name(車牌號碼)、Color(顏色)、Km(公里數)等 public 欄位。表單載入時建立屬於 Car 類別的 car1 和 car2 物件實體，並指定該物件的欄位值，再呼叫 ShowMsg()方法分別顯示兩個物件的資料。

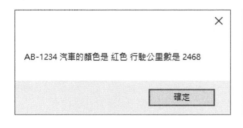

12.2.3 使用存取子建立屬性

上面小節定義 Student 類別時，直接將欄位變數宣告為 public，此方式使得物件內欄位變數的內容很容易被外界直接存取而無法受到保護。在物件導向程式設計中，「封裝」的目的是不希望外界直接存取物件內欄位變數的內容。解決方式是定義類別時將欄位變數設為 private 層級，再以 public 層級的方法成員，透過引數傳遞方式，間接存取私有欄位變數的內容。例如用 setName()方法設定欄位值，透過 getName()方法間接取得欄位的內容。另外還有透過存取子(Accessor)的方式，建立屬性來存取私有的欄位，達到資料封裝的目的。

使用存取子建立屬性的方式，是先將欄位變數設為 private (私有)層級，另外再建立一個 public (公開)層級的屬性，並配合 set/get 存取子來存取私有欄位變數的內容。set/get 存取子是特殊的方法，它擁有 get 和 set 存取子兩個程式區塊。get 區塊用來讀取私有欄位的內容，而 set 區塊用來設定私有欄位的值，若只有 get 區塊表該欄位為唯讀；只有 set 區塊則表為唯寫。存取子的語法如下：

```
private 資料型別 欄位變數
public 資料型別 屬性名稱
{
    get { return 欄位變數; }      //將欄位的值傳回(相當於讀取欄位值)
    set { 欄位變數 = value ; }    //屬性值自動傳給 value，再指定給欄位變數
}
```

例 在 Student 類別的定義中，將名稱為 _name 的私有欄位變數使用名稱為 Name 的公開屬性來存取。其寫法：

```
class Student
{
    private string _name;           // _name 為欄位變數
    public string Name              // Name 為屬性
    {
        get { return _name; }
        set { _name = value ; }     // value 是一個隱含引數
    }
}
```

▶ 說明

1. **get 存取子**：當外界要讀取屬性時，會自動執行 get 程式區塊，透過 return 敘述將指定的欄位變數內容傳回。譬如：

   ```
   string stuName = David.Name;
   ```

   當執行等號右邊的 David.Name 時，會自動執行 Student 類別內的 get 的程式區塊，透過 return 敘述傳回 _name 欄位變數值。

2. **set 存取子**：當對屬性設定屬性值時，會自動執行 set 存取子的程式區塊。執行時先將初值傳給名稱為 value 的隱含引數(implicit parameter)，接著再將 value 值指定給欄位變數。譬如：執行下面敘述做屬性值設定：

   ```
   David.Name = "大衛";
   ```

執行時會自動執行 Student 類別定義內的 set 程式區塊，先將 "大衛" 傳給 value，再將 value 指定給_name 欄位變數，即完成欄位值間接設定。

Visual C# 為存取子存放私有欄位提供自動屬性實作，會由編譯器自動建立使程式碼精簡許多。所以除非需要檢查設定值，否則採用存取子自動屬性實作較為簡便，其語法如下：

```
public 資料型別 屬性名稱 { get; set; }
```

例 上例 Student 類別可改寫如下：

```
class Student
{
    public string Name { get; set; }      // Name  屬性採自動實作的語法
}
```

例 定義 KmMile 類別，有 private 層級 _kms 欄位變數，以公里為單位；和 public 層級 Miles 屬性，以英里為單位。設定_kms 欄位變數值時，必須透過 Miles 屬性的 set 存取子，將輸入的英里值傳給 value 轉成公里再存入_kms 欄位。取出_kms 欄位變數值時，也要透過 Milers 屬性的 get 存取子，將_kms 欄位值轉成英里才傳回。寫法如下：(參考 KmMileDemo 專案)

```
class KmMile
{
    private double _kms;        //私有欄位變數，類別內單位以公里計
    public double Miles         //公開屬性，類別外單位以英里計
    {
        get { return _kms / 1.609344; }
        set { kms = value * 1.609344; }
    }
}
```

如果需要將欄位變數值限制在某個範圍時，可以在 set 區塊內使用選擇敘述來限制欄位值，例如下面實作會將 Student 類別的分數欄位變數值限制在 0 到 100 之間。

實作 FileName：Property.sln

延續上例，在 Student.cs 類別檔中，先將 Name 屬性採存取子自動實作的語法。再將_score 欄位變數宣告為 private，此時 _score 只能在類別內使用外界無法呼叫。使用存取子定義公開的 Score 屬性，在 set 的區塊內對傳入值做範圍篩選，若傳入值小於零時設為 0；超過 100 時設為 100，其他則保留原傳入值。

▶ **輸出要求**

珍妮佛同學的分數是 100

確定

↑ 設定值為 5000 時

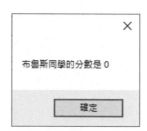

布魯斯同學的分數是 0

確定

↑ 設定值為 -100 時

▶ **解題技巧**

Step 1 定義 Student 類別

1. 新增專案並以「Property」為新專案名稱。

2. 加入類別檔並以「Student.cs」為類別檔名。

3. 將 Name 屬性採存取子自動實作，程式碼較為簡潔。

4. 使用 set 區塊指定 Score 屬性值範圍是 0～100，get 區塊可用來傳回_score 欄位的值(即傳回物件的欄位值)。當外界指定的 Score 值不在 0～100 範圍時，在 set 區塊內將 value 值做如下設定，然後指定給_score 欄位：

① 當指定的 Score 值大於 100 時，value 值就設定為 100。

② 當指定的 Score 值小於 0 時，value 值就設定為 0。

FileName : Student.cs
……
01 namespace Property
02 {
03   **internal class Student**

04	{
05	**public string Name { get; set; }**　　// Name 屬性採存取子自動實作
06	private int _score = 0;　　　　// _score 成績欄位宣告為 private
07	**public int Score**　　// 建立 Score 屬性，此屬性值限制在 0-100
08	{
09	get { return _score; }
10	set {
11	if (value >= 100) value = 100;
12	if (value <= 0) value = 0;
13	_score = value;
14	}
15	}
16	public void ShowMsg()
17	{
18	MessageBox.Show($"{Name}同學的分數是 {Score}");
19	}
20	}
21	}

Step **2**　撰寫 Form1 表單的程式碼

在 Form1_Load 事件處理函式中，指定 Jennifer 的 Score 為 5000，Bruce 的 Score 為 -100。因為物件設定 Score 分數限制在 0 ~ 100 之間，所以結果 Score 屬性值分別為 100 和 0。

FileName :　**Form1.cs**
01 namespace Property
02 {
03 　public partial class Form1 : Form
04 　{
05 　　public Form1()
06 　　{
07 　　　InitializeComponent();
08 　　}
09
10 　　private void Form1_Load(object sender, EventArgs e)
11 　　{
12 　　　Student Jennifer = new Student()
13 　　　{
14 　　　　Name = "珍妮佛",
15 　　　　Score = 5000　　// 設定 Jennifer 的 Score 值為 5000
16 　　　};

17	Jennifer.ShowMsg();
18	Student Bruce = new()
19	{
20	Name = "布魯斯",
21	Score = -100 // 設定 Bruce 的 Score 值為-100
22	};
23	Bruce.ShowMsg();
24	}
25	}
26	}

▶ **馬上練習**

延續前面的馬上練習，將 Name 屬性採存取子自動實作，_km(公里數)欄位定義為 private，並建立 Km 屬性在 set 區塊中當公里數小於零就設為 0。在 Form1_Load 事件處理函式中，分別指定 car1 和 car2 的公里數為 2468 和-13579。其執行結果如下：

12.2.4 建構式

在類別定義中，有一種很特別的方法稱為建構式(Constructor)。建構式是在建立物件時，用來做物件初始化的工作，例如：開啟資料檔案、配置記憶體或屬性初值設定等工作。程式中使用 new 敘述建立物件實體時，會自動去執行物件中的建構式。

Visual C# 允許在類別定義中擁有一個以上的建構式，以便因應建立物件時有不同初始化的方式。建構式的名稱一定要和類別名稱相同，編譯器會根據所傳入引數個數及資料型別來呼叫所對應的建構式。若類別定義中未加入建構式，建立物件時，編譯器會自動提供一個無程式碼的建構式稱為「預設建構式」(Default Constructor)。當在類別中自行定義建構式，則預設建構式就無法使用，就是說無法使用「Student Jennifer = new Student();」沒有引數的敘述。其解決的方式，就是必須自行多定義一個沒有傳入引數的建構式。類別中所定義的 public 欄位如果允許其值為 Null，可以在資料型別後面加一個？問號來指定。

例 定義 Student 類別擁有三個建構式，第一個建構式不用傳入引數，第二個建構式可傳入姓名引數，第三個建構式可傳入姓名和分數兩個引數，透過多個建構式可以建立物件多元的初始化工作。

```
internal class Student                    //定義 Student 類別
{
    public Student()                      //無引數的建構式 1，Name 可能為 Null
    {
    }
    public Student(string _vName)         //可設定姓名的建構式 2
    {
        Name = _vName;
    }
    public Student(string _vName, int _vScore)   //可設姓名和分數的建構式 3
    {
        Name = _vName;
        Score = _vScore;
    }
    public string? Name { get; set; }     //Name 姓名 public 屬性允許為 Null
    private int _score;                   //_score 成績欄位變數宣告為 private
    public int Score                      //建立 Score 屬性
    {
        get { return _score; }
        set { _score = value; }
    }
}
```

定義後即可以使用下列三種方式，來建立屬於 Student 類別的物件：

```
Student Bruce = new Student();              //呼叫建構式 1，沒有設定姓名和分數
Student Jennifer = new Student("珍妮佛");    //呼叫建構式 2，只設定姓名
Student Alice = new Student("艾莉絲", 99);   //呼叫建構式 3，設定姓名和分數
```

實作 FileName：Constructor.sln

將上面 Student 類別定義三個建構式，撰寫成較完整的程式。表單載入時分別使用三種建構式，來建立 Bruce、Jennifer 和 Alice 三個 Student 類別物件。再呼叫 GetMsg()方法，在標籤顯示三個物件的姓名與分數。

▶ **輸出要求**

LblMsg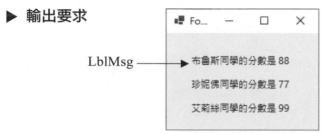

▶ **解題技巧**

Step 1 定義 Student 類別

1. 新增專案並以「Constructor」為新專案名稱。

2. 加入類別並以為「Student.cs」的類別檔名。

3. 接著在 Student.cs 類別檔定義 Student 類別，Student 類別除上例所定義的 Name 姓名欄位、Score 分數屬性外，請修改 ShowMsg 為 GetMsg 方法用來傳回學生的姓名與分數訊息字串，再新增三個 Student 類別的建構式。

FileName : Student.cs

```
……
01  namespace Contructor
02  {
03      internal class Student                    // 定義 Student 類別
04      {
05          public string? Name { get; set; }     // Name 姓名 public 屬性允許為 Null
06          private int _score;                   // _score 成績欄位宣告為 private
07          public Student()                      // 無參數的建構式 1，不做任何事
08          {
09          }
10          public Student(string _vName)         // 可設定姓名的建構式 2
11          {
12              Name = _vName;
13          }
```

```
14          public Student(string _vName, int _vScore)    // 可設定姓名和分數的建構式 3
15          {
16              Name = _vName;
17              Score = _vScore;        //注意此處是用 Score 不是 _score
18          }
19      public int Score            // 建立 Score 屬性，此屬性限制在 0~100
20      {
21          get
22          {
23              return _score;
24          }
25          set
26          {
27              if (value >= 100) value = 100;    // Score 屬性最大值為 100
28              if (value <= 0) value = 0;        // Score 屬性最小值為 0
29              _score = value;
30          }
31      }
32      public string GetMsg()       // GetMsg 傳回姓名與成績的方法
33      {
34          return $"{Name}同學的分數是 {Score}";
35      }
36   }
37 }
```

Step ② 撰寫 Form1 表單的程式碼

1. 在 Form1.cs 表單上新增名稱為 LblMsg 的標籤控制項，透過標籤控制項來顯示 Student 類別物件的姓名和分數。

2. 當表單載入時，分別使用三種建構式建立屬於 Student 類別的 Bruce、Jennifer、Alice 三個物件：

   ① 無引數的建構式，呼叫建構式 1：

   Student Bruce = new Student();

   ② 建立物件時可同時指定 Name 姓名的資料，呼叫建構式 2：

   Student Jennifer = new Student("珍妮佛");

   ③ 建立物件時同時指定 Name 姓名和 Score 分數的資料，呼叫建構式 3：

   Student Alice = new Student("艾莉絲", 99);

3. 使用類別的 GetMsg()方法，將學生的姓名與分數顯示 LblMsg 標籤上。

FileName : Form1.cs

```
01 namespace Contructor
02 {
03      public partial class Form1 : Form
04      {
05          public Form1()
06          {
07              InitializeComponent();
08          }
09
10          // 表單載入時執行
11          private void Form1_Load(object sender, EventArgs e)
12          {
13              Student Bruce = new Student();    // 無引數的建構式
14              Bruce.Name = "布魯斯";
15              Bruce.Score = 88;
16              LblMsg.Text = Bruce.GetMsg() + "\n\n";
17              Student Jennifer = new Student("珍妮佛");    //傳一個引數的建構式
18              Jennifer.Score = 77;
19              LblMsg.Text += Jennifer.GetMsg() + "\n\n";
20              Student Alice = new Student("艾莉絲", 99);    //傳兩個引數的建構式
21              LblMsg.Text += Alice.GetMsg();
22          }
23      }
24 }
```

▶ **馬上練習**

定義 Car 類別的四個建構式，分別為無參數、車牌參數、車牌和顏色參數、車牌和顏色以及公里數參數。表單載入時，使用四種建構式建立 car1 ~ car4 四個 Car 類別物件實體，再呼叫 GetMsg()方法，在標籤顯示各物件的資料。

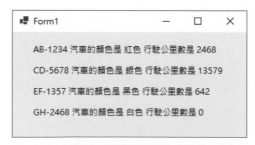

12.2.5 靜態成員

　　類別中除了可使用 private、protected、public 三種不同層級的成員宣告方式之外，還可以使用 static 敘述來宣告為「靜態成員」，其使用時機是可讓同類別的多個物件共用靜態成員。靜態成員不需使用 new 建立物件實體就可直接透過類別來呼叫，靜態成員在類別中只會儲存一份，並不會為每一個物件複製一份，不管產生多少個物件，該類別的靜態成員只有一份資料。呼叫靜態成員的語法如下：

語法
類別名稱.欄位
類別名稱.屬性
類別名稱.方法([引數串列])

例　定義 Account 類別，擁有 public 層級的 Total 靜態欄位和 GetTotal 靜態方法，以及 CountTotal()公開方法。Total 代表家庭的共用金額，無論建立多少個 Account 類別物件，都會共用 Total 靜態欄位。(參考 AccountDemo 專案)

```
internal class Account                //Account 類別
{
    public static int Total = 0;        // Total 靜態欄位，預設值為 0
    public static void GetTotal()            //GetTotal()靜態方法
    {
        MessageBox.Show($"金額： {Total}");
    }
    public void CountTotal(int vMoney)     //CountTotal()存取 Total 的方法
    {
        Total += vMoney;
    }
    ……
    Account.Total = 2000;     //可直接存取靜態欄位值，執行後 Total 值為 2000
    Account.GetTotal();        //可直接使用靜態方法，顯示 Total 值為 2000
    Account acc1 = new Account();     //建立 acc1 屬 Account 類別
    Account acc2 = new Account();     //建立 acc2 屬 Account 類別
    acc1.CountTotal(-500);   //acc1 花 500 元，不能用 Account.CountTotal(-500)
```

```
Account.GetTotal();          //顯示 Total 值為 1500
acc2.CountTotal(1000);       //acc2 存 1000 元
Account.GetTotal();          //顯示 Total 值為 2500
```

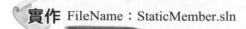 **實作** FileName：StaticMember.sln

延續前面實作，在 Student 類別中新增 _total 私有靜態欄位變數與 GetTotalStudent()公開靜態方法。_total 私有靜態欄位變數，用來統計共產生多少個 Student 類別物件。GetTotalStudent()公開靜態方法，會傳回 Student 類別產生物件的總數。在表單載入時，建立三個 Student 類別物件，再將三個學生的姓名、分數和學生總數顯示在標籤上。

▶ **輸出要求**

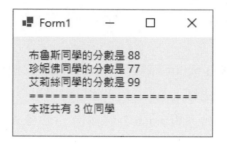

▶ **解題技巧**

Step 1 定義 Student 類別

1. 新增專案並以「StaticMember」為新專案名稱。

2. 加入類別並以「Student.cs」為類別檔名。

3. 在 Student 類別中宣告 _total 私有靜態變數，用來統計共產生了幾個物件(產生幾位學生)。在 Student 建構式加入「_total++;」敘述，使建立 Student 類別物件的同時會計算產生的物件個數。在 GetTotalStudent()公開靜態方法，傳回共有多少位同學的字串資料。

FileName : Student.cs
……
01 namespace StaticMember
02 {
03　　　internal class Student
04　　　{

```
05        public string Name { get; set; }      // Name 姓名 public 屬性
06        private int _score;                    // _score 成績欄位宣告為 private
07        private static int _total = 0;         // 預設學生總數為 0
08        public Student(string _vName, int _vScore)   // 可設定姓名和分數的建構式
09        {
10            Name = _vName;
11            Score = _vScore;
12            _total++;          // _total++讓物件總數加 1
13        }
14        public int Score        // 建立 Score 屬性，此屬性限制在 0~100
15        {
16            get {
17                return _score;
18            }
19            set
20            {
21                if (value >= 100) value = 100;    // Score 屬性最大值為 100
22                if (value <= 0) value = 0;        // Score 屬性最小值為 0
23                _score = value;
24            }
25        }
26        public string GetMsg()                  // GetMsg 傳回姓名與成績的方法
27        {
28            return $"{Name}同學的分數是 {Score}";
29        }
30        public static string GetTotalStudent()   // 傳回共產生多少學生物件
31        {
32            return $"本班共有 {_total} 位同學";
33        }
34    }
35 }
```

Step 2 撰寫 Form1 表單的程式碼

1. 在表單上新增 Name 名稱為 LblMsg 的標籤。

2. 當表單載入時即使用 Student 類別建立三個物件，並呼叫 GetMsg()方法將學生的姓名與分數顯示在標籤內。

3. 最後使用 Student 類別的 GetTotalStudent()靜態方法，在標籤內顯示 "本班共有多少位同學" 的訊息。

FileName : Form1.cs
01 namespace StaticMember
02 {
03   public partial class Form1 : Form
04   {
05   public Form1()
06   {
07   InitializeComponent();
08   }
09
10   private void Form1_Load(object sender, EventArgs e)
11   {
12   Student Bruce = new Student("布魯斯", 88);
13   LblMsg.Text = Bruce.GetMsg() + "\n";
14   Student Jennifer = new Student("珍妮佛", 77);
15   LblMsg.Text += Jennifer.GetMsg() + "\n";
16   Student Alice = new Student("艾莉絲", 99);
17   LblMsg.Text += Alice.GetMsg() + "\n";
18   LblMsg.Text += "====================\n";
19   // 呼叫 Student 類別的 GetTotalStudent 靜態方法取得目前有多少位學生
20   LblMsg.Text += **Student.GetTotalStudent();**
21   }
22   }
23 }

▶ 馬上練習

宣告兩靜態欄位在建立 Car 類別物件時,會統計建立的物件數和總公里數。
以及一個靜態方法,會傳回物件數和總公里數的字串。

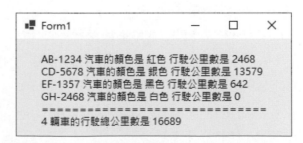

12.2.6 類別繼承

物件導向程式設計中的繼承，就類似真實世界的遺傳一樣。例如：兒子除了會遺傳自爸爸或媽媽的特色(屬性或方法)外，兒子也可以擁有自己新的特色，透過繼承的機制可以讓新的類別延伸出更強的功能。被繼承的類別稱為基底類別」(Base class)、「父類別」(Parent class)或「超類別」(Super class)，而繼承別人的類別稱為「衍生類別」(Derived class)、「子類別」(Child class)或「次類別」(Sub class)。當子類別繼承自父類別之後，子類別會擁有父類別所有的成員(屬性、方法、欄位)，Visual C# 的繼承語法如下：

語法
class 子類別 : 父類別　　　　//子類別繼承自父類別
{
……
}

下面範例定義 Empolyee 員工類別，其中有 Name 姓名屬性、_salary 薪水欄位。使用存取子建立 Salary 薪水屬性，並設定_salary 欄位介於 20,000~40,000 之間。GetSalary()方法可傳回姓名和薪水字串。然後再定義一個繼承自 Empolyee 員工類別的 Manager 經理類別，因為 Manager 類別繼承自 Empolyee 類別，所以 Manager 類別會擁有 Empolyee 類別的所有成員。在經理類別中新增_bonus 欄位與 Bonus 獎金屬性，Bonus 屬性設定_bonus 欄位介於 10,000~50,000 之間，而 GetTotal()方法可傳回獎金與合計(薪水+獎金)字串。

下圖即為範例的 UML 類別圖，粗體字表示類別名稱，「-」符號的成員表為 private 私有成員，「+」符號的成員表為 public 公開成員。

Employee		**Manager**
+Name:string -_salary:int	繼承	-_bonus:int
+Salary()int +GetSalary():string		+Bonus():int +GetTotal():string

實作　FileName：Inherits.sln

依上面說明與 UML 類別圖定義 Employee 員工父類別，並讓 Manager 經理子類別繼承自 Employee 員工父類別，接著使用 Employee 類別建立 Jennifer 物件、使用 Manager 類別建立 Alice 物件，最後將 Jennifer 與 Alice 物件的姓名、薪水、獎金等資訊顯示在標籤上。

▶ 輸出要求

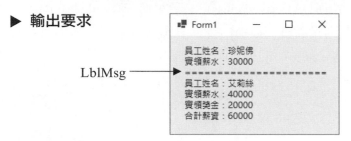

LblMsg

▶ 解題技巧

Step 1　定義 Employee 類別，再定義 Manager 類別繼承自 Employee 類別

1. 新增專案並以「Inherits」為新專案名稱。

2. 新增檔名為「Class.cs」檔別檔。

3. 在 Class.cs 檔別檔中，分別定義 Employee 和 Manager 類別：

　① Employee 類別有 Name 姓名欄位與 Salary 薪水屬性，設定 Salary 屬性值介於 20,000~40,000，GetSalary()方法會傳回姓名和薪水字串。

　② Manager 類別繼承自 Employee，新增 Bonus 獎金屬性其值介於 10,000 ~ 50,000，GetTotal()方法會傳回獎金與合計薪資(薪水+獎金)字串。

FileName：Class.cs
01 namespace Inherits
02 {
03 　　internal class Empolyee　　　　// 定義 Employee 類別
04 　　{
05 　　　　public string? Name { get; set; }　// Name 姓名屬性
06 　　　　private int _salary;　　　// _salary 薪水欄位
07 　　　　public int Salary　　　　// Salary 薪水介於 20000~40000 之間
08 　　　　{
09 　　　　　　get
10 　　　　　　{
11 　　　　　　　　return _salary;

12	}
13	set
14	{
15	if (value <= 20000) value = 20000;　// 薪水最少 20000
16	if (value >= 40000) value = 40000;　// 薪水最多 40000
17	_salary = value;
18	}
19	}
20	public string GetSalary()　　　// 定義 GetSalary()方法
21	{
22	return $"員工姓名：{Name} \n 實領薪水：{Salary}\n";
23	}
24	}
25	// Manager 經理類別繼承自 Empolyee 員工類別
26	internal class Manager : Empolyee
27	{
28	private int _bonus;　　　// 加入_bonus 獎金欄位
29	public int Bonus　　　　// _bonus 獎金介於 10000~50000 之間
30	{
31	get
32	{
33	return _bonus;
34	}
35	set
36	{
37	if (value <= 10000) value = 10000;　// 獎金最少 10000
38	if (value >= 50000) value = 50000;　// 獎金最多 50000
39	_bonus = value;
40	}
41	}
42	**public string GetTotal()**　　　// 定義 GetTotal()方法
43	{
44	return $"實領獎金：{ Bonus}\n 合計薪資：{ Bonus + Salary}\n ";
45	}
46	}
47 }

Step ② 撰寫 Form1 表單的程式碼

在表單載入的 Form1_Load 事件處理函式做下列事情：

① 建立屬於 Employee 類別的 Jennifer 物件，設定 Name 屬性為 "珍妮佛"、

Salary 屬性為 30,000，用 GetSalary()方法在 LblMsg 顯示姓名與薪水。

② 建立屬於 Manager 類別的 Alice 物件，並設定 Name 屬性為 "艾莉絲"、Salary 屬性為 40,000、Bonus 屬性為 20,000，使用 GetSalary()方法傳回實領薪水、以及使用 GetTotal()將獎金與合計薪資的字串資料顯示在 LblMsg 上。

```
FileName : Form1.cs
01 namespace Inherits
02 {
03      public partial class Form1 : Form
04      {
05          public Form1()
06          {
07              InitializeComponent();
08          }
09          private void Form1_Load(object sender, EventArgs e)
10          {
11              Empolyee Jennifer = new Empolyee();    // Employee 父類別
12              Jennifer.Name = "珍妮佛";
13              Jennifer.Salary = 30000;
14              LblMsg.Text = $"員工姓名：{Jennifer.Name} \n 實領薪水：{Jennifer.Salary}";
15              LblMsg.Text += "=====================\n";
16              Manager Alice = new Manager();          // Manager 子類別
17              Alice.Name = "艾莉絲";
18              Alice.Salary = 40000;
19              Alice.Bonus = 20000;                    // Manager 子類別新增的 Bonus 屬性
20              LblMsg.Text += Alice.GetSalary();       //繼承自父類別的 GetSalary()方法
21              LblMsg.Text += Alice.GetTotal();        //Manager 子類別新增的 GetTotal()方法
22          }
23      }
24 }
```

▶ 馬上練習

延續前面練習，新增一個繼承自 Car 的 TurboCar 類別，其中有 bool 型別的 Turbo 欄位，紀錄是否為渦輪增壓車種，預設值為不是；和 GetTurboMsg()方法，會傳回是否為渦輪增壓車種的字串。

12.3 多表單的程式設計

12.3.1 表單類別檔的架構

希望視窗應用程式能出現多個視窗時，就必須學會如何建立多表單。由於本書為入門書，僅介紹一個專案中含有多個表單類別(簡稱多表單)的建立及簡單應用，至於有關多專案與多表單的進階功能請參閱相關進階書籍。

從功能表執行【檔案(F)/新增(N)/專案(P)...】指令，選取『Windows Forms 應用程式』範本，此時會建立一個視窗應用程式專案。這個專案包含「Form1.cs」及「Form1.Designer.cs」檔，Form1.cs 是用來存放各個控制項的事件處理函式。至於 Form1.Designer.cs 是 Fom1 視窗介面的程式碼檔案，記錄表單和其中各控制項的配置，用來做視窗介面的初始化工作。稍具規模的應用程式通常含多個表單檔(或稱表單類別檔)，依建立順序預設名稱為 Form1.cs、Form2.cs ...，每個表單代表不同的使用者介面。

12.3.2 建立多表單類別檔

接下來以實例逐步介紹，如何建立含有兩個表單檔的視窗應用程式。

Step 1 建立第一個 Form1.cs 表單檔

執行功能表的【檔案(F)/新增(N)/專案(P)...】指令，建立一個新專案，並將專案名稱命名為『MultiForm』，新專案建立成功後，系統會建立一個預設名稱為 Form1.cs 的表單檔。

Step 2 建立第二個 Form2.cs 表單檔

1. 執行【專案(P)/加入新項目(W)...】指令開啟「新增項目」對話方塊。

2. 點選「Windows Form」項目，在「名稱」欄處自動出現預設值『Form2.cs』。

3. 按 新增(A) 鈕後，即可建立第二個表單檔「Form2.cs」，如下圖所示的「Form2.cs[設計]」標籤頁是所屬的表單控制項(簡稱表單)。

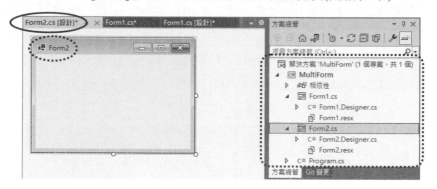

12.3.3 多表單的管理

一、如何刪除表單

當已建立好的表單檔不再需要使用時，可進行刪除。現在先新增第三個表單檔，再練習將該表單刪除。

Step 1 依上一小節建立新表單的方法，建立第三個 Form3.cs 表單檔。

Step 2 將滑鼠移到「方案總管」視窗內,點選 Form3.cs 表單檔。

Step 3 按鍵盤 Del 鍵,出現「Form3.cs 將永遠刪除。」確認對話方塊,按
確定 鈕便可刪除表單檔 Form3.cs。

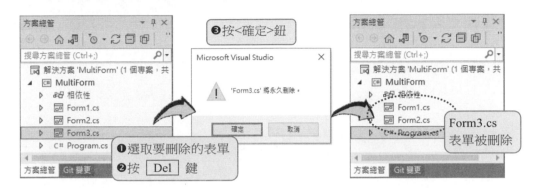

二、如何在多表單中進行切換

每個表單檔都有對應的表單類別和事件處理程式碼,譬如:Form1 表單檔
則有「Form1.cs[設計]」表單視窗用來編輯輸出入介面,以及「Form1.cs」程式
碼模式用來撰寫該表單所對應的事件處理程式碼。它們的開啟和彼此間切換,
可透過下列方式來進行:

方式 1:透過方案總管開啟視窗

Step 1 進入 Form1 表單設計視窗

在「方案總管」視窗的「Form1.cs」表
單檔名上快按兩下,或是按 ⇧ Shift +
F7 鍵,便可切換到 Form1 表單的
「Form1.cs[設計]」表單設計視窗。

Step 2 進入 Form1 程式設計視窗

在「方案總管」視窗內,用滑鼠游標點選「Form1.cs」表單檔名,再按
F7 鍵便可切換到 Form1 表單的「Form1.cs」程式碼設計編輯視窗,允
許對 Form1 表單編寫相關程式碼。

方式 2：執行功能表的【檢視(V)/程式碼(C)】與【檢視(V)/設計工具(D)】指令開啟

Step ① 在「方案總管」視窗點選表單檔名，如「Form1.cs」。

Step ② 執行【檢視(V)/程式碼(C)】指令，進入「Form1.cs」程式碼設計編輯視窗。

Step ③ 執行【檢視(V)/設計工具(D)】指令，進入「Form1.cs[設計]」表單設計視窗。

方式 3：在「標籤頁列」進行視窗切換

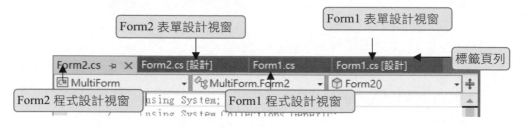

三、如何為表單檔、表單物件和表單標題命名

建立新專案時，系統會如下圖預設建立一個 Form1.cs 表單檔，該表單檔含有一個表單控制項(物件)，該控制項的 Name 屬性(控制項名稱)預設值為 Form1，而該表單控制項的 Text 屬性(標題欄文字)預設值亦為 Form1。

上面三個都是以「Form1」為名但各有不同意義，現在將三個名稱做更換：

1. 表單檔更名：由預設值「Form1.cs」更名為『FrmMain.cs』。

2. 更改表單控制項名稱：由預設值「Form1」更名為『FrmMain』。

3. 更改表單控制項的標題欄文字：由預設值「Form1」改為『進銷存作業』。

Step 1 將表單檔的檔名改成『FrmMain.cs』。

1. 到「方案總管」視窗內，在 Form1.cs 表單
檔檔名上按一下左鍵，或按右鍵執行【重
新命名】指令，將屬性值由 Form1.cs 表單
檔更名為『FrmMain.cs』。

2. 表單更名後，會出現下圖對話方塊詢問是否要重新命名程式碼與 Form1
有關的所有檔案？請點按 是(Y) 鈕繼續。

3. 此時「方案總管」視窗中的表單檔的名稱已更名為 FrmMain.cs。

Step 2 將表單的控制項名稱 Name 屬性更名為 FrmMain。

1. 在標籤頁列選取「FrmMain [設計]」標籤，進入 FrmMain.cs 表單設計視窗。

2. 到屬性視窗選取 Name 屬性，結果發現 Name 屬性值隨表單檔名稱同步
改變為『FrmMain』。表單 FrmMain.cs 是一個檔案，它存放『FrmMain』
表單控制項中各控制項的事件處理函式。表單控制項與表單上面的控制
項一樣，都各有專屬的控制項名稱及標題文字。既然一個表單檔只有一
個表單控制項，建議將表單檔的檔名和表單控制項名稱(Name 屬性值)
設成一致，以免造成混淆。

Step 3 更改 FrmMenu 表單的標題名稱 Text 屬性值為『進銷存作業』。

Step 4 檢視表單檔名稱、表單控制項名稱、表單控制項標題文字三者修改
後的結果：

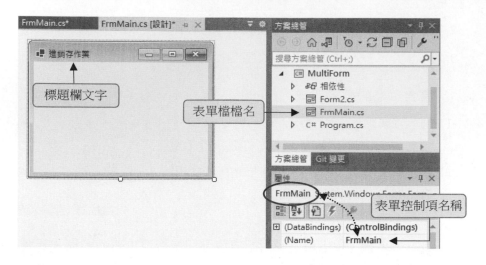

▶ **馬上練習**

將上面第二個表單檔 Form2 的三種名稱做更名：

1. 將表單檔檔名，由預設值 Form2.cs 更名為『FrmBuy.cs』。

2. 將表單物件的標題欄名稱 Text 屬性，由 Form2 更名為『進貨處理』。

12.3.4 設定程式啟動表單

一個專案中若有多個表單，預設會以最先建立的表單當做啟動表單。若想要將 FrmMain 為預設啟動表單設為啟動表單，其設定步驟如下：

Step 1 在「方案總管」視窗的 Program.cs 檔快按滑鼠左鍵兩下開啟該檔。

Step 2 在 Program.cs 檔的 Main()方法有「Application.Run(new FrmMain());」敘述，此敘述指定啟動表單為 FrmMain。若想先啟動 FrmBuy 表單，則將敘述改成「Application.Run(new **FrmBuy**());」。

12.3.5 多表單程式常用敘述

一、宣告與建立表單控制項

> 語法
>
> 　表單控制項類別　表單控制項變數;
> 　表單控制項變數　= new 表單控制項類別();

例　FrmMain f1　　　　　　　//宣告 f1 為 FrmMain 表單控制項類別的變數

　　f1 = new FrmMain();　　//建立 f1 屬於 FrmMain 表單類別的物件實體

　　FrmMain f1 = new FrmMain();　　//上面兩行可以合併成一行敘述

二、顯示表單控制項

> 語法
>
> 　表單控制項變數.Show();　　　　　　//顯示表單
> 　表單控制項變數.ShowDialog();　　　//以強制回應形式顯示表單

例　f1.Show();　　　　//顯示 f1 表單控制項，原表單仍能操作

　　f1.ShowDialog();　　//以強制回應形式顯示 f1 表單控制項，原表單不能操作

三、隱藏表單控制項

> 語法
>
> 　表單控制項變數.Hide();

例　f1.Hide();

　　將 f1 表單控制項隱藏，f1 必須是已經建立為表單控制項類別的變數。執行 Hide()時，表單暫時隱藏，即將該表單的 Visible 屬性值設為 false，但該表單仍留在記憶體中，所以還是可以取其屬性來設定屬性值。若要隱藏目前作用中的表單控制項，可用「this.Hide();」或「Hide();」敘述。

四、釋放表單控制項

語法
表單控制項變數.Dispose();

例 f1.Dispose();

釋放掉 f1 表單控制項變數所使用的資源。當物件不再使用時為避免占用記憶體時，可使用該控制項的 Dispose()方法來釋放掉所使用的資源。

實作 FileName：MultiForm2.sln

延續上例，利用多表單常用的敘述，製作讓 FrmMain、FrmBuy 兩個表單控制項，可以透過按鈕能相互切換。

▶ 輸出要求

1. 執行時會啟動 FrmMain 主表單即「進銷存作業」視窗，表單內有 進貨 、 結束 兩個按鈕。

2. 在「進銷存作業」視窗點按 進貨 鈕，會以強制回應顯示 FrmBuy 表單(「進貨處理」視窗)，也就是「進銷存作業」視窗不能使用。

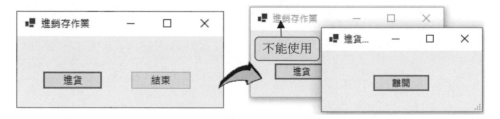

3. 在「進貨處理」視窗點按 離開 鈕時，會關閉目前的 FrmBuy 表單，返回主表單 FrmMain 進銷存作業視窗。

4. 按「進銷存作業」視窗的 結束 鈕時，結束程式執行。

▶ **解題技巧**

Step ① 建立輸出入介面

1. 新增專案並以「MultiForm2」為新專案名稱。

2. 由輸出要求需兩個表單,一個主表單名稱為 FrmMain,一個為進貨表單名稱為 FrmBuy。

3. 在 FrmMain 主表單上面建立 BtnBuy(進貨)和 BtnEnd()結束按鈕。

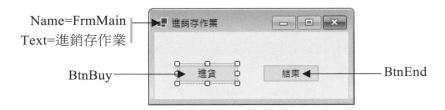

4. 在 FrmBuy 進貨表單上面建立 BtnExit 按鈕,代表離開「進貨處理」返回主表單。

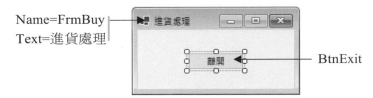

Step ② 分析問題

1. 在 FrmMain 的 BtnBuy_Click 事件處理函式,開啟 FrmBuy 進貨表單:
   ① 使用 FrmBuy f1; 及 f1 = new FrmBuy(); 敘述來建立一個屬於 FrmBuy 表單的 f1 表單控制項。
   ② 用 ShowDialog()方法以強制回應顯示 f1 表單(「進貨處理」視窗)。

2. 在 FrmMain 的 BtnEnd_Click 事件處理函式,使用「Application.Exit();」敘述結束執行。

3. 在 FrmBuy 進貨表單的 BtnExit_Click 事件處理函式,用「this.Dispose();」敘述來釋放目前作用的進貨表單。

Step ③ 編寫程式碼

1. FrmMenu 主表單 (即進銷存作業視窗)

FileName : FrmMain.cs

```
01 namespace MultiForm2
02 {
03     public partial class FrmMain : Form
04     {
05         public FrmMain()
06         {
07             InitializeComponent();
08         }
09         private void BtnBuy_Click(object sender, EventArgs e)
10         {
11             FrmBuy f1;
12             f1 = new FrmBuy();
13             f1.ShowDialog ();
14         }
15         private void BtnEnd_Click(object sender, EventArgs e)
16         {
17             Application.Exit();
18         }
19     }
20 }
```

2. FrmBuy 進貨表單 (即進貨處理視窗)

FileName : FrmBuy.cs

```
01 namespace MultiForm2
02 {
03     public partial class FrmBuy : Form
04     {
05         public FrmBuy()
06         {
07             InitializeComponent();
08         }
09         private void BtnExit_Click(object sender, EventArgs e)
10         {
11             this.Dispose();
12         }
13     }
14 }
```

▶ **馬上練習**

在進銷存作業視窗中新增 ⬚ 銷貨 ⬚ 鈕，按下 ⬚ 銷貨 ⬚ 鈕開啟「銷貨處理」
FrmSell.cs 表單(「進銷存作業」視窗仍能使用)。而在「銷貨處理」視窗的
⬚ 離開 ⬚ 鈕被點按時，會關閉目前的表單。

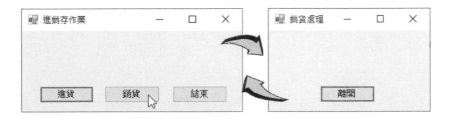

12.4　多表單程式製作實例

實作　FileName：Interest.sln

製作擁有多表單的專案，程式執行時開啟 FrmMain 表單，要求使用者
輸入本金、利率、幾年後領回的資訊。按下 ⬚ 開啟試算 ⬚ 鈕即會開啟
FrmCal 表單，讓使用者透過選項按鈕選擇利息的計算方式，是採每年
或每月計息一次。計算完成後，會將結果傳回 FrmMain 表單的 LblShow
標籤顯示。使用者也可以按下 FrmMain 表單的 ⬚ 使用小算盤 ⬚ 鈕，開啟
系統的小算盤程式來做計算。計息公式如下：

1. 每年計息一次的公式：本利和 ＝ 本金 x (1+年利率)^{年數}

2. 每月計息一次的公式：本利和 ＝ 本金 x (1+年利率/12)$^{年數\,x12}$

▶ **輸出要求**

1. 程式執行時出現如左下圖的視窗，讓使用者輸入本金、年利率、幾年後
領回的資料。按下 ⬚ 開啟試算 ⬚ 鈕出現「選擇計算方式」視窗，可選擇「每
年計息」或「每月計息」的計算方式。最後按下「選擇計算方式」視窗
右上角的 × 鈕之後，如右下圖即返回原視窗並顯示利息計算結果。

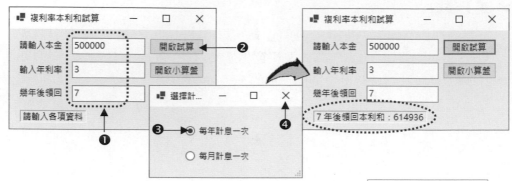

2. 若本金、年利率、幾年後領回的資料非數值資料，進行試算時會出現對話方塊並顯示「請輸入正確的數值資料」。

3. 按下 使用小算盤 鈕，即可開啟 Windows 作業系統的小算盤程式。

▶ **解題技巧**

Step ① 新增專案，並以「Interest」為新專案名稱。

Step ② 建立 FrmMain 表單(複利率本利和試算表單，即主表單)

1. 本例會用到兩個表單，請先將 Form1.cs 表單檔名更改為『FrmMain.cs』，此時表單物件名稱同時會更名為『FrmMain』。執行功能表的【專案(P)/加入新項目(W)...】指令，新增一個 Windows Form(表單)其檔名為「FrmCal.cs」。

2. 開啟 FrmMain 表單，然後請將表單畫面配置如下圖。

3. 在 FrmMain 表單撰寫程式：

① 在 BtnOpen_Click 事件處理函式內，先判斷本金、利率、幾年後領回的資料是否符合數值範圍。接著建立 f 物件為 FrmCal 表單類別，並使用 ShowDialog()方法使 f 以強制回應形式顯示表單。

```
f.ShowDialog();
```

② 最後呼叫 FrmCal 表單物件 f 的 Cal()方法計算配息的結果，並顯示在 FrmMain 表單的 LblShow 標籤上。

③ 在 BtnCalc_Click 事件處理函式內，撰寫開啟「小算盤」的敘述。

```
System.Diagnostics.Process.Start("C:\\WINDOWS\\system32\\calc.exe");
```

4. 設定啟動表單為 FrmMain：透過「方案總管」視窗開啟 Program.cs 檔，檢查 Application.Run()方法中的引數是否為「new FrmMain()」，若不是就修整以指定「FrmMain」為啟動表單。

FileName : FrmMain.cs
01 namespace MultiForm3
02 {
03　　　public partial class FrmMain : Form
04　　　{
05　　　　　public FrmMain()
06　　　　　{
07　　　　　　　InitializeComponent();
08　　　　　}
09　　　　**double tot;**　　　　　　// 本利和
10　　　　private void FrmMain_Load(object sender, EventArgs e)
11　　　　{
12　　　　　　LblShow.Text = "請輸入各項資料";
13　　　　}
14　　　　private void BtnOpen_Click(object sender, EventArgs e)
15　　　　{
16　　　　　　int myMoney = 0, myYear = 0;
17　　　　　　double myRate = 0;
18　　　　　　try
19　　　　　　{
20　　　　　　　　myMoney = Convert.ToInt32(TxtMoney.Text);
21　　　　　　　　myYear = Convert.ToInt32(TxtYear.Text);

22	myRate = Convert.ToDouble(TxtRate.Text) / 100;
23	}
24	catch (Exception ex)
25	{
26	MessageBox.Show("請輸入正確的數值資料");
27	return;
28	}
29	FrmCal f = new FrmCal(); //宣告並建立 FrmCal 表單類別的 f 物件
30	**f.ShowDialog();**// 使用 ShowDialog()方法使 f 以強制回應形式顯示表單
31	// 呼叫 FrmCal 的 Cal 方法以計算配息方式
32	tot = f.Cal(myMoney, myYear, myRate);
33	LblShow.Text = $"{myYear} 年後領回本利和：{tot}";
34	}
35	private void BtnCalc_Click(object sender, EventArgs e)
36	{
37	//開啟小算盤應用程式
38	System.Diagnostics.Process.Start("C:\\WINDOWS\\system32\\calc.exe");
39	}
40	}
41	}

Step ③ 建立 FrmCal 表單(選擇計息方式表單)

1. 將 FrmCal 表單配置如下圖：

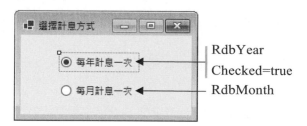

2. 在 FrmCal 表單撰寫 public 的 Cal 方法，此方法會依據使用者所選擇的每年計息(RdbYear)或每月計息(RdbMonth)之選項鈕來計算配息方式。

FileName : FrmCal.cs
01 namespace MultiForm3
02 {
03 　　　public partial class FrmCal : Form
04 　　　{
05 　　　　　public FrmCal()
06 　　　　　{

07	InitializeComponent();
08	}
09	// Cal 方法可計算配息方式
10	public int Cal(int vMoney, int vYear, double vRate)
11	{
12	if (RadYear.Checked)
13	{
14	// 每年計息一次
15	return (int)(vMoney * Math.Pow(1 + vRate, vYear));
16	}
17	else
18	{
19	// 每月計息一次
20	return (int)(vMoney * Math.Pow(1 + (vRate) / 12, vYear * 12));
21	}
22	}
23	}
24	}

實作 FileName：Order.sln

製作擁有多表單的專案，程式執行時會開啟 FrmMain 表單 (主選單表單)。使用者按　開始　鈕會開啟 FrmMenu 表單 (點單表單)，此時 FrmMain 表單暫時無法使用。

在 FrmMenu 表單可以由下拉式清單中選擇主餐 (香煎雞腿-300 元、經典牛排-400 元、海陸雙拼-500 元)，以及甜點 (香草奶酪-50 元、葡式蛋塔-80 元、起司蛋糕-100 元)。選擇後按　下一步　鈕會關閉 FrmMenu 表單，然後開啟 FrmOff 表單 (折扣設定表單)，FrmMain 表單仍然暫時無法使用。

在 FrmOff 表單中可以勾選是否為會員 (會員打九五折)，是否使用 20 元折價券 (可減收 20 元)。選擇後按　完成　鈕會關閉 FrmOff 表單，此時 FrmMain 表單會顯示點餐情況，以及實收金額。

在 FrmMain 表單中，若按　清除　鈕會清空點餐情況，以便繼續點餐。若按　結束　鈕則結束程式執行。

▶ 輸出要求

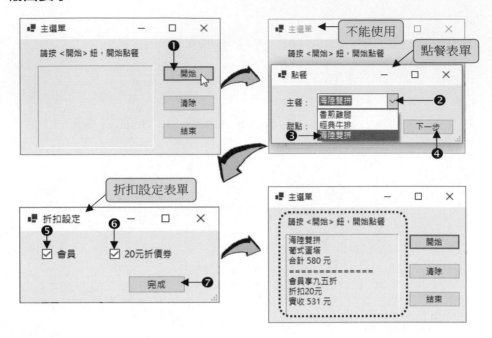

▶ 解題技巧

Step 1 新增專案，並以「Order」為新專案名稱。

Step 2 建立 FrmMain 表單(主選單)

1. 將 Form1.cs 表單檔名更改為『FrmMain.cs』，表單畫面配置如下：

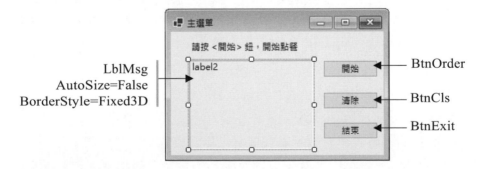

2. 在 FrmMain 表單撰寫程式：

① 宣告 public 靜態字串欄位_msg，來記錄點餐和收費情況的文字資料。再宣告 public 靜態整數欄位_price，來記錄收費金額。

② 每當 FrmMain 表單成為作用表單時就會觸動 Activated 事件，在該事件處理函式內，將_msg 欄位值顯示在 LblMsg 標籤上。

③ 在 BtnOrder_Click 事件處理函式內，建立 f1 物件為 FrmMenu 表單類別，並使用 ShowDialog()方法使 f1 以強制回應形式顯示表單。

④ 在 BtnCls_Click 事件處理函式內，將_msg 和_price 欄位值設為預設值，以便接受新的點餐動作。

3. 設定啟動表單為 FrmMain。

FileName : FrmMain.cs

```
01 namespace Order
02 {
03     public partial class FrmMain : Form
04     {
05         public FrmMain()
06         {
07             InitializeComponent();
08         }
09
10         public static string msg = "";
11         public static int price = 0;
12         private void FrmMain_Activated(object sender, EventArgs e)
13         {
14             LblMsg.Text = msg;
15         }
16         private void BtnOrder_Click(object sender, EventArgs e)
17         {
18             FrmMenu f1 = new FrmMenu();
19             f1.ShowDialog();
20         }
21         private void BtnCls_Click(object sender, EventArgs e)
22         {
23             msg = "";
24             price = 0;
25             LblMsg.Text = msg;
26         }
```

27	private void BtnExit_Click(object sender, EventArgs e)
28	{
29	Application.Exit();
30	}
31	}
32	}

Step ③ 建立 FrmMenu 表單(點餐表單)

1. 執行功能表的【專案(P)/加入新項目(W)...】指令,新增一個 Windows Form(表單)其檔名為「FrmMenu.cs」,其表單配置如下:

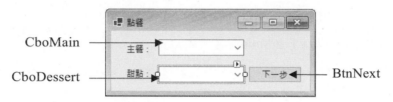

2. 在 FrmMenu 表單撰寫程式:

① 宣告 private 字串陣列 main 來存放主餐菜單,宣告 private 整數陣列 mPrice 來存放各主餐的價格。再宣告 private 字串陣列 dessert 來存放甜點菜單,宣告 private 整數陣列 dPrice 來存放各甜點的價格。

② 在 FrmMenu 的 Load 事件處理函式內,用 AddRange 方法分別將 main 和 dessert 陣列,指定給 cboMain 和 cboDessert 的 Items 屬性,成為其清單項目。並將兩者的 SelectedIndex 屬性都設為 0,使都預設選取第一個項目。

③ 在 BtnNext_Click 事件處理函式內,逐一將 CboMain 和 CboDessert 所選擇的項目加入 FrmMain 表單的_msg 欄位。根據清單選項的註標值,由 mPrice 和 dPrice 陣列元素值計算總價,並指定給 FrmMain 表單的_price 欄位。因為_msg 和_price 欄位是以 public static 宣告為公開靜態欄位,所以可以不用建立物件就能直接使用,指定時要使用 FrmMain._msg(_price)。接著釋放 FrmMenu 表單,再以強制回應形式顯示 FrmOff 表單。

FileName : FrmMenu.cs

```
01 namespace Order
02 {
03     public partial class FrmMenu : Form
04     {
05         public FrmMenu()
06         {
07             InitializeComponent();
08         }
09         private string[] main = new string[] { "香煎雞腿", "經典牛排", "海陸雙拼" };
10         private int[] mPrice = new int[] { 300, 400, 500 };
11         private string[] dessert = new string[] { "香草奶酪", "葡式蛋塔", "起司蛋糕" };
12         private int[] dPrice = new int[] { 50, 80, 100 };
13         private void FrmMenu_Load(object sender, EventArgs e)
14         {
15             CboMain.Items.AddRange(main);
16             CboMain.SelectedIndex = 0;
17             CboDessert.Items.AddRange(dessert);
18             CboDessert.SelectedIndex = 0;
19         }
20         private void BtnNext_Click(object sender, EventArgs e)
21         {
22             FrmMain._msg += CboMain.Text + "\n";
23             FrmMain._msg += CboDessert.Text + "\n";
24             FrmMain._price = mPrice[CboMain.SelectedIndex] +
                               dPrice[CboDessert.SelectedIndex];
25             FrmMain._msg += $"合計 {FrmMain._price} 元";
26             this.Dispose();
27             FrmOff f2 = new FrmOff();
28             f2.ShowDialog();
29         }
30     }
31 }
```

Step ④ 建立 FrmOff 表單(折扣設定表單)

1. 新增 Windows Form(表單)檔名為「FrmOff.cs」，其表單配置如下：

2. 在 FrmOff 表單的 BtnOk_Click 事件處理函式內，根據是否勾選 ChkVip
和 ChkOff 核取方塊，來計算出實收金額，並將實收金額加入 FrmMain
表單的_msg 欄位。最後用 Dispose()方法釋放表單，FrmMain 會成為作
用表單此時觸動 Activated 事件，在該事件處理函式中將_msg 欄位值顯
示在 LblMsg 標籤上，因此可以顯示最後的點餐和金額。

FileName : FrmOff.cs

```
01 namespace Order
02 {
03     public partial class FrmOff : Form
04     {
05         public FrmOff()
06         {
07             InitializeComponent();
08         }
09
10         private void BtnOk_Click(object sender, EventArgs e)
11         {
12             FrmMain._msg += "=============\n";
13             if (ChkVip.Checked)
14             {
15                 FrmMain._price = (int)(FrmMain._price * 0.95);
16                 FrmMain._msg += "會員享九五折\n";
17             }
18             if (ChkOff.Checked)
19             {
20                 FrmMain._price -= 20;
21                 FrmMain._msg += "折扣 20 元\n";
22             }
23             FrmMain._msg += $"實收 {FrmMain._price} 元";
24             Dispose();
25         }
26     }
27 }
```

CHAPTER 13

LINQ 與
Entity Framework

✧ 認識 LINQ

✧ 學習使用 LINQ 擴充方法

✧ 認識 Entity Framework Core

✧ Entity Framework Core 初體驗

✧ 學習使用 Entity Framework Core 新增、修改、刪
除資料表記錄

13.1　LINQ 簡介

　　LINQ 語言整合查詢(Language Integrated Query，縮寫：LINQ)是微軟所提供一項資料查詢技術，它是將自然查詢的 SQL 語法新增至 .NET 語言中，目前僅支援 Visual Basic .NET 與 Visual C#。LINQ 依使用對象可分成下列幾種技術類型：

1. LINQ to Objects：或稱 LINQ to Collection，可以查詢實作 IEnumerable 或 IEnumerable<T> 介面的集合物件，如查詢陣列、List、集合、檔案…等物件。

2. LINQ to XML：是一種使用於 XML 查詢技術的 API，透過 LINQ 查詢運算式可以查詢或排序 XML 文件，不需要再額外學習 XPath 或 XQuery。

3. LINQ to DataSet：透過 LINQ 查詢運算式，可針對記憶體內的 DataSet 或 DataTable 進行查詢。

4. LINQ to SQL：可以對實作 IQueryable<T> 介面的物件做查詢，也可以直接對 SQL Server 和 SQL Server Express LocalDB 資料庫做查詢與編輯。此功能目前由 Entity Framework Core 與 LINQ to Entity 所取代，是本節主要介紹對象。

13.2　LINQ 方法

　　LINQ 整合查詢技術可使用查詢運算式(Query Expression)和方法語法(Fluent Syntax)。LINQ 方法語法是 LINQ 查詢最簡單且常用的寫法，其寫法相當簡潔，它是以擴充方法和 Lambda 表達式來建立查詢，至於 LINQ 查詢運算式本書不做介紹。LINQ 方法語法如下：

語法

```
var 變數 = 集合.LINQ 擴充方法(Lambda 運算式) ;
```

下表為常用的 LINQ 方法：

方法名稱	說明
Average	傳回查詢結果平均。
Sum	傳回查詢結果加總。
Max	傳回查詢結果最大值。
Min	傳回查詢結果最小值。
Count	傳回查詢結果總筆數。
Where	傳回指定條件的記錄。
Take	傳回特定筆數的記錄。
Skip	跳過指定筆數。
OrderBy	指定遞增排序，必須在 Take 和 Skip 方法之前使用。
OrderByDescending	指定遞減排序，必須在 Take 和 Skip 方法之前使用。
ThenBy	指定後續的遞增排序。
ThenByDescending	指定後續的遞減排序。
FirstOrderDefault	傳回查詢結果的第一筆記錄，若沒有記錄時則傳回預設值。
SingleOfDefault	傳回單一筆記錄，若沒有記錄時則傳回預設值。
ToList	將傳回的資料轉成 List 資料型別。

1. 使用 LINQ 的 Where() 方法查詢 score 整數陣列中及格的分數，最後使用 ToList()方法將查詢結果轉成 List 串列型別並存入 result 變數。

```
int[] score = new int[] { 89, 45, 100, 78, 60, 54, 37 };
var result = score.Where(m => m >= 60).ToList();
```

2. 使用 LINQ 的 FirstOrDefault()方法查詢「產品」資料表中的編號為 "E01"的產品記錄並存入 product 變數。

```
var result =context.產品.FirstOrDefault (m=>m.編號=="E01");
```

3. 使用 LINQ 的 OrderBy 方法將「產品」資料表中的所有記錄依單價做遞增排序。

```
var result =context.產品.OrderBy(m=>m.單價).ToList();
```

4. LINQ 方法語法也支援像 Java 一樣的「鏈式寫法」，其寫法就是使用「.」符號來連續接續要執行的方法。如下例：使用 LINQ 方法語法來查詢「產品」資料表中單價大於 20 的記錄，且先依單價做遞減排序，再依庫存量做遞增排序，最後將傳回的查詢結果轉成 List 型別物件再指定給 result 變數。

```
var result = context.產品
            .Where(m=>m.單價>20)              ⇐ 搜尋條件單價大於 20
            .OrderByDescending(m=>m.單價)      ⇐ 先依單價遞減排序
            .ThenBy(m=>m.庫存量)              ⇐ 再依庫存量遞增排序
            .ToList();
```

 實作 FileName：Linq01.sln

練習使用 LINQ 擴充方法，將原始成績進行遞增排序、遞減排序；同時可以查詢出及格與不及格分數的記錄。

▶ **輸出要求**

▲按下 [遞減排序] 鈕進行遞減排序

▲按下 [及格分數] 鈕顯示及格的分數

▶ 解題技巧

Step ① 建立專案

新增 Windows Forms 應用程式專案並以「linq01」為新專案名稱。

Step ② 建立表單輸出入介面

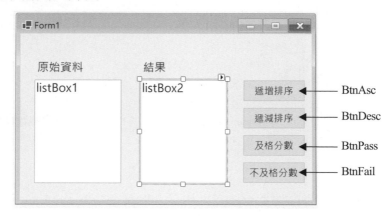

Step ③ 撰寫程式碼

FileName: Linq01.sln

```
01 namespace Linq01
02 {
03    public partial class Form1 : Form
04    {
05       public Form1()
06       {
07          InitializeComponent();
08       }
09       int[] score = new int[] { 89, 76, 54, 90, 34, 44, 100 };   //宣告整數陣列
10       private void Form1_Load(object sender, EventArgs e)
11       {
12          listBox1.DataSource = score;
13       }
14
15       private void BtnAsc_Click(object sender, EventArgs e)
16       {
```

17	var result = score.OrderBy(m => m).ToList(); //遞增排序
18	listBox2.DataSource = result;
19	}
20	
21	private void btnDesc_Click(object sender, EventArgs e)
22	{
23	var result = score.OrderByDescending(m => m).ToList(); //遞減排序
24	listBox2.DataSource = result;
25	}
26	
27	private void BtnPass_Click(object sender, EventArgs e)
28	{
29	var result = score.Where(m => m >= 60).ToList(); //找出及格的成績資料
30	listBox2.DataSource = result;
31	}
32	
33	private void BtnFail_Click(object sender, EventArgs e)
34	{
35	var result = score.Where(m => m < 60).ToList(); //找出不及格的成績資料
36	listBox2.DataSource = result;
37	}
38	}
39	}

13.3 建立 SQL Server Express LocalDB 資料庫

VS 2022 可建立 SQL Server Express LocalDB 資料庫，同時可直接管理 SQL Server Express LocalDB 資料庫物件(之後簡稱 SQL Server 資料庫)。例如：建立資料庫、資料表、檢視表、預存程序…等，使用上非常便利。

 FileName：CreateDB.sln

練習建立 MyDB.mdf 資料庫，並在該資料庫內建立「員工」資料表，該資料表內含員工編號、姓名、性別以及薪資四個欄位。員工資料表的欄位如下表：

資料表名稱	員工				
主鍵值欄位	員工編號				
欄位名稱	資料型態	長度	允許 null	預設值	備註
員工編號	nvarchar	10			主索引鍵
姓名	nvarchar	20	否		
性別	nvarchar	10	否		
薪資	int		否		

▶ 解題技巧

Step ① 新增名稱為「CreateDB」的 Windows Forms 應用程式專案。

Step ② 建立 MyDB.mdf 資料庫

執行功能表的【專案(P)/加入新項目(W)...】開啟「新增項目」視窗,選取「服務架構資料庫」(是空白的 SQL Express 資料庫),請將該檔名稱設為「MyDB.mdf」。

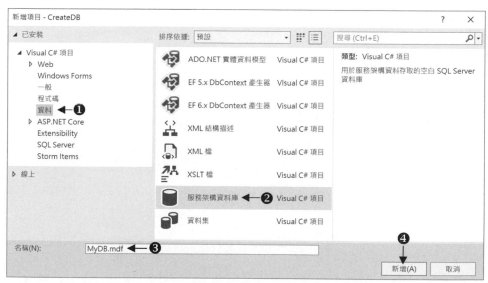

Step ③ 連接 MyDB.mdf 資料庫

執行功能表的【檢視(V)/伺服器總管(V)】開啟下圖的「伺服器總管」視窗，接著在 ⬚ MyDB.mdf 快按兩下，此時即會變成 ⬚ MyDB.mdf ，表示伺服器總管已連接到 MyDB.mdf 資料庫。

Step ④ 在 MyDB.mdf 資料庫內建立「員工」資料表

1. 點選 MyDB.mdf 下的資料表，並按滑鼠右鍵，由出現的快顯功能表中執行【加入新的資料表(T)】指令。

2. 設定「員工編號」欄位的資料型別為「nvarchar(10)」，表示該欄位可存放可變動的 10 字元。

當在設計視窗設計欄位時，T-SQL 視窗會自動產生對應的 SQL 語法

3. 繼續在下圖新增「姓名」、「性別」、「薪資」三個欄位，欄位資料型別依序為 nvarchar(20)、nvarchar(10)、int：

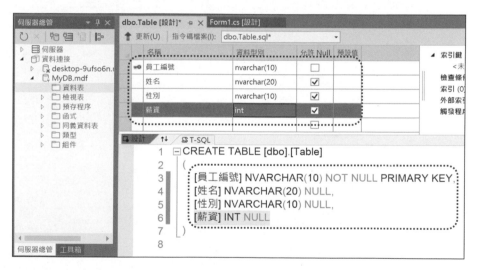

4. 將下圖資料表名稱更名為「員工」，若員工編號欄位之前沒有 主索引鍵符號，請在「員工編號」欄位按滑鼠右鍵執行快顯功能表【設定主索引鍵(K)】指令，最後再按下 更新(U) 鈕儲存員工資料表。

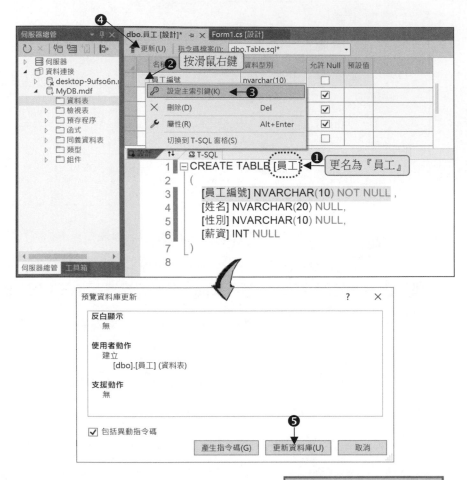

5. 完成後,接著在伺服器總管視窗
   按下 c 重新整理鈕,結果發現
   資料表資料夾下會出現「員工」
   資料表,展開該資料表會如右圖
   呈現 員工編號、姓名、性別、薪
   資 四個欄位。

6. 若想要重新設計資料表欄位的資料型別與屬性,可在欲修改的資料表名稱上按滑鼠右鍵執行快顯功能表的【開啟資料表定義(O)】,即可開啟資料表設計的畫面讓您做修改的動作。

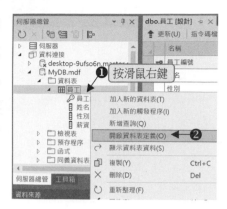

▶13.4 如何將資料輸入到資料表

當建立好資料表的欄位設定,接著可以將資料記錄輸入到資料表內,或是藉由執行程式來新增、刪除、修改資料表內的記錄。請依下面操作,練習輸入員工記錄到「員工」資料表內。

Step 1 延續上例,開啟「CreatreDB.sln」Windows Forms 應用程式專案。

Step 2 開啟員工資料表

如下圖先開啟伺服器總管視窗,並在「員工」資料表上按滑鼠右鍵由快顯功能表執行【顯示資料表資料(S)】指令開啟「員工」資料表。

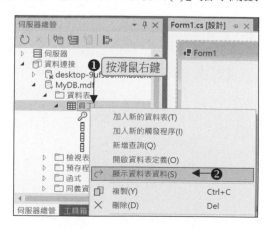

Step 3 輸入兩筆員工記錄

接著出現下圖員工資料表輸入畫面，請自行輸入三筆員工記錄。完成之後按下功能表的 全部儲存鈕。

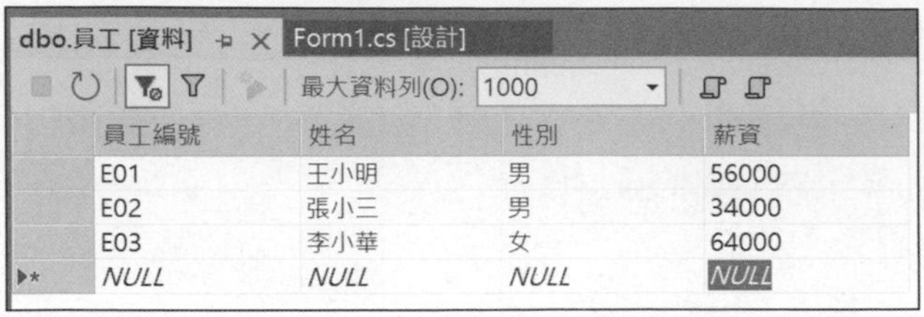
dbo.員工 [資料]
Form1.cs [設計]
最大資料列(O): 1000
員工編號 姓名 性別 薪資
E01 王小明 男 56000
E02 張小三 男 34000
E03 李小華 女 64000
NULL NULL NULL NULL

本節只簡單介紹如何建立 SQL Express 的資料庫、資料表及資料表輸入的操作，由於 SQL Server 的功能強大，尚有資料庫圖表、檢視表，觸發程序、自訂函數、預存程序及其他進階設計，對這些議題有興趣的讀者可參閱 SQL Server 的相關書籍。

13.5 Entity Framework Core

13.5.1 Entity Framework Core 簡介

Entity Framework Core(簡稱 EF Core)是 .NET 資料庫存取技術的重要功能之一，同時也是輕量型、可擴充、開放原始碼且跨平台版本，它是一種物件模型(Object Model)與關連式資料庫 Mapping 的技術，也就是說資料庫、資料表、資料列、資料欄位…等都可直接對應至程式設計中的物件，因此在查詢、新增、修改、刪除資料庫的程式時，不用撰寫 SELECT、INSERT、DELETE、UPDATE 敘述，因為底層將操作資料庫的程式封裝成對應的 Entity 類別，讓開發人員不需要處理資料庫程式設計的細節，可以使用直覺的物件導向方式撰寫資料庫程式。

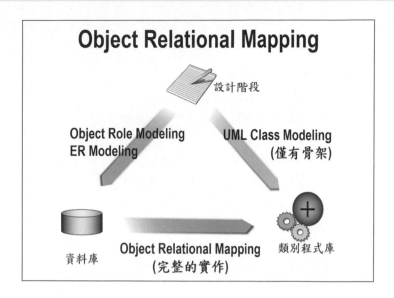

13.5.2 建立存取資料庫的 DbContext 物件

Visual Studio 預設沒有內建 EF Core 資料存取套件，因此必須使用 NuGet 工具手動下載如下三個程式套件：

- Microsoft.EntityFrameworkCore.SqlServer

- Microsoft.EntityFrameworkCore.SqlServer.Design

- Microsoft.EntityFrameworkCore.Toos

上述套件下載完成之後，接著可以開啟「套件管理器主控台」並使用 Scaffold-DbContext 指令碼產生可存取資料庫的 DbContext 物件，DbContext 和 Entity 類別會自動對應至資料庫資料表，接著開發人員就可以使用物件導向程式設計的方式以及配合 LINQ 擴充方法來存取資料來源。Scaffold-DbContext 指令碼依連接的資料庫驗證方式可採用的寫法如下：

1. 連接 SQL Server 且採用 Windows 驗證，可採用如下指令碼：

```
Scaffold-DbContext "Data Source=主機;Initial Catalog=資料庫名稱
;Integrated Security=True;" Microsoft.EntityFrameworkCore.SqlServer
-OutputDir 模型資料夾 -context DbContext 物件名稱
```

2. 連接 SQL Server 且採用 SQL Server 驗證，可採用如下指令碼：

Scaffold-DbContext "Data Source=主機;Initial Catalog=資料庫名稱;
User ID=帳號;Password=密碼;"
Microsoft.EntityFrameworkCore.SqlServer
-OutputDir 模型資料夾 -context DbContext 名稱

3. 連接 SQL Express 檔案，可採用如下指令碼：

Scaffold-DbContext "Data Source=(LocalDB)\MSSQLLocalDB;
AttachDbFilename=資料庫檔案完整路徑;
Integrated Security=True;Trusted_Connection=True;"
Microsoft.EntityFrameworkCore.SqlServer
-OutputDir 模型資料夾 -context DbContext 名稱

本書採用連接 SQL Express 檔案。上述 -OutputDir 參數可指定 DbContext 類別模型要產生在哪個資料夾，而 -context 參數可指定 DbContext 類別名稱。

 實作 FileName：EFCore01.sln

練習使用 EF Core 資料存取技術設計可存取 Northwind.mdf 資料庫的 DbContext 類別模型，並製作以公司名稱或地址進行關鍵字查詢的客戶查詢系統。

▶ 輸出要求

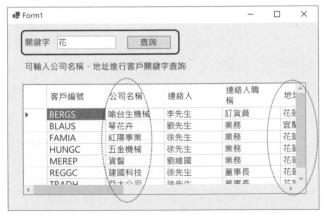

▲ 查詢公司名稱或地址包含「花」的客戶

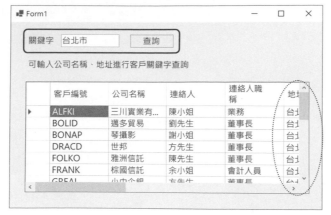

▲ 查詢公司名稱或地址在「台北市」的客戶

▶ 解題技巧

Step 1 新增名稱為「EFCore01」的 Windows Forms 應用程式專案。

Step 2 指定 Northwind.mdf 資料庫存放路徑

將書附範例 ch13 資料夾下的 Northwind.mdf 資料庫複製到目前專案「bin\Debug\net6.0-windows」資料夾下，使程式執行檔與 Northwind.mdf 資料庫相同路徑。(Northwind.mdf 內含供應商、客戶、訂單主檔、訂單明細、員工、產品資料、產品類別、貨運公司等 8 個資料表)

Step 3 EF Core 程式套件

1. 在方案總管的【相依性】按滑鼠右鍵執行快顯功能表【管理 NuGet 套件 (N)...】指令開啟 NuGet 套件管理員畫面，接著依下圖操作安裝「Microsoft.EntityFrameworkCore.SqlServer」程式套件。

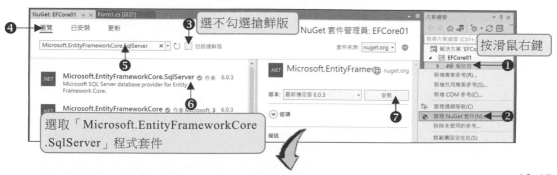

2. 繼續重複如上步驟安裝「Microsoft.EntityFrameworkCore.SqlServer. Design」與「Microsoft.EntityFrameworkCore.Tools」程式套件。安裝完成之後【相依性】的套件會出現所安裝的程式套件。

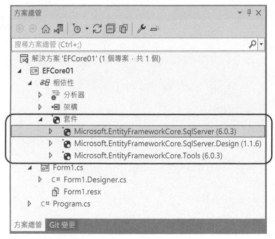

Step 4 建立存取 Northwind.mdf 資料庫的 DbContext 類別物件

執行功能表的【工具(T)/NuGet 套件管理員(N)/套件管理主控台(O)…】指令開啟套件管理員操作畫面,接著在主控台 **PM>** 處輸入如下指令碼建置可存取 C:\CS2022\ch13\EFCore01\bin\Debug\net6.0-windows**Northwind.mdf** 資料庫的 NorthwindDbContext 類別物件,NorthwindDbContext 類別存放於 Models 資料夾。

```
Scaffold-DbContext  "Data  Source=(LocalDB)\MSSQLLocalDB;AttachDbFilename=
C:\CS2022\ch13\EFCore01\bin\Debug\net6.0-windows\Northwind.mdf;Integrated
```

Security=True;Trusted_Connection=True;" Microsoft.EntityFrameworkCore.SqlServer **-OutputDir Models -context NorthwindDbContext**

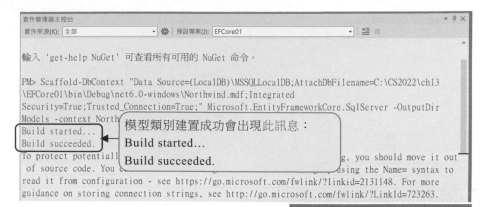

建置完成之後 Models 資料夾內產生 NorthwindoDBContext 與資料表相對應的 Entity 類別，這些類別可用來對應至客戶、產品資料表...的記錄。

Step ⑤ 建立表單輸出入介面

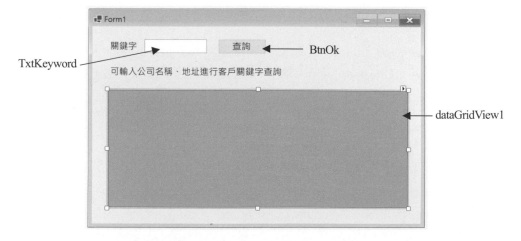

Step ⑥ 撰寫程式碼

FileName: EFCore01.sln

```
01 using EFCore01.Models;     //引用Models資料夾下的EFCore模型
02
03 namespace EFCore01
04 {
05   public partial class Form1 : Form
06   {
07     public Form1()
08     {
09       InitializeComponent();
10     }
11
12     //建立NorthwindDbContext類別物件context，此物件可存取Northwind.mdf資料庫
13     NorthwindDbContext context = new NorthwindDbContext();
14
15     //表單載入時執行
16     private void Form1_Load(object sender, EventArgs e)
17     {
18       //使用LINQ擴充方法將客戶資料轉成List串列集合並顯示於dataGridView1中
19       dataGridView1.DataSource = context.客戶s.ToList();
20     }
21
22     //按下 [查詢] 鈕執行
23     private void BtnOk_Click(object sender, EventArgs e)
24     {
25       string keyword = TxtKeyword.Text;  //取得關鍵字文字方塊的資料
26       //使用字串物件contains()方法找出公司名稱或地址有包含關鍵字keyword的資料
27       var customers = context.客戶s
         .Where(m => m.公司名稱.Contains(keyword) || m.地址.Contains(keyword))
         .ToList();
28       //將客戶查詢結果顯示於dataGridView1
29       dataGridView1.DataSource = customers;
30     }
31   }
32 }
```

▶ 說明

1. 第 13 行：使用 NorthwindDbContext 類別建立 context 物件，此物件可連接 Northwind.mdf 資料庫。NorthwindDbContext 可想像成是 Northwind.mdf 資料庫，透過 EF Core 在 NorthwindDbContext 類別內建置供應商 s、客戶 s、訂單主檔 s、訂單明細 s、員工 s、產品資料 s、產品類別 s、貨運公司 s 等 8 個 DbSet 資料表類別，這些 DbSet 類別可存放對應的 Entity 類別物件，例如供應商‧客戶...等物件。而 DbSet 資料表類別會對應至 Northwind.mdf 實體資料庫的供應商、客戶、訂單主檔、訂單明細、員工、產品資料、產品類別、貨運公司 8 個資料表。可發現 DbSet 資料表類別和 Entity 類別相同，但 DbSet 類別名稱會多出「s」。

2. 第 19 行：指定 dataGridView1 的 DataScoure 資料來源屬性為客戶資料表，即是將客戶資料表的所有記錄顯示於 dataGridView1。

3. 第 25,27 行：取得 TxtKeyword 關鍵字並放入 keyword，接著使用 LINQ 查詢客戶資料表的公司名稱或地址有包含 keyword 的所有客戶記錄。

Step **7** 修改連接字串

本例產生 NorthwindDbContext 類別會連接 C:\CS2022\ch13\EFCore01\ bin\Debug\net6.0-windows 資料夾下的 Northwind.mdf 資料庫。因此當整個專案搬移到其他路徑會導致 Northwind.mdf 資料庫和原來的路徑不同，此時執行程式會出現下圖無法連接資料庫的錯誤情形。

請開啟 NorthwindDbContext.cs 類別檔,結果發現 OnConfiguring()方法中的 optionBuilder.UseSqlServer()方法會指定資料庫連接字串。

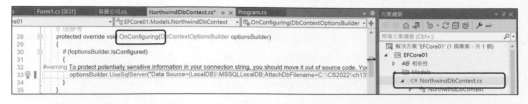

optionsBuilder.UseSqlServer("Data Source=(LocalDB)\\MSSQLLocalDB;AttachDbFilename=
C:\\CS2022\\ch13\\EFCore01\\bin\\Debug\\net6.0-windows**Northwind.mdf**;Integrated
Security=True;Trusted_Connection=True;");

解決方式即是將上述灰底資料庫連接字串的路徑改成使用下方灰底處,使用 Application.StartupPath 取得目前執行檔的路徑就可以了。

optionsBuilder.UseSqlServer("Data Source=(LocalDB)\\MSSQLLocalDB;AttachDbFilename=
" + Application.StartupPath +"Northwind.mdf;Integrated
Security=True;Trusted_Connection=True;");

此處修改資料庫路徑的步驟後面省略說明,讀者有需要可自行修改。

實作 FileName:EFCore02.sln

使用 EF Core 製作一個具有關聯兩個資料表的程式。Northwind.mdf 資料庫的「產品類別」資料表及「產品資料」資料表的「類別編號」欄位已進行關聯。範例中上方的 DgvCategory 會顯示產品類別的所有記錄;當選取 DgvCategory 中產品類別的某筆記錄之後,下方的 DgvProduct 即會顯示該產品類別所對應的產品資料。

▶ **輸出要求**

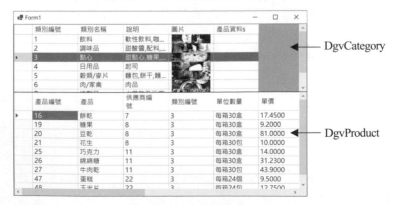

▶ 解題技巧

Step **1** 建立專案

新增名稱為「EFCore02」的 Windows Forms 應用程式專案。

Step **2** 製作可連接 Northwind.mdf 資料庫的 NorthwindDbContext 類別物件，操作方式同 EFCore01 範例 Step2~Step4 步驟。

Step **3** 在表單中建立物件 Name 屬性為 DgvCategory 和 DgvProduct 的 DataGridView 控制項。

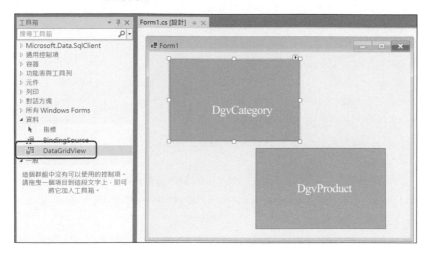

Step **4** 撰寫程式碼

FileName: EFCore02.sln

```
01 using EFCore02.Models;  //引用Models資料夾下的EFCore模型

02

03 namespace EFCore02

04 {

05    public partial class Form1 : Form

06    {

07       public Form1()

08       {

09          InitializeComponent();

10       }
```

11	//建立NorthwindDbContext類別物件context，此物件可存取Northwind.mdf資料庫
12	NorthwindDbContext context = new NorthwindDbContext();
13	
14	// 表單載入時執行
15	private void Form1_Load(object sender, EventArgs e)
16	{
17	//產品類別依類別編號遞減排序，並將排序後的產品類別顯示於DgvCategory控制項
18	var category = context.產品類別s.OrderBy(m => m.類別編號).ToList();
19	DgvCategory.DataSource = category;
20	DgvCategory.Dock = DockStyle.Top;
21	//將所有產品資料顯示於DgvProduct控制項
22	var product = context.產品資料s.ToList();
23	DgvProduct.DataSource = product;
24	DgvProduct.Dock = DockStyle.Fill;
25	}
26	
27	//按一下DgvCategory內的儲存格執行
28	private void DgvCategory_Click(object sender, EventArgs e)
29	{
30	//取得目前點選記錄的第一欄資料(類別編號)，並轉成整數再指定給CategoryId
31	int CategoryId = int.Parse(DgvCategory.CurrentRow.Cells[0].Value.ToString());
32	//查詢某類別編號的產品
33	var product = context.產品資料s.Where(m => m.類別編號 == CategoryId).ToList();
34	DgvProduct.DataSource = product;
36	}
37	}
38	}

 實作 FileName：EFCore03.sln

使用 EFCore3 與 LINQ 擴充方法逐一將員工資料表的所有記錄顯示於豐富文字方塊上；顯示的欄位包含員工編號、員工姓名、稱呼以及地址欄位。

▶ 輸出要求

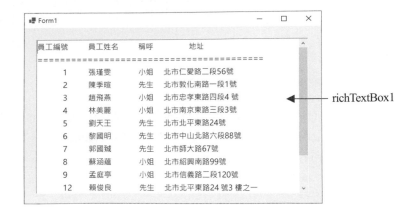

▶ 解題技巧

Step ① 建立專案

新增名稱為「EFCore03」的 Windows Forms 應用程式專案。

Step ② 製作可連接 Northwind.mdf 資料庫的 NorthwindDbContext 類別物件，操作方式同 EFCore01 範例 Step2~Step4 步驟。

Step ③ 在表單中建立名稱為 richTextBox1 的豐富文字方塊控制項。

Step ④ 撰寫程式碼

透過 LINQ 擴充方法 ToList()可將查詢的資料轉換成 List 泛型物件，List 的使用上和陣列差不多，一樣可以建立許多陣列元素，使用上比陣列更加方便，如下寫法使用 for 迴圈逐一將 List 中的每一筆員工記錄顯示出來。

FileName: EFCore03.sln

```
01 using EFCore03.Models;
02
03 namespace EFCore03
04 {
05    public partial class Form1 : Form
06    {
07        public Form1()
08        {
```

09	InitializeComponent();
10	}
11	
12	//表單載入時執行
13	private void Form1_Load(object sender, EventArgs e)
14	{
15	// 建立NorthwindDbContext 類別物件context，用來連接Northwind.mdf資料庫
16	**NorthwindDbContext context = new NorthwindDbContext();**
17	// 取得所有員工記錄並轉成串列emps
18	**var emps = context.員工s.ToList();**
19	// 指定要顯示的標題
20	string str = "員工編號\t員工姓名\t稱呼\t\t地址\n";
21	str += "==\n";
22	// 使用for迴圈逐一顯示每一筆員工記錄
23	for (int i = 0; i < emps.Count(); i++) // 透過Count()擴充方法可取得串列的總數
24	{
25	// 將員工記錄逐一指定給str字串
26	str += $"\t{emps[i].員工編號}\t{emps[i].姓名}\t\t{emps[i].稱呼 }\t{emps[i].地址}\n";
27	}
28	richTextBox1.Text = str; // 將員工記錄顯示於textBox1中
29	}
30	}
31	}

13.5.3 使用 Entity Framework Core 編輯資料表記錄

此小節介紹使用 EF Core 進行新增、修改、刪除 MyDB.mdf 資料庫的員工資料表記錄，步驟如下：

Step **1** 安裝 EF Core 程式庫套件，建立存取 MyDB.mdf 的 MyDbContext 類別

Step **2** 使用 MyDbContext 建立連接 MyDB.mdf 資料庫的物件 context，寫法：

```
MyDbContext context = new MyDbContext();
```

Step ③ 新增員工記錄

建立員工物件 emp，並逐一指定員工編號、姓名、薪資與性別的資料，接著使用「員工 s」類別的 Add()方法將 emp 新增到員工資料表，執行 Add()方法不會真正將資料記錄新增到員工資料表內，必須再執行 SaveChanges()方法進行確認將 emp 新增到員工資料表。寫法如下：

```
員工 emp = new 員工();
emp.員工編號 = "E01";
emp.姓名 = "王小明";
emp.薪資 = 30000;
emp.性別 = "男";
context.員工 s.Add(emp); // 將員工物件 emp 新增到員工資料表內
// 執行 SaveChanges()方法確認將 emp 新增到員工資料表
context.SaveChanges();
```

Step ④ 修改員工記錄

首先使用 LINQ 擴充方法的 FirstOrDefault()方法找到員工編號為"E01" 的員工物件 emp，接著將員工姓名修改為"王小華"，員工薪資修改為 35000，最後再使用 SaveChanges()方法確認修改員工資料。寫法如下：

```
// 找到員工編號為"E01"的員工記錄
var emp = context.員工 s
   .FirstOrDefault(m => m.員工編號 == "E01");
emp.姓名 = "王小華"; // 將姓名修改為 "王小華"
emp.薪資 = 35000;    // 將薪資修改為 35000
// 執行 SaveChanges()方法確認將 emp 修改到員工資料表
context.SaveChanges();
```

Step ⑤ 刪除員工記錄

首先使用 LINQ 擴充方法的 FirstOrDefault()方法找到員工編號為"E01" 的員工物件 emp，接著使用「員工 s」類別的 Remove()方法刪除員工物件 emp，執行 Remove()方法不會真正由員工資料表刪除記錄，必須再執行 SaveChanges()方法進行確認將員工資料表內符合 emp 的記錄刪除。
寫法如下：

```
var emp = context.員工 s
    .Where(m => m.員工編號 == "E01")
    .FirstOrDefault();
// 刪除員工物件 emp
context.員工 s.Remove(emp);
// 執行 SaveChanges()方法確認將員工資料表內符合的 emp 記錄刪除
context.SaveChanges();
```

 實作 FileName：EmpSys.sln

練習將上面步驟撰寫成完整的員工管理系統。可透過表單進行新增、
修改、刪除員工記錄；同時將員工資料表所有記錄顯示在
DataGridView 控制項上；當點選 DataGridView 控制項的某一筆記錄
時，該筆記錄的資料會顯示於表單對應的文字方塊中。

▶ 輸出要求

▶ 解題技巧

Step 1 新增名稱為「EmpSys」的 Windows Forms 應用程式專案。

Step ② 製作可連接 MyDB.mdf 資料庫的 MyDbContext 類別物件，其操作方式
同 EFCore01 範例 Step2~Step4 步驟。(MyDB.mdf 存放於書附範例 ch13
資料夾)

Step ③ 建立表單輸出入介面

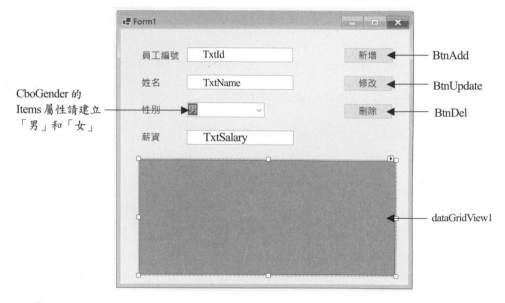

CboGender 的
Items 屬性請建立
「男」和「女」

Step ④ 撰寫程式碼

FileName: Linq05.sln

```
01 using EmpSys.Models;
02
03 namespace EmpSys
04 {
05    public partial class Form1 : Form
06    {
07       public Form1()
08       {
09          InitializeComponent();
10       }
11
12       // 建立MyDbContext類別物件context，用來連接MyDB.mdf資料庫
13       MyDbContext context = new MyDbContext();
```

```
14
15    // 表單載入時執行
16    private void Form1_Load(object sender, EventArgs e)
17    {
18        dataGridView1.DataSource = context.員工s.ToList();
19        //編號,姓名,薪資文字方塊清空
20        TxtId.Text = TxtName.Text = TxtSalary.Text = "";
21    }
22
23    // 按 [新增] 鈕執行
24    private void BtnAdd_Click(object sender, EventArgs e)
25    {
26        //使用例外處理來補捉新增資料時會發生的例外
27        try
28        {
29            // 建立員工物件emp
30            員工 emp = new 員工();
31            emp.員工編號 = TxtId.Text;
32            emp.姓名 = TxtName.Text;
33            emp.薪資 = int.Parse(TxtSalary.Text);
34            emp.性別 = CboGender.Text;
35            // 將員工物件emp新增到員工資料表內
36            context.員工s.Add(emp);
37            // 執行SaveChanges()方法確認將emp新增到員工資料表內
38            context.SaveChanges();
39            Form1_Load(sender, e);
40        }
41        catch (Exception ex)
42        {
43            MessageBox.Show($"新增失敗");
44        }
45    }
46
47    // 按 [修改] 鈕執行
48    private void BtnUpdate_Click(object sender, EventArgs e)
49    {
```

```
50      //使用例外處理來補捉修改資料時會發生的例外
51      try
52      {
53          // 查詢欲修改的員工物件並指定給emp
54          var emp = context.員工s
55              .FirstOrDefault(m => m.員工編號 == TxtId.Text);
56          // 修改員工物件emp各欄位的資料
57          emp.姓名 = TxtName.Text;
58          emp.薪資 = int.Parse(TxtSalary.Text);
59          emp.性別 = CboGender.Text;
60          // 執行SaveChanges()方法確認將emp修改到員工資料表內
61          context.SaveChanges();
62          Form1_Load(sender, e);
63      }
64      catch (Exception ex)
65      {
66          MessageBox.Show("修改失敗");
67      }
68  }
69
70  // 按 [刪除] 鈕執行
71  private void BtnDel_Click(object sender, EventArgs e)
72  {
73      //使用例外處理來補捉刪除資料時會發生的例外
74      try
75      {
76          // 查詢欲刪除的員工物件並指定給emp
77          var emp = context.員工s
78              .FirstOrDefault(m => m.員工編號 == TxtId.Text);
79          // 刪除員工物件emp
80          context.員工s.Remove(emp);
81          // 執行SaveChanges()方法確認將員工資料表內符合的emp記錄刪除
82          context.SaveChanges();
83          Form1_Load(sender, e);
84      }
85      catch (Exception ex)
```

```
86          {
87              MessageBox.Show("刪除失敗");
88          }
89      }
90
91      //按一下 dataGridView1內的儲存格執行
92      private void dataGridView1_Click(object sender, EventArgs e)
93      {
94          //取得目前點選記錄的第一欄資料(員工編號)，並轉成字串再指定給empId
95          string empId = dataGridView1.CurrentRow.Cells[0].Value.ToString();
96          //取得所點選的員工記錄
97          var emp = context.員工s.FirstOrDefault(m => m.員工編號 == empId);
98          //將員工記錄各欄位逐一指定給控制項
99          TxtId.Text = emp.員工編號;
100         TxtName.Text = emp.姓名;
101         TxtSalary.Text = emp.薪資.ToString();
102         CboGender.Text = emp.性別;
103     }
104  }
105 }
```

關於更詳細的 LINQ 與 Entity Framework Core 介紹可參閱碁峰出版的 Visual C# 2022 程式設計經典，或其他 LINQ 的相關書籍。

CHAPTER 14

遊戲與資料庫專題實作

本章整合前面章節所學，應用到日常的生活案例上，介紹如何實際製作一個專題，使初學者具有製作專題的能力。(若因上課時數不夠或無專題製作要求之課程，本章可略過僅供學生日後需要時參考)

- ✧ 拉霸遊戲機實作
- ✧ 記憶大考驗實作
- ✧ 簡易產品管理系統實作
- ✧ 專題實作報告格式

14.1　拉霸遊戲機實作

　　拉霸遊戲機是仿間電玩機常見的機台，常見的有九個圖示的拉霸機與三個圖示的拉霸機，九個圖示的拉霸機得獎機率與設計的過程比較複雜，本節介紹三個圖示的拉霸機。如下圖：

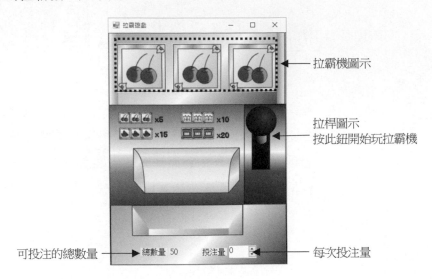

一、系統功能說明

　　下列是拉霸遊戲機的遊戲規則說明：

1. 開始時必須先設定本次投注的數量，接著按下 ![拉桿] 拉桿圖示即開始玩拉霸機。若投注量為 0 或投注量超過你擁有的總數量，即顯示對話方塊，告知您「投注有誤」無法玩拉霸機。投注總量預設 50。

2. 若允許投注時，按 未拉桿圖示即變成 已按拉桿圖示，此時拉霸機開始轉動且表單上的三個圖片方塊控制項會以亂數的方式由下面 0.jpg~3.jpg 四張圖檔中任選一張來顯示。

- 0.jpg、 - 1.jpg、 - 2.jpg、 - 3.jpg

過了三秒後，拉霸機停止自動轉動，並將拉桿恢復成 圖示，最後再判斷是否有中獎？中獎條件如下：

① 若得到 3 個 圖，則投注量得到 2 倍。

② 若得到 3 個 圖，則投注量得到 10 倍。

③ 若得到 3 個 圖，則投注量得到 15 倍。

④ 若得到 3 個 圖，則投注量得到 20 倍。

二、輸出入介面設計

1. 新增名稱為「拉霸」的 Windows Forms 應用程式專案。

2. 建立下面控制項以及設定相關屬性：

① 設定表單背景圖為書附範例「ch14/拉霸素材檔/拉霸背景.jpg」，用來當做拉霸機的底圖。請將 Form1 屬性 BackgroundImage 設為「拉霸背景.jpg」、BackgroundImageLayout 設為「Stretch」、MaximumSize 與 MinimumSize 皆設為 false。完成後拉霸背景.jpg 即會同表單大小，且表單隱藏放大縮小鈕。

② 建立名稱為 Pic1、Pic2、Pic3 的圖片方塊控制項，用來當做拉霸機遊戲的三個圖示。

③ 建立名稱為 PicBtn 圖片方塊控制項，用來當做拉霸機的拉桿。

④ 建立名稱為 LblSum 標籤控制項，用來顯示可投注的總數量。

⑤ 建立名稱為 NudQty 數字鈕控制項，用來設定每一次拉霸要投注的數量。

⑥ 建立名稱為 timer1 計時器控制項，使每 0.1 秒讓 Pic1、Pic2、Pic3 以亂數方式顯示 0.jpg~3.jpg。

⑦ 將 0.jpg~3.jpg、up.jpg、down.jpg 圖檔放到目前專案的「bin\Debug\net6.0-windows」資料夾下。

本例在表單建立下列各控制項：

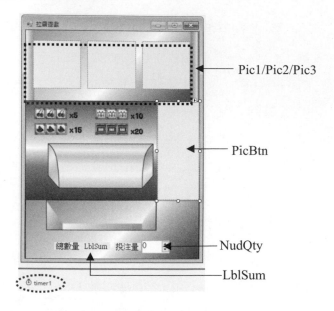

Pic1/Pic2/Pic3

PicBtn

NudQty

LblSum

三、系統分析

1. 本遊戲需先設計一張背景圖當做表單的背景，接著在表單上面建立三個圖片方塊，一個未按和已按拉桿圖示、一個標籤控制項用來顯示目前可投注總數量和一個數字按鈕控制項用來設定每次投注量。

2. 拉霸機上面三個圖示如何建立
   為方便使用迴圈來讀取圖片，必須將表單上的三個圖片方塊設成控制項陣列，以及將圖檔變成檔名尾端含有連續數字檔案。本專題建立一個陣列為 PictureBox 圖片方塊控制項陣列，陣列元素為 p[0]~p[3]，其中 p[0] 不使用，將 Pic1~Pic3 三個圖片方塊控制項指定給 p[1]~p[3]，此時即可使用迴圈，透過 p[1]~p[3] 來操作 Pic1~Pic3 三個圖片方塊控制項的相關屬性。

3. 如何應用計時器由圖片方塊控制項中亂數取圖
   當拉霸機啟動時，timer1 計時器的 Tick 事件即會開始計時，在指定時間內，Pic1~Pic3 三張圖片方塊控制項分別以亂數方式由 0.jpg~ 3.jpg 四張圖片中選取一張來顯示。為了讓拉霸機上面的三張水果圖有滾動的感覺,使其每隔 0.1 秒重新亂數取圖一次,連續 20 次才停止計時,因此必須將 t 整數變數宣告在所有事件處理函式外面以方便讓所有事件一起共用,當計時器執行一次時 t 變數累加 1,當 t 等於 20,計時器即停止且 t 變數馬上還原為 0。

4. 如何判斷是否中獎?

將四張圖分別設定代碼:

① 荔枝代碼為 0　② 星星代碼為 1

③ 西瓜代碼為 2　④ **BAR** BAR 代碼為 3

num[1]=1　　num[2]=2　　num[3]=0

譬如:上圖為拉霸機亂數出來的水果圖,將三個水果圖代碼依序存入指定陣列,陣列名稱設為 num。若 num[1]、num[2] 和 num[3] 的代碼都相同表示有中獎,依中獎規則依指定倍數賠,若未中獎必須由目前可投注量扣除本次投注量。

▶ **解題技巧**

1. 使用 LblSum 標籤控制項來顯示可投注的總數量、使用 rndQty 數字鈕控制項來設定每次投注量、使用 PicBtn 圖片方塊來當拉桿圖示鈕。

2. 設定 p[1]~p[3] 為圖片方塊控制項陣列、num[1]~num[3] 整數陣列存放對應圖片代碼,因 t 為整數變數要多次使用,必須保留其值。所以上述變數必須宣告在所有事件處理函式之外。

3. 在表單設計階段,設定表單的背景圖為書附範例「ch14/拉霸素材檔/拉霸背景.jpg」,該圖檔用來當做拉霸機的底圖。

4. 當表單載入時,必須在 Form1_Load 事件處理函式做下列事情:

① 指定表單 AutoSizeMode 屬性為「AutoSizeMode.GrowAndShrink」,使表單設為無法被調整大小,如此才不會破壞拉霸遊戲的背景圖。

② 使 PicBtn 圖片方塊控制項顯示 拉桿圖示(up.jpg)。

③ 將 Pic1 指定給 p[1]、Pic2 指定給 p[2]、Pic3 指定給 p[3]，此時指定 p[1] 的屬性就是指定 Pic1 一樣，此舉的好處是方便使用迴圈來設定 p[1]~p[3] 圖片方塊控制項陣列的相關屬性。

④ 使用迴圈使 p[1]~p[3] 顯示 0.jpg 荔枝圖，即是使 Pic1~Pic3 顯示 0.jpg 荔枝圖。

⑤ 使 timer1 計時器每 0.1 秒執行一次。

⑥ 可投注總數量 LblSum 為 50。

5. 當按下 PicBtn 拉桿圖示時會執行 PicBtn_Click 事件處理函式，請在此事件做下列事情。

① 判斷投注量是否大於 0 或投注量是否小於總數量？若成立繼續下一步驟，否則跳至步驟③。

② 先啟動 timer1 計時器，減掉本次投注量，使 rndQty 數字鈕控制項無法使用、BtnPic 圖示鈕失效、BtnPic 以 圖示(down.jpg)顯示。

③ 出現對話方塊並顯示「投注有誤」的訊息。

6. 當 timer1 計時器啟動時會每 0.1 秒執行一次 timer1_Tick 事件處理函式，請在該事件處理函式做下列事情：

① 使用 Random 類別建立 r 亂數物件：

```
Random r = new Random();        // 建立亂數物件  r
```

② 使用迴圈並配合 r.Next(0,4)方法使 Pic1~Pic3 皆以亂數顯示 0.jpg~3.jpg。其程式寫法如下：

```
for (int i = 1; i <= p.GetUpperBound(0); i++){
    num[i] = r.Next(0, 4);   // 產生  0~3 的亂數並指定給  num[1]~num[3]
    // 使Pic1~Pic3以亂數的方式顯示  0.jpg~3.jpg
    p[i].Image = new Bitmap(Convert.ToString(num[i]) + ".jpg");
}
```

③ 使 t 加 1，用來表示 timer1 計時器控制項的 timer1_Tick 事件處理函式執行的次數。

④ 當 t 等於 20，即 timer1 計時器控制項的 timer1_Tick 事件處理函式執行了 20 次，此時即做下列事情。

- timer1 計時器停止、PicBtn 圖片方塊啟用、rndQty 數字鈕控制項啟用可進行投注。
- BtnPic 以 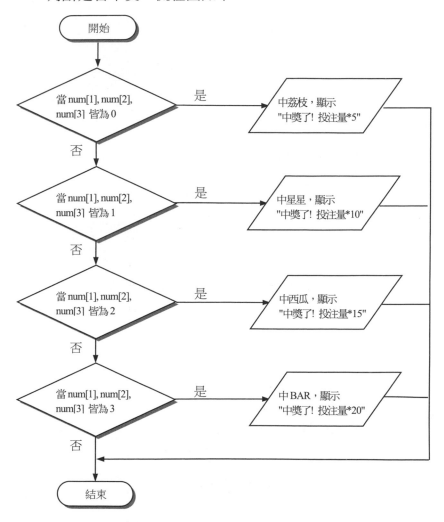 圖示顯示，另 t 等於 0。
- 判斷是否中獎，流程圖如下：

```
                    ┌─────────────┐
                    │    開始      │
                    └──────┬──────┘
                           │
                           ▼
        ╱──────────────────╲          是      ┌──────────────────┐
       ╱ 當 num[1], num[2],  ╲ ─────────────▶ │ 中荔枝，顯示      │
       ╲ num[3] 皆為 0       ╱               │ "中獎了! 投注量*5" │
        ╲──────────────────╱                 └──────────────────┘
                 │ 否
                 ▼
        ╱──────────────────╲          是      ┌───────────────────┐
       ╱ 當 num[1], num[2],  ╲ ─────────────▶ │ 中星星，顯示       │
       ╲ num[3] 皆為 1       ╱               │ "中獎了! 投注量*10" │
        ╲──────────────────╱                 └───────────────────┘
                 │ 否
                 ▼
        ╱──────────────────╲          是      ┌───────────────────┐
       ╱ 當 num[1], num[2],  ╲ ─────────────▶ │ 中西瓜，顯示       │
       ╲ num[3] 皆為 2       ╱               │ "中獎了! 投注量*15" │
        ╲──────────────────╱                 └───────────────────┘
                 │ 否
                 ▼
        ╱──────────────────╲          是      ┌───────────────────┐
       ╱ 當 num[1], num[2],  ╲ ─────────────▶ │ 中 BAR，顯示       │
       ╲ num[3] 皆為 3       ╱               │ "中獎了! 投注量*20" │
        ╲──────────────────╱                 └───────────────────┘
                 │ 否
                 ▼
           ┌─────────────┐
           │    結束      │
           └─────────────┘
```

四、完整程式碼

FileName: 拉霸.sln

01 namespace 拉霸

02 {

03	public partial class Form1 : Form
04	{
05	public Form1()
06	{
07	InitializeComponent();
08	}
09	// 共用成員變數
10	// 建立p[0]~p[3]的PictureBox陣列元素，可用來存放0.jpg~3.jpg
11	// 其中p[0]不使用，p[1]~p[3]代表三個拉霸圖示
12	**PictureBox[] p = new PictureBox[4];**
13	// 建立num[0]~num[3]的整數陣列，用來存放0~3的數值
14	// 其中num[0]不使用
15	**int[] num = new int[4];**
16	**int t;** // 宣告t用來計算timer1_Tick事件處理函式共執行幾次
17	
18	// 表單載入時執行Form1_Load事件處理函式
19	**private void Form1_Load(object sender, EventArgs e)**
20	{
21	// 使表單無法被調整大小
22	this.AutoSizeMode = AutoSizeMode.GrowAndShrink;
23	PicBtn.Image = new Bitmap("up.jpg"); //使PicBtn顯示up.jpg
24	// 使載入的圖片隨PicBtn大小伸縮
25	PicBtn.SizeMode = PictureBoxSizeMode.StretchImage;
26	p[1] = Pic1; // 將Pic1指定給p[1]
27	p[2] = Pic2; // 將Pic2指定給p[2]
28	p[3] = Pic3; // 將Pic3指定給p[3]
29	// 使用迴圈使Pic1~Pic3顯示0.jpg圖
30	for (int i = 1; i <= p.GetUpperBound(0); i++)
31	{
32	p[i].Image = new Bitmap("0.jpg");
33	p[i].SizeMode = PictureBoxSizeMode.Zoom;
34	}
35	timer1.Interval = 100; // 使timer1計時器的Tick事件每0.1秒執行一次
36	LblSum.Text = "50"; // 可投注的總數量LblSum為50
37	}
38	
39	// 按下PicBtn鈕時會執行PicBtn_Click事件處理函式

```csharp
40        private void PicBtn_Click(object sender, EventArgs e)
41        {
42            // 判斷 投注量NudQty.Value是否大於 0
43            // 且 投注量NudQty.Value是否大於可投注總數量LblSum.Text
44            if (NudQty.Value > 0 && NudQty.Value <= Convert.ToInt32(LblSum.Text))
45            {
46                timer1.Enabled = true;        //計時器timer1啟動
47                //可投注量減掉本次的投注量
48                LblSum.Text = Convert.ToString
                                ((Convert.ToInt32(LblSum.Text) - NudQty.Value));
49                NudQty.Enabled = false;    // 無法投注
50                PicBtn.Image = new Bitmap("down.jpg"); //使PicBtn顯示down.jpg
51                PicBtn.Enabled = false;    // PicBtn圖片按鈕失效
52            }
53            else
54            {   // 若投注量小於0且投注量大於可投注的總數量
55                MessageBox.Show("投注有誤");
56            }
57        }
58
59        // 當timer1啟動時，每0.1秒皆會執行timer1_Tick事件處理函式一次
60        private void timer1_Tick(object sender, EventArgs e)
61        {
62            Random r = new Random();    //建立亂數物件r
63
64            // 使用迴圈讓Pic1~Pic3每次執行皆亂數的方式顯示0.jpg~3.jpg
65            for (int i = 1; i <= p.GetUpperBound(0); i++)
66            {
67                num[i] = r.Next(0, 4); //產生 0~3 的亂數並指定給 num[1]~num[3]
68                // 使Pic1~Pic3以亂數的方式顯示 0.jpg~3.jpg
69                p[i].Image = new Bitmap(Convert.ToString(num[i]) + ".jpg");
70            }
71            t += 1;
72            // 當計時器執行20次時，即馬上判斷是否中獎
73            if (t == 20)
74            {
75                timer1.Enabled = false;     //計時器timer1停止
```

```
76              NudQty.Enabled = true;    //可以開始投注
77              PicBtn.Enabled = true;       // PicBtn圖形按鈕可啟用
78              // 當num[1]為0且num[2]為0且num[3]為0表示Pic1~Pic3三個圖示皆是荔枝
79              if (num[1] == 0 && num[2] == 0 && num[3] == 0)
80              {
81                  LblSum.Text = (Convert.ToInt32
                            (LblSum.Text) + (NudQty.Value * 5)).ToString();
82                  MessageBox.Show("中獎了! 投注量*5");
83              }
84              // 當num[1]為1且num[2]為1且num[3]為1表示Pic1~Pic3三個圖示皆是星星
85              else if (num[1] == 1 && num[2] == 1 & num[3] == 1)
86              {
87                  LblSum.Text = (Convert.ToInt32(LblSum.Text) +
                            (NudQty.Value * 10)).ToString();
88                  MessageBox.Show("中獎了! 投注量*10");
89              }
90              // 當num[1]為2且num[2]為2且num[3]為2表示Pic1~Pic3三個圖示皆是西瓜
91              else if (num[1] == 2 && num[2] == 2 && num[3] == 2)
92              {
93                  LblSum.Text = (Convert.ToInt32(LblSum.Text) +
                            (NudQty.Value * 15)).ToString();
94                  MessageBox.Show("中獎了! 投注量*15");
95              }
96              // 當num[1]為3且num[2]為3且num[3]為3表示Pic1~Pic3三個圖示皆是BAR
97              else if (num[1] == 3 && num[2] == 3 && num[3] == 3)
98              {
99                  LblSum.Text = (Convert.ToInt32(LblSum.Text) +
                            (NudQty.Value * 20)).ToString();
100                 MessageBox.Show("中獎了! 投注量*20");
101             }
102             PicBtn.Image = new Bitmap("up.jpg"); //使PicBtn顯示up.jpg
103             t = 0;
104         }
105     }
106 }
107 }
```

14.2 記憶體大考驗實作

　　記憶大考驗遊戲在手機遊戲上是最常見的多媒體小遊戲。本例玩家必須在一定的時間內記住所有圖片的位置，接著所有圖片會覆蓋，玩家可使用滑鼠點選所要翻開圖片，當連續翻開兩張圖相同時會發出 CHIMES.WAV 風鈴聲，否則圖片會重新被覆蓋，當 4 對圖片皆被翻開後即會播放 APPLAUSE.WAV 鼓掌聲表示過關。如下圖：

一、系統功能說明

　　下列是記憶大考驗的規則說明：

1. 可按下 高級　中級　初級 鈕來選擇遊戲的等級並重新亂數洗牌。按下 高級 鈕只有 2 秒的時間可以檢視圖片的位置；按下 中級 鈕有 5 秒的時間可以檢視圖片的位置；按下 初級 鈕有 10 秒的時間可以檢視圖片的位置。

2. 當開始遊戲時會有計時器計算您所花費的時間。遊戲時間為 30 秒，若在 30 秒之內無法過關，則出現對話方塊並顯示「時間到，闖關失敗」的訊息。

3. 當連續翻開兩張圖是相同，發出 CHIMES.WAV 的音效檔。

4. 當連續翻開兩張圖不相同，會出現對話方塊顯示「答錯了^_|||」的訊息。

5. 當四對圖片皆被翻開後即播放 APPLAUSE.WAV 鼓掌聲表示過關。

6. 過關後，根據您玩的等級給予下列不同的回應訊息：

   ① 高級："過關了...果然是記憶高手"。

   ② 中級："過關了...你的記憶力還不錯"。

   ③ 初級："過關了...你的記憶力還馬馬乎乎"。

二、輸出入介面設計

1. 新增名稱為「記憶大考驗」的 Windows Forms 應用程式專案。

2. 建立下面控制項以及設定相關屬性：

   ① 設定表單的背景圖為書附範例的「ch14/記憶大考驗素材檔/bg.jpg」，用來當做遊戲的底圖。請將 Form1 屬性 BackgroundImage 設為「bg.jpg」、BackgroundImageLayout 設為「Stretch」、MaximumSize 與 MinimumSize 皆設為 false。完成後 bg.jpg 即會同表單大小，且表單隱藏放大縮小鈕。

   ② 將 0.jpg~3.jpg、q.jpg(問號圖)、chimes.wav(風鈴聲)、applause.wav(鼓掌聲)放到目前專案的「bin\Debug\net6.0-windows」資料夾下。

③ 建立名稱為 Pic1、Pic2、Pic3、Pic4、Pic5、Pic6、Pic7、Pic8 的圖
片方塊控制項，用來當做記憶大考驗遊戲的 8 個圖示。

④ 建立名稱為 Btn1 高級 、Btn2 中級 、Btn3 初級 鈕，用來選擇記憶
大考驗的等級。

⑤ 建立名稱為 LblShow 標籤控制項，用來顯示遊戲開始之前玩家可檢
視的秒數。

⑥ 建立名稱為 LblTime 標籤控制項，用來顯示目前玩記憶大考驗所花
費的遊戲時間。

⑦ 建立名稱為 timer1 計時器控制項，用來計算遊戲開始之前玩家可檢
視的秒數。

⑧ 建立名稱為 timer2 計時器控制項，用來計算玩遊戲所花費的時間。

本例必須在表單建立下列各控制項：

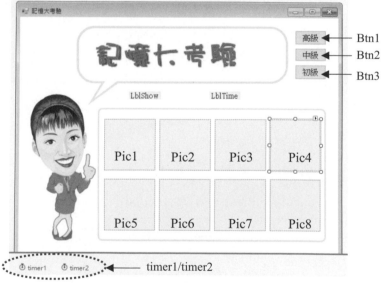

三、系統分析

1. 將下列變數或陣列建立在所有事件處理函式之外，以利所有事件處理
函式一起共用，變數及陣列說明如下：

① 建立 n[0]~n[8] 陣列元素，其中 n[0] 省略不用，n[1]~n[8] 用來表示
Pic1~Pic8 這八個圖片所代表的值。陣列元素的值相同表示為一對，

例如 n[1] 和 n[6] 其值為 1 即為一對，…其他以此類推。寫法如下：

```
int[] n = new int[9] ;
```

② 建立 p[0]~p[8] 圖片方塊控制項陣列元素，其中 p[0] 省略不用，
p[1]~p[8]用來表示 Pic1~Pic8 圖片方塊控制項。

③ 宣告 hitPic 表示第一次翻開的圖片、hitPic2 表示第二次翻開的圖片。

④ 宣告 t1 用來存放第一次翻開圖片所取得的值，宣告 t2 用來存放第二
次翻開圖片所取得的值。

⑤ 宣告 isFirst 布林變數，若 isFirst 為 true 表示第一次翻開圖片，若
isFirst 為 false 表示第二次翻開圖片。

⑥ 宣告 timer1Tot 用來計算 timer1 計時器執行的次數；宣告 timer2Tot
用來計算 timer2 計時器執行的次數。

⑦ 宣告 level 用來表示遊戲等級，2 為高級；5 為中級；10 為初級。

⑧ 宣告 tot 用來表示答對的組數，因為有 8 張圖片，所以必須翻開四組
相同的圖片，因此 tot 為 4 表示過關。

⑨ 建立 SoundPlayer 類別物件 playerAapLause、playerChimes，分別用
來播放"APPLAUSE.wav"(股掌聲)、"CHIMES.wav"(風鈴聲)音效檔。

2. 建立 SetRnd 自定方法用來將 n 陣列做亂數洗牌。寫法如下：

```
void SetRnd()
{
    int[] ary = new int[] { 0, 1, 1, 2, 2, 3, 3, 4, 4 };
    int max = n.GetUpperBound(0);
    Random rndObj = new Random();
    int rndNum;
    for (int i = 1; i <= n.GetUpperBound(0); i++)
    {
        rndNum = rndObj.Next(1, max + 1);
        n[i] = ary[rndNum];
        ary[rndNum] = ary[max];
        max--;
    }
}
```

3. 當表單載入時,請在表單 Form1_Load 事件處理函式做下列事情:

① 執行 playerAapLause、playerChimes 物件的 Load()方法,將播放 "APPLAUSE.wav"(股掌聲)、"CHIMES.wav"(風鈴聲)音效檔載入記憶體中。

② 指定表單 AutoSizeMode 屬性為「AutoSizeMode.GrowAndShrink」, 使表單設為無法被調整大小,如此才不會破壞遊戲背景圖。

③ 在 LblShow 標籤顯示 "請按 [開始] 鈕進行遊戲",將 LblTime 標籤清成空白。

④ 設定 timer1、timer2 每秒執行 Tick 事件一次。

⑤ 逐一將 Pic1~Pic8 指定給 p[1]~p[8] ,此時指定 p[1] 的屬性就是指定 Pic1 的屬性,此舉的好處是方便使用迴圈來設定 p[1]~p[8] 圖片方塊控制項陣列的相關屬性。

⑥ 使用迴圈設定 p[1]~p[8] 顯示 q.jpg 問號圖示,指定 p[1]~p[8] 的 Tag 屬性值為 n[1]~n[8] 用來當做每個圖示所表示的值,設定 p[1]~p[8] 的圖片失效不啟用(即 Enabled 屬性為 false),最後設定當 p[1]~p[8] (即 Pic1~Pic8)的 Click 事件被觸發時皆會執行 PicClick 事件處理函式。其程式寫法如下:

```
for (int i = 1; i <= n.GetUpperBound(0); i++) {
    p[i].Image = new Bitmap("q.jpg");//使Pic1~Pic8顯示q.jpg
    p[i].Tag = n[i];        //Pic1~Pic8的Tag屬性皆設為n[1]~n[8]
    //使圖片隨Pic1~Pic8的大小做縮放
    p[i].SizeMode = PictureBoxSizeMode.StretchImage;
    //使Pic1~Pic8的框線樣式以3D框線顯示
    p[i].BorderStyle = BorderStyle.Fixed3D;
    p[i].Enabled = false;   //Pic1~Pic8失效
    //使Pic1~Pic8的Click事件被觸發時皆會執行PicClick事件處理函式
    p[i].Click += new EventHandler(PicClick);
}
```

4. 定義 PicClick 自定事件處理函式,以提供給 Pic1~ Pic8 的 Click 事件一起共用,請在此事件處理函式做下列事情:

① 判斷 isFirst 是否為 true？若成立表示第一次翻開圖片，此時按下的圖片方塊則顯示目前翻開的圖示，將目前圖片的 Tag 屬性指定給 t1，再將 isFirst 設為 false。

② 若 isFirst 為 false 表示第二次翻開圖片，此時請做下面事情：

- 按下的圖片方塊顯示目前翻開的圖示，將目前圖片的 Tag 屬性指定給 t2，將 isFirst 設為 true。

- 判斷 t1 是否等於 t2？若成立表示連續翻開兩張的圖示一樣。此時請將第一次和第二次翻開的圖片方塊設為失效不啟用；tot 加 1 表示翻開一組相同的圖示；再播放 CHIMES.WAV 音效檔。

- 判斷 t1 是否不等於 t2？若成立表示連續翻開兩張的圖示不相同。此時出現對話方塊並顯示 "答錯了^_|||" 的訊息，最後在第一次和第二次翻開的圖片方塊顯示 q.jpg 問號圖示表示將牌蓋住。

- 判斷 tot 是否等於 4？若成立表示 4 組相同的圖示皆翻開。此時將 Btn1~Btn3 設為啟用、timer1 和 timer2 設為不啟用、並使用 if...else if... 判斷玩的 level 等級來給予不同的訊息、最後播放 "APPLAUSE.WAV" 鼓掌音效檔。

5. 撰寫進行遊戲的 GameStart() 自定事件處理函式，以提供給 高級 、 中級 、 初級 (Btn1~Btn3)鈕呼叫，該事件處理函式請做下列事情：

① 停止播放所有音效檔。

② 將 timer1Tot 指定給 level，表示設定欲玩遊戲的等級，若 level 為 2 表示高級；level 為 5 表示中級；level 為 10 表示初級。

③ 將 Btn1~Btn3 設為失效不啟用。使 timer1 計時器啟動以便在一定的時間內預覽記憶大考驗 8 個圖示一開始的位置。

④ 初始化所有變數：將 timer2Tot 設為 0、將 t1 和 t2 清成空白、將第一次翻開 (hitPic1) 和第二次翻開 (hitPic2) 的圖片方塊設為 null。

⑤ 使 Pic1~Pic8 顯示 1.jpg~4.jpg。

6. 按下 Btn1 高級 鈕即會執行 Btn1_Click 事件處理函式，在此事件處理函式設定 timer1Tot 為 2，表示可預覽 8 個圖示 2 秒，最後再呼叫 GameStart()事件處理函式開始遊戲。

7. 按下 Btn2 　中級　 鈕即會執行 Btn2_Click 事件處理函式，在此事件處理函式設定 timer1Tot 為 5，表示可預覽 8 個圖示 5 秒，最後再呼叫 GameStart() 事件處理函式開始遊戲。

8. 按下 Btn3 　初級　 鈕即會執行 Btn3_Click 事件處理函式，在此事件處理函式設定 timer1Tot 為 10，表示可預覽 8 個圖示 10 秒，最後再呼叫 GameStart() 事件處理函式開始遊戲。

9. 當 timer1 計時器啟用時會每 1 秒執行一次 timer1_Tick 事件處理函式，請在該事件處理函式做下列事情：

① 將 timer1Tot 預覽秒數減一，接著再顯示目前可預覽的時間。

② 判斷 timer1Tot 是否為 0，若為 0 表示結束預覽即可開始進行遊戲，此時請將 timer1 設為不啟用、將 timer2 設為啟用、將 Pic1~Pic8 設為啟用、使 Pic1~Pic8 顯示 q.jpg 圖示。

10. 當 timer2 計時器啟用時會每 1 秒執行一次 timer2_Tick 事件處理函式，請在該事件處理函式做下列事情：

① 將 timer2Tot 遊戲時間秒數加一，接著再顯示目前進行遊戲所花費的時間。

② 若 timer2Tot 遊戲時間等於 30 時，表示必須馬上停止遊戲，此時請將 timer2 設為不啟用、Btn1~Btn3 設為啟用、出現對話方塊並顯示 "時間到，闖關失敗" 訊息、將 Pic1~Pic8 設為不啟用並顯示 q.jpg 問號圖示。

四、完整程式碼

FileName: 記憶大考驗.sln
01 **using System.Media;**
02
03 namespace 記憶大考驗
04 {
05　　public partial class Form1 : Form
06　　{
07　　　　public Form1()
08　　　　{

09	InitializeComponent();
10	}
11	
12	// 宣告n[0]~n[8]整數陣列，用來表示8個圖片方塊所表示的值
13	// n[0]省略不用
14	**int[] n = new int[9];**
15	// 宣告p[0]~p[8]圖片方塊控制項陣列，
16	// p[0]省略不用，p[1]~p[8]用來代表Pic1~Pic8
17	**PictureBox[] p = new PictureBox[9];**
18	// 宣告hitPic表示第一次翻牌的圖片方塊
19	// hitPic2表示第二次翻牌的圖片方塊
20	**PictureBox hitPic1, hitPic2;**
21	// t1字串存放第一次翻牌圖片所取得的值
22	// t2字串存放第二次翻牌圖片所取得的值
23	**string t1, t2;**
24	bool isFirst = true; // isFirst表示第一次按下圖片的旗標
25	int timer1Tot; // 表示timer1計時器執行的次數
26	int timer2Tot; // 表示timer2計時器執行的次數
27	int level; // 表示等級，2為高級,5為中級,10為初級
28	int tot; // 答對的組數，若tot為4表示過關
29	
30	//建立playerAapLause用來播放APPLAUSE.wav
31	**SoundPlayer playerAppLause = new SoundPlayer("APPLAUSE.wav");**
32	//建立playerChimes用來播放CHIMES.wav
33	**SoundPlayer playerChimes = new SoundPlayer("CHIMES.wav");**
34	// 亂數方法，用來將n陣列重新洗牌
35	**void SetRnd()**
36	{
37	int[] ary = new int[] { 0, 1, 1, 2, 2, 3, 3, 4, 4 };
38	int max = n.GetUpperBound(0);
39	Random rndObj = new Random();
40	int rndNum;
41	for (int i = 1; i <= n.GetUpperBound(0); i++)
42	{
43	rndNum = rndObj.Next(1, max + 1);
44	n[i] = ary[rndNum];

```
45              ary[rndNum] = ary[max];
46              max--;
47          }
48      }
49
50      // Form1表單載入時，即觸發Form1_Load事件處理函式
51      private void Form1_Load(object sender, EventArgs e)
52      {
53          //載入音檔到記憶體
54          playerAppLause.Load();
55          playerChimes.Load();
56          //表單無法調整大小
57          this.AutoSizeMode = AutoSizeMode.GrowAndShrink;
58          LblShow.Text = "請按 <開始> 鈕進行遊戲";
59          LblTime.Text = "";
60          // 指定timer1每一秒執行timer1_Tick事件處理函式一次
61          timer1.Interval = 1000;
62          // 指定timer2每一秒執行timer1_Tick事件處理函式一次
63          timer2.Interval = 1000;
64          // 分別將Pic1~Pic8指定給p[1]~p[8]
65          // 表示p[1]~p[8]可以操作Pic1~Pic8控制項
66          p[1] = Pic1;
67          p[2] = Pic2;
68          p[3] = Pic3;
69          p[4] = Pic4;
70          p[5] = Pic5;
71          p[6] = Pic6;
72          p[7] = Pic7;
73          p[8] = Pic8;
74          for (int i = 1; i <= n.GetUpperBound(0); i++)
75          {
76              p[i].Image = new Bitmap("q.jpg"); // 使Pic1~Pic8顯示q.jpg
77              // 使圖片隨Pic1~Pic8的大小做縮放
78              p[i].SizeMode = PictureBoxSizeMode.StretchImage;
79              // 使Pic1~Pic8的框線樣式以3D框線顯示
80              p[i].BorderStyle = BorderStyle.Fixed3D;
```

81	p[i].Enabled = false; //Pic1~Pic8失效
82	// 使Pic1~Pic8的Click事件被觸發時皆會執行PicClick事件處理函式
83	p[i].Click += new EventHandler(PicClick);
84	}
85	}
86	
87	// 定義PicClick事件處理函式，以提供給Pic1~Pic8的Click事件使用
88	**private void PicClick(object sender, EventArgs e)**
89	{
90	// 第一次翻牌
91	if (isFirst)
92	{
93	// 將第一次翻牌的圖片方塊指定給hitPic1
94	hitPic1 = (PictureBox)sender;
95	t1 = Convert.ToString(hitPic1.Tag); // 將目前翻牌圖片的值指定給t1
96	// 顯示目前翻牌的圖示
97	hitPic1.Image = new Bitmap(Convert.ToString(hitPic1.Tag) + ".jpg");
98	isFirst = false; // 將isFirst設為false表示目前已結束第二次翻牌
99	}
100	else// 第二次翻牌
101	{
102	// 將第二次翻牌的圖片方塊指定給hitPic
103	hitPic2 = (PictureBox)sender;
104	t2 = Convert.ToString(hitPic2.Tag); // 將目前翻牌圖片的值指定給t2
105	// 顯示目前翻牌的圖示
106	hitPic2.Image = new Bitmap(Convert.ToString(hitPic2.Tag) + ".jpg");
107	isFirst = true; // 將isFirst設為true表示目前已結束第二次翻牌
108	// 若t1等於t2，表示所翻牌兩個圖片的Tag屬性相同，即兩者的圖示相同
109	if (t1 == t2)
110	{
111	// 使目前翻牌兩個圖片失效
112	hitPic1.Enabled = false;
113	hitPic2.Enabled = false;
114	tot += 1; // 答對組數加1
115	//播放Chimes.wav音效
116	playerChimes.Play();

```
117                     }
118                     // 若t1不等於t2，表示所翻牌兩個圖片的Tag屬性不同，即兩者的圖示不相同
119                     if (t1 != t2)
120                     {
121                         MessageBox.Show("答錯了^_|||");
122                         // 將第一次和第二次翻牌的圖示以q.jpg顯示
123                         hitPic1.Image = new Bitmap("q.jpg");
124                         hitPic2.Image = new Bitmap("q.jpg");
125                     }
126                     // 若答對組數為4，即表示過關
127                     if (tot == 4)
128                     {
129                         // Btn1. Btn2. Btn3鈕啟用
130                         Btn1.Enabled = true;
131                         Btn2.Enabled = true;
132                         Btn3.Enabled = true;
133                         timer1.Enabled = false;    // timer1計時器停止
134                         timer2.Enabled = false;    // timer2計時器停止
135                         if (level == 2)
136                         {
137                             MessageBox.Show("過關了...果然是記憶高手");
138                         }
139                         else if (level == 5)
140                         {
141                             MessageBox.Show("過關了...你的記憶力還不錯");
142                         }
143                         else if (level == 10)
144                         {
145                             MessageBox.Show("過關了...你的記憶力還馬馬乎乎");
146                         }
147                         // 播放股掌聲
148                         playerAppLause.Play();
149                     }
150                 }
151             }
152
153     // 進行遊戲的GameStart()事件處理函式
```

```
154        private void GameStart()
155        {
156            level = timer1Tot;
157            Btn1.Enabled = false;        // Btn1鈕失效
158            Btn2.Enabled = false;        // Btn2鈕失效
159            Btn3.Enabled = false;        // Btn3鈕失效
160            timer1.Enabled = true;       // 啟動timer1計時器
161            timer2Tot = 0;               // timer2Tot的計時遊戲時間
162            t1 = "";                     // 將t1第一次翻牌圖片所取得的值設為空白
163            t2 = "";                     // 將t2第二次翻牌圖片所取得的值設為空白
164            tot = 0;                     // 將答對的組數設為0，若tot為4表示過關
165            hitPic1 = null;              // 將hitPic1第一次翻牌的圖片方塊設為null
166            hitPic2 = null;              // 將hitPic2第一次翻牌的圖片方塊設為null
167            LblShow.Text = "你可以檢視的時間還有" +
                            Convert.ToString(timer1Tot) + "秒";
168            LblTime.Text = "";
169            // 呼叫亂數程序對n陣列重新洗牌
170            SetRnd();
171            // 使Pic1~Pic8顯示1~4.jpg四個圖示
172            for (int i = 1; i <= n.GetUpperBound(0); i++)
173            {
174                // Pic1~Pic8的Tag屬性皆設為n[1]~n[8]，用來表示圖示狀態
175                p[i].Tag = n[i];
176                p[i].Image = new Bitmap(Convert.ToString(n[i]) + ".jpg");
177            }
178        }
179
180        // 按 <高級> 鈕執行
181        private void Btn1_Click(object sender, EventArgs e)
182        {
183            timer1Tot = 2;     // 設定timer1Tot的倒數時間為2秒
184            GameStart();
185        }
186
187        // 按 <中級> 鈕執行
188        private void Btn2_Click(object sender, EventArgs e)
```

```
189          {
190              timer1Tot = 5;                // 設定timer1Tot的倒數時間為5秒
191              GameStart();
192          }
193
194      // 按 <低級> 鈕執行
195      private void Btn3_Click(object sender, EventArgs e)
196      {
197              timer1Tot = 10;               // 設定timer1Tot的倒數時間為10秒
198              GameStart();
199      }
200
201      // timer1計時器啟動時會觸發timer1_Tick事件
202      private void timer1_Tick(object sender, EventArgs e)
203      {
204              timer1Tot -= 1;      // timer1Tot減1即倒數秒數
205              LblShow.Text = "你可以檢視的時間還有 " +
                                 Convert.ToString(timer1Tot) + "秒";
206              // 若timer1Tot倒數秒數為0則執行下面敘述
207              if (timer1Tot == 0)
208              {
209                  timer1.Enabled = false;    // timer1失效
210                  LblShow.Text = "";
211                  timer2.Enabled = true;     // timer2啟動
212                  for (int i = 1; i <= n.GetUpperBound(0); i++)
213                  {
214                      p[i].Image = new Bitmap("q.jpg");    // Pic1~Pic8顯示q.jpg
215                      // Pic1~Pic8圖片啟用
216                      p[i].Enabled = true;
217                  }
218              }
219      }
220
221      // timer2計時器啟動時會觸發timer2_Tick事件
222      private void timer2_Tick(object sender, EventArgs e)
223      {
```

224	timer2Tot += 1;　　//t imer2Tot加1即遊戲時間加1
225	LblTime.Text = "遊戲時間：" + Convert.ToString(timer2Tot) + " 秒";
226	// timer2Tot遊戲時間到30時，即執行下面敘述馬上停止遊戲
227	if (timer2Tot == 30)
228	{
229	timer2.Enabled = false;　　//timer2失效
230	//Btn1, Btn2, btm3啟用
231	Btn1.Enabled = true;
232	Btn2.Enabled = true;
233	Btn3.Enabled = true;
234	MessageBox.Show("時間到，闖關失敗");
235	LblShow.Text = "請按 <開始> 鈕進行遊戲";
236	LblTime.Text = "";
237	for (int i = 1; i <= n.GetUpperBound(0); i++)
238	{
239	p[i].Image = new Bitmap("q.jpg");　　// Pic1~Pic8顯示q.jpg
240	p[i].Enabled = false;　　　　　　// Pic1~Pic8圖片失效
241	}
242	}
243	}
244	}
245	}

14.3　簡易產品管理系統實作

　　不論零售、賣場、POS 或是電子商務網站等等，都會使用到產品管理系統，在本節將整合前面所學使用 SQL Express LocalDB 資料庫以及 Entity Framework Core 資料存取技術設計簡易的產品管理系統。

14.3.1　產品管理系統操作功能説明

一、產品類別管理

　　執行功能表的【系統功能/產品類別管理】即可開啟「類別管理」表單(Frm Category)，透過此表單可進行新增、修改、刪除以及瀏覽產品類別的資料。

① 在類別名稱文字方塊輸入資料並按 新增 鈕，即可將一筆產品類別記錄儲存到產品類別資料表內並將產品類別資料表所有記錄顯示在 DataGridView 控制項中，其中類別編號欄位值是自動新增的。

② 在 DataGridView 控制項中選取某一筆記錄同時設定類別名稱文字方塊的資料再按 修改 鈕，即可修改指定的類別名稱。

③ 在 DataGridView 控制項中選取某一筆記錄並按 刪除 鈕，即可將該筆類別記錄刪除。

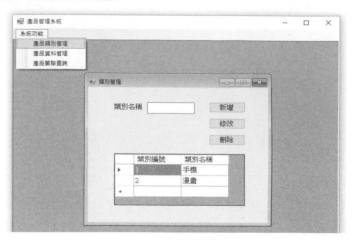

二、產品資料管理

執行功能表的【系統功能/產品資料管理】即可開啟「產品管理」表單 (FrmProduct)，透過此表單可進行新增、修改、刪除以及瀏覽產品資料的記錄。

① 類別編號的下拉式清單欄位會顯示產品類別資料表的所有類別名稱，也就是說有幾筆產品類別，下拉式清單的項目就會有幾筆產品類別。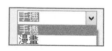

② 在表單中輸入類別編號、品名、單價、說明的產品資料並按 新增 鈕，即可將一筆產品資料記錄儲存到產品資料表內並將產品資料表目前的所有記錄顯示在 DataGridView 控制項中，其中產品編號欄位的值是自動新增的。

③ 在 DataGridView 控制項中選取某一筆記錄同時設定品名、單價、說明的產品資料再按 修改 鈕，即可修改指定的產品記錄。

④ 在 DataGridView 控制項中選取某一筆記錄並按 [刪除] 鈕，即可將該筆產品資料記錄刪除。

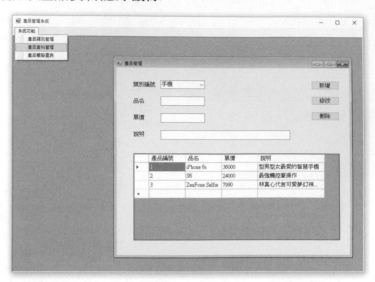

三、產品關聯查詢

執行功能表的【系統功能/產品關聯查詢】即可開啟下圖的「產品關聯查詢」表單(FrmRelation)。此表單將「產品類別」資料表及「產品資料」資料表的「類別編號」欄位進行關聯，然後再將資料表記錄與表單上兩個 DataGridView 控制項做資料繫結，使得選取產品類別的某筆記錄之後，即會顯示該產品類別所對應的產品資料記錄。

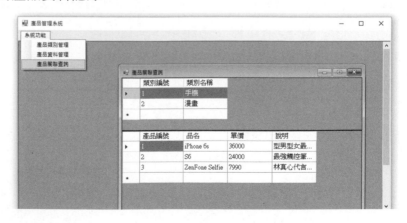

14.3.2 簡易產品管理系統資料庫

本系統使用 dbProduct.mdf 資料庫內含產品類別與產品資料表，如下列出兩個資料表的欄位名稱及資料型別與說明：

一、產品類別表

欄位說明	資料類型	其他
類別編號	int	●主索引鍵 ●識別規格：True ●識別值種子：1 ●識別值增量：1
類別名稱	nvarchar(50)	

二、產品資料表

欄位說明	資料類型	其他
產品編號	int	●主索引鍵 ●識別規格：True ●識別值種子：1 ●識別值增量：1
類別編號	int	參考鍵；與產品類別表的類別編號關聯
品名	nvarchar(50)	
單價	int	
說明	nvarchar(250)	

14.3.3 簡易產品管理系統使用表單程式說明

本系統共使用四個表單，列表說明如下：

檔案名稱	說明
FrmMain.cs	系統主表單，為 MDI 多重文件介面的表單，可用來開啟產品類別管理表單、產品資料管理表單和產品關聯查詢表單。
FrmCategory.cs	產品類別管理表單，用來新增、修改、刪除和顯示產品類別資料表的記錄。

檔案名稱	說明
FrmProduct.cs	產品資料管理表單，用來新增、修改、刪除和顯示產品資料表的記錄。
FrmRelation.cs	產品關聯查詢表單，使用產品類別的資料進行一對多的產品資料查詢。

14.3.4 簡易產品管理系統上機實作

▶ 解題技巧

Step 1 建立 Windows Forms 應用程式專案。

1. 新增名稱為「產品管理」的 Windows Forms 應用程式專案。

2. 將書附範例 ch14 資料夾下 dbProduct.mdf 複製到目前專案「bin\Debug\net6.0-windows」資料夾下，使 dbProduct.mdf 資料庫與執行檔置於相同路徑。

Step 2 安裝 EF Core 程式套件

1. 在方案總管的【相依性】按滑鼠右鍵執行快顯功能表【管理 NuGet 套件(N)...】指令開啟 NuGet 套件管理員畫面，接著依下圖操作安裝「Microsoft.EntityFrameworkCore.SqlServer」程式套件。

2. 繼續重複如上步驟安裝「Microsoft.EntityFrameworkCore.SqlServer.
Design」與「Microsoft.EntityFrameworkCore.Tools」程式套件。安裝
完成之後【相依性】的套件會出現所安裝的程式套件。

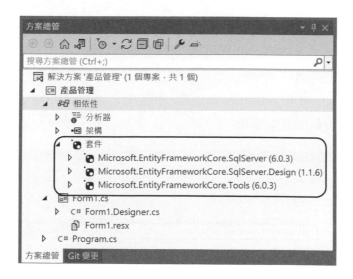

Step ③ 建立存取 dbProduct.mdf 資料庫的 ProductDbContext 類別物件

1. 執行功能表的【工具(T)/NuGet 套件管理員(N)/套件管理主控台(O)...】
指令開啟套件管理員操作畫面,接著在主控台 PM> 處輸入如下指令碼
建置可存取「C:\CS2022\ch14\」產品管理「\bin\Debug\net6.0-windows

\dbProduct.mdf」資料庫的 ProductDbContext 類別物件，ProductDbContext 類別存放於 Models 資料夾。

```
Scaffold-DbContext "Data Source=(LocalDB)\MSSQLLocalDB;AttachDbFilename=
C:\CS2022\ch14\產品管理\bin\Debug\net6.0-windows\dbProduct.mdf;Integrated
Security=True;Trusted_Connection=True;" Microsoft.EntityFrameworkCore.SqlServer
-OutputDir Models -context ProductDbContext
```

建置完成之後 Models 資料夾內產生 ProductDBContext 與資料表相對應的 Entity 類別，這些類別可用來對應至產品類別、產品資料表...的記錄。

2. 修改連接字串

開啟 ProductDbContext.cs 類別檔，重新指定 optionBuilder.UseSqlServer() 方法的資料庫連接字串。

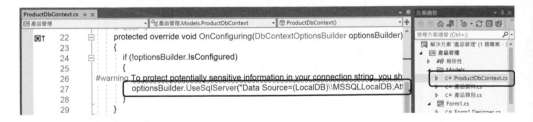

```
optionsBuilder.UseSqlServer("Data Source=(LocalDB)\\MSSQLLocalDB;AttachDbFilename=
C:\\CS2022\\ch15\\產品管理\\bin\\Debug\\net6.0-windows\\dbProduct.mdf;Integrated
Security=True;Trusted_Connection=True;");
```

請將上述灰底資料庫連接字串的路徑改成使用下方灰底處「Application.StartupPath」，讓將來移動專案到其他路徑時都能取得目前專案「bin\Debug\net6.0-windows」下的 dbProduct.mdf。

```
optionsBuilder.UseSqlServer("Data Source=(LocalDB)\\MSSQLLocalDB;AttachDbFilename=
" + Application.StartupPath +"dbProduct.mdf;Integrated
Security=True;Trusted_Connection=True;");
```

Step 4　建立 FrmCategory.cs「產品類別管理」表單

1. 將 Form1.cs 更改檔案名稱為 FrmCategory.cs。

2. 建立如下圖輸出入介面：

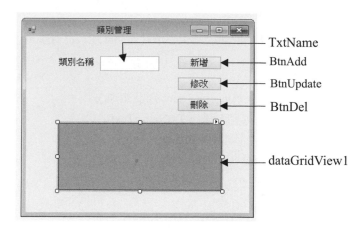

3. 撰寫程式碼

FileName: FrmCategory.cs
01 **using 產品管理.Models;**
02
03 namespace 產品管理
04 {
05　　public partial class FrmCategory : Form
06　　{
07　　　　public FrmCategory()
08　　　　{
09　　　　　　InitializeComponent();
10　　　　}
11

12	// 建立ProductDbContext類別物件context，用來存取dbProduct.mdf資料庫
13	**ProductDbContext context = new ProductDbContext();**
14	
15	//表單載入執行
16	**private void FrmCategory_Load(object sender, EventArgs e)**
17	{
18	//dataGridView1顯示產品類別表所有記錄
19	dataGridView1.DataSource = context.產品類別s.ToList();
20	//類別名稱文字方塊清空
21	TxtName.Text = "";
22	}
23	
24	// 按 [新增] 鈕執行
25	**private void BtnAdd_Click(object sender, EventArgs e)**
26	{
27	//新增產品類別
28	產品類別 category = new 產品類別();
29	category.類別名稱 = TxtName.Text;
30	context.產品類別s.Add(category);
31	context.SaveChanges();
32	FrmCategory_Load(sender, e);
33	}
34	
35	// 按 [修改] 鈕執行
36	**private void BtnUpdate_Click(object sender, EventArgs e)**
37	{
38	//取得產品類別編號
39	int categoryid = int.Parse(dataGridView1.CurrentRow.Cells[0].Value.ToString());
40	//依類別編號取得欲修改產品類別記錄
41	var category = context.產品類別s.FirstOrDefault(m => m.類別編號 == categoryid);
42	//修改指定的產品類別記錄
43	category.類別名稱 = TxtName.Text;
44	context.SaveChanges();
45	FrmCategory_Load(sender, e);
46	}

47	// 按 [刪除] 鈕執行
48	**private void BtnDel_Click(object sender, EventArgs e)**
49	{
50	//取得產品類別編號
51	int categoryid = int.Parse(dataGridView1.CurrentRow.Cells[0].Value.ToString());
52	//依類別編號取得欲刪除產品類別記錄
53	var category = context.產品類別s .FirstOrDefault(m => m.類別編號 == categoryid);
54	//刪除指定的產品類別記錄
55	context.產品類別s.Remove(category);
56	context.SaveChanges();
57	FrmCategory_Load(sender, e);
58	}
59	}
60	}

Step 5 建立 FrmProduct.cs「產品資料管理」表單

1. 執行功能表的【專案(P)/加入新項目(W)】建立名稱為「FrmProduct」
   表單。

2. 建立如下圖輸出入介面:

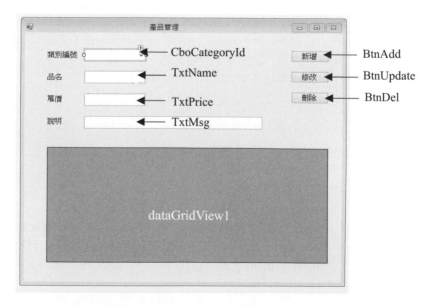

3. 撰寫程式碼

```
FileName: FrmProduct.cs
01 using 產品管理.Models;
02
03 namespace 產品管理
04 {
05     public partial class FrmProduct : Form
06     {
07         public FrmProduct()
08         {
09             InitializeComponent();
10         }
11
12         // 建立ProductDbContext類別物件context，用來存取dbProduct.mdf資料庫
13         ProductDbContext context = new ProductDbContext();
14
15         //依類別名稱清單取得產品記錄並顯示在dataGridView1
16         void ShowDataGridView()
17         {
18             //取得目前清單中的Value值，即目前選取項目的類別編號
19             int categoryId = int.Parse(CboCategoryId.SelectedValue.ToString());
20             //依類別編號取得指定的產品資料並顯示於dataGridView1上
21             dataGridView1.DataSource = context.產品資料s
                    .Where(m => m.類別編號 == categoryId).ToList();
22             //品名、單價、說明文字方塊清空
23             TxtName.Text = TxtPrice.Text = txtMsg.Text = "";
24         }
25
26         //表單載入時執行
27         private void FrmProduct_Load(object sender, EventArgs e)
28         {
29             //將產品類別顯示在清單中
30             CboCategoryId.DataSource = context.產品類別s.ToList();
31             CboCategoryId.DisplayMember="類別名稱"; //指定Text屬性繫結的是類別名稱
32             CboCategoryId.ValueMember="類別編號"; //指定Value屬性繫結的是類別編號
33             //依類別名稱清單取得產品記錄並顯示在dataGridView1
34             ShowDataGridView();
```

35	}
36	
37	//選取類別名稱下拉式清單執行
38	**private void CboCategoryId_SelectedIndexChanged(object sender, EventArgs e)**
39	{
40	try
41	{
42	//取得類別編號
43	int categoryId = int.Parse(CboCategoryId.SelectedValue.ToString());
44	//依類別編號取得指定的產品資料並顯示於dataGridView1上
45	dataGridView1.DataSource = context.產品資料s .Where(m => m.類別編號 == categoryId).ToList();
46	}
47	catch (Exception ex)
48	{
49	
50	}
51	}
52	
53	// 按 [新增] 鈕執行
54	**private void BtnAdd_Click(object sender, EventArgs e)**
55	{
56	try
57	{
58	//新增產品記錄
59	產品資料 product = new 產品資料();
60	product.類別編號 =int.Parse(CboCategoryId.SelectedValue.ToString());
61	product.品名 = TxtName.Text;
62	product.單價 = int.Parse(TxtPrice.Text);
63	product.說明 = txtMsg.Text;
64	context.產品資料s.Add(product);
65	context.SaveChanges();
66	ShowDataGridView();
67	}
68	catch (Exception ex)
69	{
70	MessageBox.Show("單價請輸入整數資料");
71	}

72	`}`
73	`// 按 [修改] 鈕執行`
74	**`private void BtnUpdate_Click(object sender, EventArgs e)`**
75	`{`
76	`//沒有選取修改的產品記錄即離開此事件`
77	`if (dataGridView1.CurrentRow == null)`
78	`{`
79	`MessageBox.Show("沒有指定修改的記錄");`
80	`return;`
81	`}`
82	`try`
83	`{`
84	`//取得選取dataGridView1的產品記錄編號`
85	`int productId =` `    int.Parse(dataGridView1.CurrentRow.Cells[0].Value.ToString());`
86	`//取得修改的產品記錄`
87	`var product = context.產品資料s` `    .FirstOrDefault(m => m.產品編號  == productId);`
88	`//修改指定的產品記錄`
89	`product.品名  = TxtName.Text;`
90	`product.單價 = int.Parse(TxtPrice.Text);`
91	`product.說明  = txtMsg.Text;`
92	`context.SaveChanges();`
93	`ShowDataGridView();`
94	`}`
95	`catch (Exception ex)`
96	`{`
97	`MessageBox.Show("單價請輸入整數資料");`
98	`}`
99	`}`
100	`// 按 [刪除] 鈕執行`
101	**`private void BtnDel_Click(object sender, EventArgs e)`**
102	`{`
103	`//沒有選取刪除的產品記錄即離開此事件`
104	`if (dataGridView1.CurrentRow== null)`
105	`{`
106	`MessageBox.Show("沒有指定刪除的記錄");`
107	`return;`

108	}
109	//取得選取dataGridView1的產品記錄編號
110	int productId = int.Parse(dataGridView1.CurrentRow.Cells[0].Value.ToString());
111	//取得刪除的產品記錄
112	var product = context.產品資料s .FirstOrDefault(m => m.產品編號 == productId);
113	//刪除指定的產品記錄
114	context.產品資料s.Remove(product);
115	context.SaveChanges();
116	ShowDataGridView();
117	}
118	}
119 }

Step 6 建立 FrmRelation.cs「產品關聯查詢」表單

1. 執行功能表的【專案(P)/加入新項目(W)】建立名稱為「FrmRelation.cs」表單。

2. 建立如下圖輸出入介面：

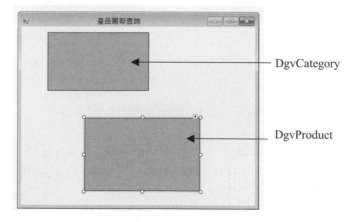

DgvCategory

DgvProduct

3. 撰寫程式碼

FileName: FrmRelation.cs

01 using 產品管理.Models;

02

03 namespace 產品管理

```
04 {
05     public partial class FrmRelation : Form
06     {
07         public FrmRelation()
08         {
09             InitializeComponent();
10         }
11
12         // 建立ProductDbContext類別物件context，用來存取dbProduct.mdf資料庫
13         ProductDbContext context = new ProductDbContext();
14
15         //表單載入時執行
16         private void FrmRelation_Load(object sender, EventArgs e)
17         {
18             //產品類別依類別編號遞減排序，並將排序後的產品類別顯示於DgvCategory控制項
19             var category = context.產品類別s.OrderBy(m => m.類別編號).ToList();
20             DgvCategory.DataSource = category;
21             DgvCategory.Dock = DockStyle.Top;
22             //將所有產品資料顯示於DgvProduct控制項
23             var product = context.產品資料s.ToList();
24             DgvProduct.DataSource = product;
25             DgvProduct.Dock = DockStyle.Fill;
26         }
27
28         //DgvCategory按一下執行
29         private void DgvCategory_Click(object sender, EventArgs e)
30         {
31             //取得目前點選記錄的第一欄資料(類別編號)，並轉成整數再指定給CategoryId
32             int CategoryId = int.Parse(DgvCategory.CurrentRow.Cells[0].Value.ToString());
33             //查詢某類別編號的產品
34             var product = context.產品資料s
                       .Where(m => m.類別編號  == CategoryId).ToList();
35             DgvProduct.DataSource = product;
36         }
37     }
38 }
```

Step ⑦ 建立 FrmMain.cs「產品管理系統」主表單

本系統必須顯示多個表單，因此必須使用多重文件介面的 MDI 父表單來當做系統的主表單，如此可以讓本系統同時顯示產品類別管理表單、產品資料管理表單、產品關聯查詢...等多份表單文件，且讓各個表單顯示在父表單的視窗內並進行切換。MDI 父表單設計方式如下：

1. 執行功能表的【專案(P)/加入新項目(W)】建立名稱為「FrmMain」表單。

2. 將 FrmMain 表單的 IsMdiContainer 屬性設為 true，將 FrmMain 表單設為 MDI 的容器，可用來裝載多個表單。

3. 在表單放入一個名稱為「menuStrip1」的功能表控制項，由輸出要求可知，本例必須建立下圖功能表項目。

4. 撰寫程式碼

   ① 在「產品類別管理」功能表項目的 Click 事件處理函式撰寫開啟 FrmCategory 產品類別管理表單的程式碼。其寫法如下：

```
//建立FrmCategory子表單物件ChildForm
FrmCategory ChildForm = new FrmCategory();
//將ChildForm變成這個MDI表單的子表單，接著才顯示
ChildForm.MdiParent = this;
ChildForm.Show();
```

② 依各功能表項目的要求，開啟對應的表單。FrmMain.cs 完整程式
碼如下：

FileName: FrmMain.cs

```
01 namespace 產品管理
02 {
03     public partial class FrmMain : Form
04     {
05         public FrmMain()
06         {
07             InitializeComponent();
08         }
09
10         private void 產品類別管理ToolStripMenuItem_Click(object sender, EventArgs e)
11         {
12             //建立FrmCategory子表單物件ChildForm，即建立產品類別管理表單
13             FrmCategory ChildForm = new FrmCategory();
14             //將ChildForm變成這個MDI表單的子表單，接著才顯示
15             ChildForm.MdiParent = this;
16             ChildForm.Show();
17         }
18
19         private void 產品資料管理ToolStripMenuItem_Click(object sender, EventArgs e)
20         {
21             FrmProduct ChildForm = new FrmProduct();
22             ChildForm.MdiParent = this;
23             ChildForm.Show();
24         }
25
26         private void 產品關聯查詢ToolStripMenuItem_Click(object sender, EventArgs e)
27         {
28             FrmRelation ChildForm = new FrmRelation();
29             ChildForm.MdiParent = this;
30             ChildForm.Show();
31         }
32     }
33 }
```

Step **8** 切換到 Program.cs 檔，將 Application.Run() 方法內的啟動表單改為 new FrmMain()，使啟動表單設為 FrmMain 主表單。

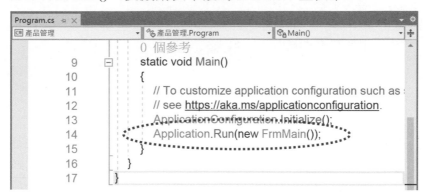

14.4 專題報告書格式

當設計完成一個專題或系統時，我們通常會撰寫一份專題報告書來對所設計的專題研究做解說，或者說明該專題有何效益及可改進的地方，現以下面常見的專題製作報告格式來供你參考使用，但實際撰寫專題報告時應以所處的學校或單位的規定格式來撰寫。

封面	淺藍色。
書背	碁峰科技大學　系名　專題製作報告　專題名稱 組員姓名　指導老師　製作日期
封面內頁	白色，如封面，不需要編頁碼。
中文摘要	頁碼從-ii-開始編起，字體大小與本文相同。
誌謝	
目錄	
圖目錄	以上各項均獨立另起新的一頁，單頁印刷、字體大小及編排和本文相同，頁碼以羅馬小寫數字等號表示，例：-ii-、-iii-、-iv-。
表目錄	
符號說明	

本文	以 A4 紙印刷，每頁 24 行，每行 28 個字，每行空 1 space，節與節間空 4 space。(字體大小 12)
章	每章開頭另起新的一頁、章的標題在該頁中間。
節	可用中式或西式，例 1.1、1.2。
程式碼	
結論	最後一章為結論。
參考文獻	編列序號、字體大小和編排與本文相同。
附錄	
頁碼編排	在每頁下方正中間。寫法為-10-、-11-。
本文留白部份	一律橫打、裝訂在左邊。(以國科會的格式為準) 3.2 公分 3.8 公分 ── 2.5 公分 2.5 公分
裝訂	膠裝
備註	內容至少 40 頁以上，視單位規定。

CHAPTER 15

Azure AI
電腦視覺初體驗

✧ Azure 雲端平台簡介

✧ Azure 雲端平台服務申請

✧ 電腦視覺應用程式開發

15.1 Azure 雲端平台簡介

　　Microsoft Azure 是微軟公司所提供的公有雲端服務平台，所提供的服務相當多元。例如：虛擬機器、App Service、Azure SQL Database…等各類型雲端服務，同時亦提供人工智慧服務，例如：機器學習服務、Azure 認知服務、Azure 應用 AI 服務、Azure Bot Service…等。透過這些服務提供開發人員快速建立強大的網頁或行動裝置等雲端應用程式，同時可結合 AI 服務讓應用程式具辨識影像、閱讀與理解人類交談的功能，使商用應用程式具智慧化可提升服務客戶的品質。讀者可連到「https://azure.microsoft.com/zh-tw/」的 Microsoft Azure 官方網站，瀏覽相關 Azure 的服務說明。

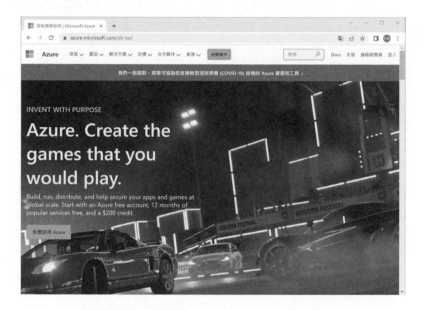

15.2 Azure 雲端平台服務申請

　　本章介紹如何申請認知服務中的電腦視覺(Computer Vision)服務，並透過 C# 將影像傳送至電腦視覺服務進行分析，最後傳回影像的描述(影像中代表的資訊)，使應用程式具理解影像的能力。因此使用 Azure 雲端服務的首要步驟就是擁有 Microsoft 帳號。首先請連結到「https://login.live.com/login.srf」Microsoft

登入網頁，然後按下「立即建立新帳戶」連結，接著再按照指示操作完成 Microsoft 帳號建立程序。

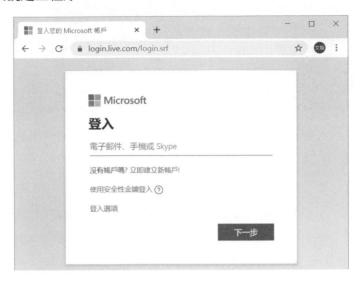

Microsoft 帳號申請完成之後，接著請以新帳號登入，接著連結到「https://azure.microsoft.com/zh-tw/free/」開啟 Azure 免費帳號申請網頁；若您為學生可連結到「https://azure.microsoft.com/zh-tw/free/students/」網頁申請 Azure 學生版帳號。接著點選 開始免費使用 > 鈕進行申請試用。

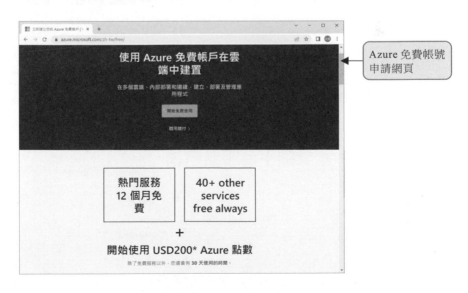

Azure 免費帳號申請網頁

Azure 學生版
帳號申請網頁

接著依照網頁步驟操作，確認登入 Microsoft 帳號，填寫試用 Azure 服務的各種基本資料，要注意的是申請試用 Azure 免費帳號的同時需要填寫真實信用卡才能通過申請，申請通過後即得到 6,100 元點數(美金 200 元)，而這 6,100 可在 30 天內使用；至於 Azure 學生版帳號不需要真實信用卡即可申請，但必須使用學校信箱申請(含 edu 信箱)，申請通過後即得到 3,000 元點數(美金 100 元)，其使用期限為一年。不論是 Azure 免費帳號或學生版帳號皆提供 40 多項永久免費服務，免費服務說明可參考「https://azure.microsoft.com/zh-tw/free/」網頁。(關於 Azure 服務申請步驟的網頁可能會更動，故此處不列出，使用者可依當時狀況調整)

15.3 電腦視覺應用程式開發

15.3.1 電腦視覺簡介

　　Azure 認知服務中的辨識服務提供電腦視覺(Computer Vision)服務，此服務不需要機器學習即可在應用程式中使用具電腦視覺分析與辨識影像的功能。例如：可解理影像中的物件數、文字、主題、品牌、影像格式、影像大小、成人資訊、人物性別或年齡、人物名稱與地標⋯等內容。您可連結到「https://azure.microsoft.com/zh-tw/services/cognitive-services/computer-vision/」網頁，此網頁展示電腦視覺功能與說明，如下兩圖使用電腦視覺服務分析影像的內容以及將分析結果以 JSON 呈現：

15.3.2 電腦視覺服務的使用

下面步驟介紹如何在應用程式中內嵌雲端視覺功能。

Step 1 申請電腦視覺服務

前往 Azure 雲端申請電腦視覺服務 API 的金鑰 (Key)與端點(Url)，端點即是要分析影像的雲端服務。

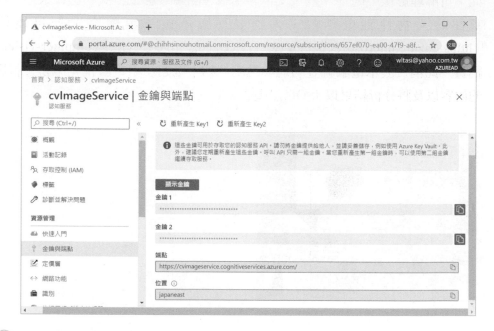

Step 2 安裝電腦視覺 SDK

在專案安裝 Microsoft.Azure.CognitiveServices.Vision.ComputerVision 套件。

Step 3 建立 ComputerVisionClient 電腦視覺物件，將分析的影像傳送到電腦視覺服務端點進行分析，程式寫法如下：

```
//引用如下命名空間才能使用 ComputerVisionClient
using Microsoft.Azure.CognitiveServices.Vision.ComputerVision;
using Microsoft.Azure.CognitiveServices.Vision.ComputerVision.Models;
……
```

```
//建立 ComputerVisionClient 電腦視覺物件，同時指定電腦視覺服務的金鑰 Key
ComputerVisionClient 電腦視覺物件 = new ComputerVisionClient(
       new ApiKeyServiceClientCredentials("電腦視覺服務的金鑰(key)"),
       new System.Net.Http.DelegatingHandler[] { });

//指定電腦視覺服務端點 Url
電腦視覺物件.Endpoint = "電腦視覺服務的端點(Url)";

//執行 DescribeImageInStreamAsync()方法
//將影像分析結果傳給 ImageDescription 影像描述物件 res
ImageDescription res =
  await 電腦視覺物件.DescribeImageInStreamAsync(影像檔案串流);
```

Step **4** 取得影像標籤

影像標籤即是影像中可能包含的項目，例如：在影像有車站月台、人、室內、室外、男人、女人 … 等資訊。寫法如下：

```
// ImageDescription 影像描述物件的 Tags 集合內含分析後的影像標籤
string tagStr = "";
for(int i=0; i<res.Tags.Count(); i++) //使用 for 迴圈將所有的影像標籤放入 tagStr
{
    tagStr += $"{ res.Tags[i]}, ";
}
```

Step **5** 取得影像資訊

使用 ImageDescription 影像描述物件 res 取得影像描述資訊，例如使用 Captions 集合 Text 屬性取得影像描述說明，使用 Captionss 集合 Confidence 屬性取得影像描述信度。寫法如下：

```
String s1 = $"描述：{res.Captions[0].Text}";
String s2 = $"信度：{res.Captions[0].Confidence}";
```

進行電腦視覺分析的影像必須符合下列條件，否則會發生例外：

● 影像檔案大小須小於 4 MB

● 影像像素須大於 50 x 50

● 影像格式必須以 BMP、JPEG、PNG 或 GIF

● 呼叫電腦視覺 API，上傳的影像的大小必須介於 50 x 50 與 10000 x 10000 像素之間。

15.3.3 電腦視覺應用程式實作

實作 FileName：cv01.sln

練習製作可進行分析影像的程式。程式執行時按下 影像分析 鈕開啟開檔對話方塊並指定所要分析影像圖檔，接著會將影像中的項目、描述以及描述信度顯示於多行文字方塊。

▶ 輸出要求

▲ 分析劉得華的影像

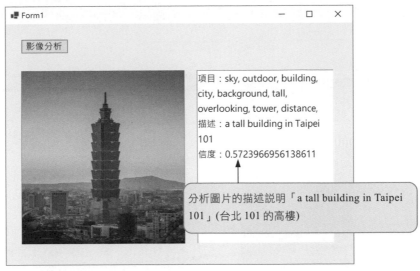

▲ 分析台北 101 影像

▶ 解題技巧

Step 1 申請電腦視覺服務的金鑰(Key)和端點(Url)：

1. 前往「https://azure.microsoft.com/zh-tw/features/azure-portal/」Azure 入口網站，接著點選右上方「登入」連接進行登入網站。

2. 登入成功之後，請點選 (人) 鈕並由選單中點按「Azure 入口網站」連接即可進入 Azure 雲端平台網站。

3. 依下圖操作取得電腦視覺服務的金鑰(Key)和端點(Url)。

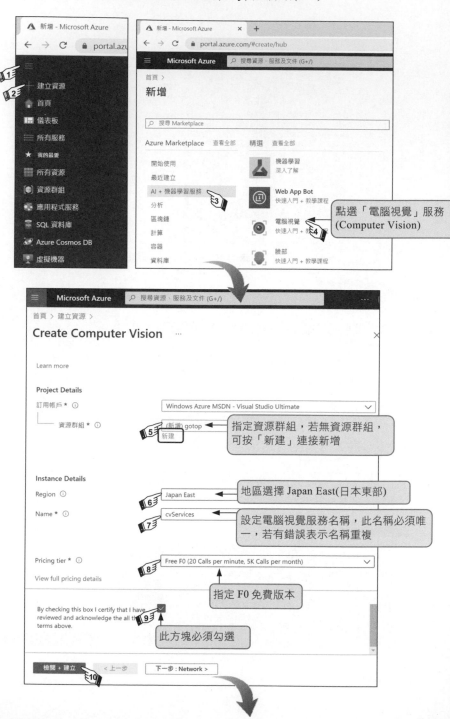

服務建立完成會出現 前往資源 鈕，按下此鈕會直接跳到該服務設定畫面。

上圖電腦視覺服務提供兩組金鑰和一個端點。請使用 🗐 鈕將其中一組服務金鑰和端點複製到文字檔內，金鑰和端點撰寫程式需要使用。

Step **2** 新增專案並以「cv01」為新專案名稱。

Step **3** 建立表單輸出入介面，控制項名稱皆使用預設名稱。

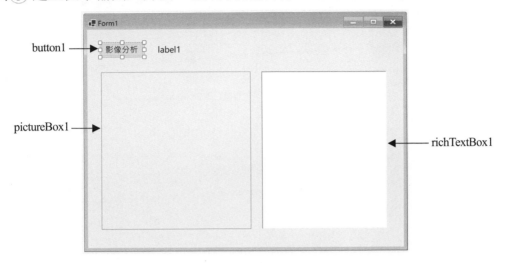

Step **4** 安裝電腦視覺 SDK

在方案總管視窗的「相依性」按滑鼠右鍵執行【管理 NuGet 套件 (N)】，接著依圖示操作安裝「Microsoft.Azure.CognitiveServices. Vision. ComputerVision」套件。

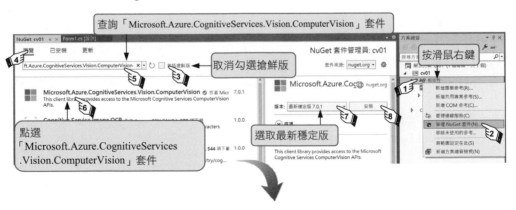

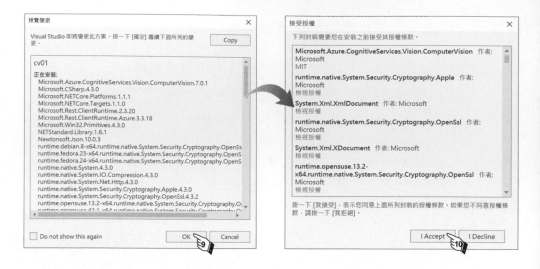

Step 5 撰寫程式碼

FileName:cv01.sln
01 using Microsoft.Azure.CognitiveServices.Vision.ComputerVision;
02 using Microsoft.Azure.CognitiveServices.Vision.ComputerVision.Models;
03
04 namespace cv01
05 {
06   public partial class Form1 : Form
07   {
08   public Form1()
09   {
10   InitializeComponent();
11   }
12
13   //表單載入時執行
14   private void Form1_Load(object sender, EventArgs e)
15   {
16   label1.Text = "";
17   }
18
19   //按 [開檔] 鈕執行
20   private **async** void button1_Click(object sender, EventArgs e)
21   {

22	//顯示開檔對話方塊並判斷是否按下 [開啟] 鈕
23	if (openFileDialog1.ShowDialog() == DialogResult.OK)
24	{
25	try
26	{
27	//宣告cvApiUrl和cvApiKey用來存放服務與金鑰
28	string cvApiUrl = "電腦視覺服務端點";
29	string cvApiKey = "電腦視覺服務金鑰";
30	string imagePath = openFileDialog1.FileName;
31	//建立FileStream物件fs開啟圖檔
32	FileStream fs = File.Open(imagePath, FileMode.Open);
33	
34	//建立電腦視覺辨識物件，同時指定電腦視覺辨識的雲端服務Key

35	ComputerVisionClient visionClient = new ComputerVisionClient(
	        new ApiKeyServiceClientCredentials(cvApiKey),
	        new System.Net.Http.DelegatingHandler[] { });

36	
37	//電腦視覺辨識物件指定雲端服務Api位址
38	visionClient.Endpoint = cvApiUrl;
39	
40	//使用DescribeImageInStreamAsync()方法傳回辨識後的影像描述物件res
41	ImageDescription res = **await** visionClient.DescribeImageInStreamAsync(fs);
42	
43	// 若辨識失敗則傳回null
44	if (res == null)
45	{
46	richTextBox1.Text = "辨識失敗，請重新指定圖檔";
47	return;
48	}
49	
50	// 使用for迴圈將影像中所有標籤項目合併於tagStr字串中
51	string tagStr = "";
52	for (int i = 0; i < res.Tags.Count(); i++)
53	{
54	tagStr += $"{ res.Tags[i]}, ";
55	}
56	// 進行圖片的描述的內容顯示於richTextBox1

57	richTextBox1.Text = $"項目：{tagStr}\n" + $"描述：{res.Captions[0].Text}\n" + $"信度：{res.Captions[0].Confidence}";
58	
59	//pictureBox1顯示指定的圖片
60	pictureBox1.Image = new Bitmap(imagePath);
61	
62	//釋放影像串流資源
63	fs.Close();
64	fs.Dispose();
65	}
66	catch (Exception ex)
67	{
68	richTextBox1.Text = $"錯誤訊息：{ex.Message}";
69	}
70	}
71	}
72	}
73	}

本例程式撰寫注意事項如下：

1. 電腦視覺 ComputerVisionClient 物件的 DescribeImageInStreamAsync()為非同步方法，故呼叫時必須加上 await 關鍵字(第 41 行)，使用的事件處理函式也要定義為 async(第 20 行)。

2. 本例必須自行申請電腦視覺金鑰與端點才能正常執行，金鑰與端點設定於第 28~29 行處。

關於更多更詳細相關電腦視覺服務、認知服務與 Azure 雲端平台的功能可參閱碁峰出版的 Visual C# 2022 程式設計經典書籍。

Visual C# 2022 基礎必修課

作　　　者：蔡文龍 / 張志成 / 何嘉益 / 張力元 / 歐志信
策　　　劃：吳明哲
企劃編輯：江佳慧
文字編輯：江雅鈴
設計裝幀：張寶莉
發 行 人：廖文良

發 行 所：碁峰資訊股份有限公司
地　　　址：台北市南港區三重路 66 號 7 樓之 6
電　　　話：(02)2788-2408
傳　　　真：(02)8192-4433
網　　　站：www.gotop.com.tw
書　　　號：AEL025300
版　　　次：2022 年 07 月初版
　　　　　　2024 年 09 月初版六刷
建議售價：NT$540

國家圖書館出版品預行編目資料

Visual C# 2022 基礎必修課 / 蔡文龍, 張志成, 何嘉益, 張力元,
　歐志信編著. -- 初版. -- 臺北市：碁峰資訊, 2022.07
　　面；　公分
　ISBN 978-626-324-229-6(平裝)
　1.CST：C#(電腦程式語言)
312.32C　　　　　　　　　　　　　　　111009278